大学物理信息化教学丛书

大学物理实验教程

（第三版）

主　编　黄楚云　徐国旺
副主编　闵　锐　邓　罡　江铭波

科学出版社
北　京

内 容 简 介

　　本书是在湖北工业大学物理实验教学示范中心一线教师多年教学实践的基础上，依据教育部高等学校物理学与天文学教学指导委员会编制的《理工科类大学物理实验课程教学基本要求》（2010 年版）编写而成的。本书除绪论外共 5 章，第 1 章和第 2 章分别介绍测量误差与数据处理和物理实验基本知识及常用物理实验仪器；第 3 章和第 4 章分别介绍基础性实验和综合与应用性实验；第 5 章简单介绍设计性与研究性实验的特点与流程、实验方案的选择及实验仪器的配套；书中二维码及在线学习小程序中有相关的学习素材供学生学习。本书共安排基础性实验 8 个、综合性实验 20 个、设计性实验 10 个。

　　本书可作为高等学校理工科各专业大学物理实验课程的教材或参考书，也可供实验技术人员参考。

图书在版编目（CIP）数据

大学物理实验教程 / 黄楚云，徐国旺主编. —3 版. —北京：科学出版社，2022.8

（大学物理信息化教学丛书）

ISBN 978-7-03-072837-1

Ⅰ. ①大… Ⅱ. ①黄… ②徐… Ⅲ. ①物理学－实验－高等学校－教材 Ⅳ. ①O4-33

中国版本图书馆 CIP 数据核字（2022）第 144980 号

责任编辑：吉正霞　曾　莉 / 责任校对：高　嵘
责任印制：彭　超 / 封面设计：苏　波

科学出版社 出版
北京东黄城根北街 16 号
邮政编码：100717
http://www.sciencep.com

武汉市首壹印务有限公司印刷
科学出版社发行　各地新华书店经销

*

2022 年 8 月第　三　版　　开本：787×1092　1/16
2024 年 8 月第四次印刷　　印张：16 1/2
字数：419 000

定价：58.00 元
（如有印装质量问题，我社负责调换）

前 言 Foreword

　　本书包含大学物理教学和大学物理实验教学一线教师多年教学实践所积累的经验,是教学同仁们智慧的结晶。本书涵盖大学物理实验应有的知识点,内容包括误差分析及数据处理、常用仪器的原理及使用、基础性实验、综合与应用性实验、设计性与研究性实验等方面的 38 个实验项目;按照 60 学时的教学计划,每个学生可结合教学基本要求及各自专业的特点,选做 20 个实验;教学实践性及操作性强,是一本理想的理工科大学物理实验教材,也是相关教学、研究及实验工作者的参考读物和实验指南。

　　开设大学物理实验课的目的在于:通过对物理实验现象的观测与分析,学习物理实验知识,加深对物理学原理的理解;培养学生从事科学实验研究的初步能力;培养学生实事求是的科学态度;培养学生严谨踏实的工作作风、勇于探索的钻研精神及团结协作的优良品德。本书注重实验原理的论述,强调对学生综合素质能力的培养,对实验项目中主要仪器的结构、性能、调节与使用进行了较详细的叙述,以适应开放式实验教学的需要。

　　本书由黄楚云、徐国旺任主编,闵锐、邓罡、江铭波任副主编。其中:绪论、实验二十八、实验三十三、实验三十八由黄楚云编写;第 1 章、第 2 章的 2.1 节和 2.2 节由李嘉编写;第 2 章的 2.3 节和 2.7 节、实验十由杨昕编写;第 2 章的 2.4 节、实验二十七由杨涛编写;第 2 章的 2.5 节、实验十三、实验二十、实验二十五由裴玲编写;第 2 章的 2.6 节、实验二十六、实验三十一由徐国旺编写;实验一、实验七、实验十六由徐斌编写;实验二、实验二十四由李文兵编写;实验三、实验四、实验二十三由王健雄编写;实验五、实验六、实验十八由甘路编写;实验八、实验十九、实验二十二由欧艺文编写;实验九、实验十七、实验二十一由江铭波编写;实验十一、实验十五由邓罡编写;实验十二、实验三十、实验三十二、实验三十四、实验三十五、实验三十六、实验三十七由闵锐编写;实验十四、实验二十九由陈义万编写。全书由黄楚云和徐国旺统稿、定稿。

　　由于水平有限,且时间仓促,编者的初衷不一定能完全实现,缺点和不足在所难免,诚望广大读者批评指正。

编 者

2021 年 3 月

目 录 Contents

第 0 章

绪 论

0.1　物理实验的重要性

物理学是人类认识自然界的基础，它揭示与阐述物质世界基本构成及其运动和相互作用的基本规律。物理学对人类社会的发展起到了极大的推动作用，是现代科学的基石，也是当代前沿科学的源泉。从改变人类生活模式的手机、电视、笔记本电脑、无人驾驶汽车，到提高人类健康水平的超声波、CT 技术等各种诊疗设备，再到影响人类生存和开拓的登月工程、火星探索、核武器、核能源等，都深深根植于物理科学的成就之上。

物理学也是一门实验科学。发现新的物理现象、探索新的物理规律、验证新的物理理论，都离不开物理实验。纵观整个物理学的发展历史就会发现，实验对理论的建立起着十分强大的支撑作用。从伽利略（Galileo）的自由落体实验发现的力学规律，到卡文迪什（Cavendish）实验验证静电力与距离的平方反比规律、法拉第（Faraday）的电磁感应实验，再到托马斯·杨（Thomas Young）的双缝干涉实验验证光的波粒二象性等经典实验，用最简单的仪器和设备，发现了最根本、最单纯的科学本质，开辟了对自然界崭新的认识，也闪烁着物理学家们思想的光芒，在物理学发展史上竖立起一座座丰碑。诺贝尔物理学奖从 1901 年开始获奖的 150 多位获奖者中，因物理实验方面的伟大发现或发明而获奖的占 2/3 以上。毫不夸张地说，没有物理实验就没有物理学。

科学的迅猛发展使得有些知识很快陈旧，但是物理实验揭示的规律和基本原理仍然在物理学及其衍生分化开来的其他学科中得到广泛应用。在探索与开拓新的科技领域中，物理实验仍然是强有力的工具和基础。在探索新理论、新材料、新工艺的研究中，必须进行大量的科学实验，而物理实验提供了实验原理设计、数据处理、常用仪器选择等基础知识。物理实验作为理工科学生必修的基础课，是学生接受系统科学训练和技能培养的开端，在培养学生发现、观察、分析、研究、解决问题的能力方面，在培养思维和创造能力、激发求知欲望、养成严谨科研作风等方面都有着不可或缺的重要作用。

0.2　物理实验课程的教学目的

本课程的教学目的如下：

（1）培养学生的科学实验技能、科学思维和创新意识，提高学生科研实验素质，使学生初步掌握科学实验的思想和方法；

（2）培养学生严谨务实的科学作风，实事求是的科学态度，积极主动的探索欲望，遵章守纪、团结协作的科学精神；

（3）让学生掌握物理实验的基本理论和基本方法，初步培养学生的实验研究能力；

（4）使学生熟悉各种常用仪器的结构、性能及使用方法，培养其正确进行实验操作、准确测量的能力；

（5）让学生掌握正确处理实验数据、分析与估算实验误差的基本理论和方法，培养学生撰写能够正确反映实验过程和结果的实验报告的能力。

0.3　物理实验课程的教学环节

物理实验课程包括实验预习、实验操作和完成实验报告三个基本环节。

1. 实验预习

实验预习是实验成功与否的先决条件。学生应该在上课前仔细阅读相关实验全部内容，掌握实验原理；了解实验内容和步骤，明确要观察的物理现象和需要测量的物理量及测量方法；了解实验仪器的使用方法和操作程序。要求通过预习，整理出实验要点，提交预习报告。

预习报告主要包括实验目的、原理、内容、仪器、步骤，以及数据记录表格等内容。

2. 实验操作

实验操作是实验课的中心环节。学生应该根据实验教材要求，在教师的指导下，独立完成实验操作的全过程。

学生进入实验室后，首先要做好以下两项工作。

（1）清点仪器。对照实验项目检查实验桌上的仪器设备，如有短缺或损坏，应及时向老师反映，予以补充或更换。实验中如有丢失或损坏仪器的情况，应及时向老师报告，必要时还应填写书面报告。

（2）认识仪器。清点无误后，要对仪器充分观察，了解仪器的结构、特性，以及调节与使用方法。在此基础上，进行仪器的安装调试、电路连接、光路调整等工作，为测量实验数据做好充分准备。

测量实验数据时，要注意是否满足实验条件，是否正确执行操作规范，是否采用正确的读数方法，是否准确记录实验数据等。对实验中出现的问题应认真分析、思考，要将其看成学习的良好机会，尝试独立排除故障或解决问题。

真实记录实验数据，如实描述实验过程，是一个科学工作者基本的职业道德要求。在实验过程中，当实验结果与已知值或公认值出现偏差时，不允许篡改或伪造数据。实验过程比结果更重要。

实验完成后，把记录的原始数据呈交指导老师审阅，经认可后学生可结束实验。学生整理好实验仪器、清理干净桌面方可离开实验室。

3. 实验报告

实验报告是对实验过程的全面总结，由学生在课后独立完成。实验报告除预习报告的所有内容外，还包括数据记录、数据处理、误差及误差分析、实验结果或结论，以及问题与讨论等。

第 1 章

误差分析及数据处理

1.1　测量与误差

1.1.1　测量与读数

1. 测量

将被测物理量与作为标准的物理量进行比较，以突出被测物理量为标准物理单位多少倍的过程称为测量，它是实验的基础，是人们对物理现象、规律、特性由感性认识上升为理性认识的必然过程。测量所得物理量称为测量量，它必须包括数值和单位两个部分。

依据操作方法的不同，测量大致可分为如下两类。

1）直接测量

能从仪器、量具上直接读出测量量的测量称为直接测量，用这种方法获得的物理量称为直接测量量。例如，用游标卡尺测量长度、用物理天平测量质量、用秒表测量时间等都属于直接测量，它们所获得的物理量，如长度、质量、时间等均为直接测量量。

2）间接测量

依据某些物理原理（函数关系式），将可直接测量的物理量代入函数关系式进行计算才能获得待测物理量的测量称为间接测量。例如，圆周长的测量、重力加速度的测量（用单摆）等都属于间接测量。因为圆周长 L 的测量须先直接测出圆半径 r，然后代入关系式 $L = 2\pi r$ 来计算；重力加速度 g 的测量须先测出单摆的周期 T 和摆长 l，然后代入公式 $g = \dfrac{4\pi^2 l}{T}$ 来计算。圆周长 L、重力加速度 g 都是间接测量量。

2. 读数

从仪器、量具上获取待测物理量的过程称为读数，它是物理实验中的重要环节，对实验的精确度有着一定的影响。

依据获取数据方法的差异，读数有直读与估读之分。

1）直读

从仪器、量具上直接读取数据的过程称为直读，其优点是直观、快捷，多用在能够"对准"的仪器、量具上（如游标卡尺）。此外，数字仪表（如旋转式电阻箱）也用直读。

2）估读

有些仪表，如螺旋测微器（千分尺）等，因构造问题而不能直读，只好估读。估读，就是必须通过估算才能得出最后结果的一种读数方法，其要点是先直读仪器最小分格的整数部分（其值称为可靠读数），然后用估算法估出最小分格以下的部分（只取一位数，其值称为可疑值或存疑值）。可靠读数与存疑值之和即为测量的结果。螺旋测微器的读数就是一种估读，实际上它是直读与估算的一种混合读数。

1.1.2　误差

任何物体在一定条件下都有一个能反映自身某种特性的、客观存在的、不以人们意志为转移的物理量的真实值，称为真值（用 A 表示），实验目的就是设法获取真值。但是，由于各种原因，测量值 x 与真值 A 之间总是或多或少地存在差别，这种差别（亦称偏差）称为误差，常用 Δx 来表示，即

$$\Delta x = x - A \tag{1-1-1}$$

这样定义的误差反映了测量值对真值大小及方向的偏离，亦称绝对误差，其值越小，测量结果就越精确。

绝对误差有正、负之分：若 $\Delta x > 0$，则称正性误差，说明测量结果大于真值；若 $\Delta x < 0$，则称负性误差，说明测量结果小于真值。

顺便指出，从测量的角度来说，真值是个理想的概念，一般来说是不知道的，因此，在实际测量中通常多用该物理量的多次重复测量的平均值（称约定真值）$\bar{x}$ 来取代真值 A（即令 $\bar{x} = A$），于是式（1-1-1）也可改成

$$\Delta x = x - \bar{x} \tag{1-1-2}$$

式中：

$$\bar{x} = \sum_{i=1}^{n} x_i \Big/ n \tag{1-1-3}$$

为平均值；x_i 为第 i 次的测量值。

考虑到绝对误差的正负性，实验的测量值又可表示为

$$x = \bar{x} \pm \Delta x \tag{1-1-4}$$

式（1-1-4）说明，被测物理量在 $\bar{x} - \Delta x$ 至 $\bar{x} + \Delta x$ 的范围内（式中 Δx 为绝对误差值，后同），换言之，绝对误差 Δx 给出了被测量的范围：Δx 越小，实验测量值就越接近于真值。

但是，绝对误差不能用来对不同测量结果优劣（或精确度）进行比较。例如，某人测量 1 m 长的物体的绝对误差为 0.2 mm，另一人测量 10 m 长的物体的绝对误差也是 0.2 mm，显然，后者测量的精确度要高（优）于前者。这说明，为了便于对不同测量结果优劣进行比较，必须要考虑被测物理量本身的大小，于是，引入相对误差的概念，其定义为绝对误差 Δx 与物理量本身大小 x 之比，即

$$E = \frac{\Delta x}{x} \tag{1-1-5}$$

相对误差越小，实验的精确度就越高。

例 1-1-1　某人用游标卡尺（参见第 3 章实验一）测量两个物体的长度分别为（60.04±0.02）mm 和（10.02±0.02）mm。求两次测量的绝对误差和相对误差。

解　由绝对误差的概念可知，两次测量的绝对误差相等，均为 0.02 mm，即

$$\Delta l_1 = \Delta l_2 = 0.02 \text{ mm}$$

根据定义，第一次测量的相对误差

$$E_1 = \frac{\Delta l_1}{l_1} = \frac{0.02}{60.04} = 0.000\,3 = 0.03\%$$

第二次测量的相对误差

$$E_2 = \frac{\Delta l_2}{l_2} = \frac{0.02}{10.02} = 0.002 = 0.2\%$$

可见，第一次测量要比第二次测量的精确度高。

1.2 系统误差与随机误差

按性质及产生原因来分类，误差可分为系统误差、随机误差（亦称偶然误差）和粗大误差三类。考虑到实际系统误差与随机误差出现的概率要远大于粗大误差，本节侧重介绍前两类误差。

1.2.1 系统误差

1. 系统误差的概念

如果在同样的实验条件下，多次测量某一物理量时，其误差均保持不变，或者当测量条件改变时，其误差恒按一定的规律变化（如递增、递减、周期性变化等），那么这样的误差称为系统误差。例如，零点漂移的秒表测出的时间误差就属于系统误差。

2. 系统误差产生的原因

产生系统误差的原因很多，归纳起来，大致有如下几种。

1）理论不完善或测量方法过于简单

例如，用单摆测量重力加速度 g，在导出单摆周期公式

$$T = 2\pi\sqrt{\frac{l}{g}} \tag{1-2-1}$$

的过程中，作 $\sin\theta \approx \theta$ 的近似要求实验测量条件必须是摆角无限小，但实际上，摆角总是有一定的大小，达不到无限小的条件。

又如，用天平称物体的质量，总是在忽略浮力的条件下进行的，但实际上，浮力总是存在的。

2）仪器的缺陷或失调

例如，天平两臂不等长，则测量出的质量总是大于或小于物体质量的真值；又如，螺旋测微器的零点不准确，则测出的长度恒大于或小于真值。

3）观测者的不良习惯

例如，有的观测者有斜视的习惯，因而观测电磁仪表的读值总是大于或小于真值；又如，一些反应迟缓的观测者，其测出的秒表读数恒大于真值。

3. 系统误差的消除与修正

根据误差的成因，通常可用如下几种方法来消除或修正系统误差。

1）消除根源

很多系统误差的产生根源多在理论模型的不完善或实验条件的不满足，这种情况可通过完善理论模型或改善实验条件来消除。

2）校准仪器

为了减少或消除系统误差，实验前必须校准仪器，一般情况下，需要用标准仪器来对实验仪器进行校准，找出修正值或校准曲线来对实验结果进行修正。对于一些由理论模型不完善导致的系统误差，可用校准曲线或修正值来处理实验结果，其效果较好。

3）正负相消

由于误差可正、可负，改变测量中的某些条件进行两次测量，使两次测量中的误差大小相等、符号相反，取其平均值作为测量的结果，可以消除系统误差。

4）交换位置

交换被测物体的位置对消除某些系统误差也有很好的效果。例如，用天平测量物体质量时，就可以通过交换被测物体的位置来克服由天平不等臂而导致的系统误差。

顺便指出，系统误差的发现与消除，一般来说较为复杂。对于初学大学物理实验者来说，只要能初步理解系统误差的概念，并能在实验中学会一些消除系统误差的一般方法即可。

1.2.2　随机误差

1. 随机误差的概念

实验中除了会产生有规律的系统误差，还会产生另外一种大小及符号变化均无法确定（即时大时小，时正时负），且不可预测、无法控制的误差，称为随机误差，亦称偶然误差。它起源于环境因素的偶然变化，如温度与气压的起伏、电流与电压的波动、电场与磁场的干扰、地面与桌面的振动、观测者听觉与视觉分辨能力的微小变化等，这些因素或单独存在，或多种因素共同作用于测量过程中，均会导致随机误差的产生。

随机误差对于某一次测量而言，是无规律的，但是，对于大量（足够多的次数）的测量而言则遵从一定的统计规律，因而可用统计的方法来讨论相关的随机误差问题。

2. 随机误差的分布特征

1795 年，高斯（Gauss）首先从理论上证明，在随机误差 $\Delta x = x - \bar{x}$ 附近，随机误差出现在单位误差间隔区间的概率服从正态分布（亦称高斯分布），其分布函数

$$f(\Delta x) = \frac{1}{\delta\sqrt{2\pi}} e^{-\Delta x^2}\bigg/\delta \tag{1-2-2}$$

式中：

$$\delta = \lim_{x\to\infty}\sqrt{\frac{\sum_{i=1}^{n}(x_i - \bar{x})^2}{n}} \tag{1-2-3}$$

称为正态分布的标准偏差，它是评价测量量离散性的一个重要参数，在同一条件下为常数，

这时随机误差分布完全由式（1-2-2）确定，故 $f(\Delta x)$ 亦称随机误差出现的概率密度分布，其分布函数曲线如图 1-2-1 所示。

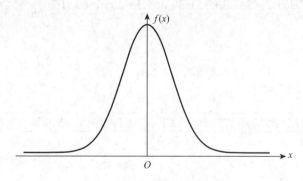

图 1-2-1 随机误差分布曲线

从图 1-2-1 中可以看出，随机误差分布具有如下特性。

（1）单峰性，即绝对值小的误差比绝对值大的误差出现的概率大；

（2）对称性，即绝对值相等的正、负误差出现的概率相等；

（3）抵偿性，即当测量次数 $n \to \infty$ 时，正误差与负误差相互抵消，其代数和 $\sum\limits_{i=1}^{n} \Delta x_i \to 0$ ；

（4）有界性，即随机误差的大小有一定的范围，超出此范围的误差出现概率极小（实际上是不存在的）。

在《大学物理》（下册）（廖耀发等，武汉大学出版社，2001）第十四章中已经证明，分布函数服从归一化条件，分布曲线下方所包围的总面积为 1。因此，当正态分布的标准偏差 δ 变小时，分布曲线的峰值 $f(0) = \dfrac{1}{\delta\sqrt{2\pi}}$ 将变大，分布曲线形状陡峭、瘦长，表示测量值集中，离散性差，随机误差小，测量的精确度高；反之，当 δ 变大时，分布曲线峰值 $f(0)$ 变小，分布曲线形状扁平，表示测量值的离散性变大，随机误差亦大，测量的精确度低。

3. 随机误差的表示

实验测量次数 n 是有限的，通常为五六次，对于有限次数（$5 \leqslant n \leqslant 10$）的测量，其随机误差可用实验标准偏差（亦称标准偏差）S 来处理，其计算公式由贝塞尔（Bessel）公式给出：

$$S = \sqrt{\dfrac{\sum\limits_{i=1}^{n}(x_i - \bar{x})^2}{n-1}} \tag{1-2-4}$$

式中：$\Delta x_i = x_i - \bar{x}$ $(i = 1, 2, \cdots, n)$ 称为第 i 次测量的残差。标准偏差与残差的"方和根"成正比，它是目前国际上处理随机误差的通用公式。

此外，由于仪器严重失调，或者观测者漫不经心、不负责任，或者技术上的严重失误，致使实验误差过大，这样的误差称为粗大误差，应予剔除，并应于实验前事先对仪器进行仔细调校，努力提高实验技术和科学素质，避免粗大误差的出现。

例 1-2-1 用米尺对某物体长度进行测量，6 次测量的结果分别为（单位：mm）

      351.2   351.3   351.2   351.3   351.2   351.2

求其标准偏差。

解 由测量结果可知，物体的平均长度

$$\bar{l} = \frac{\sum_{i=1}^{n} l_i}{n} = \frac{351.2 + 351.3 + 351.2 + 351.3 + 351.2 + 351.2}{6} \text{ mm} = 351.2 \text{ mm}$$

故其标准偏差

$$S = \sqrt{\frac{\sum_{i=1}^{n}(l_i - \bar{l})^2}{n-1}}$$

$$= \sqrt{\frac{(351.2-351.2)^2 + (351.3-351.2)^2 + (351.2-351.2)^2 + (351.3-351.2)^2 + (351.2-351.2)^2 + (351.2-351.2)^2}{6-1}} \text{ mm}$$

$$= 0.06 \text{ mm}$$

1.3 不 确 定 度

1.3.1 不确定度的概念

前面已经说明，真值一般是不可能准确知道的。因此，用真值来定义误差［见式（1-1-1）］也是无法精确求出的，人们只能根据测量条件及数据来推算误差的估计值，从而采用一个专门的名称来作为对实验误差估计值的量化评价，这个专门的名称就是不确定度。中国计量科学研究院在 1986 年就已发出通知，建议全国统一用不确定度来作为对测量质量好坏的评价。

不确定度是一个表征由测量误差的存在而对被测量值不能确定的程度，是一个表征测量结果离散性的参数。不确定度越小，测量值的离散性就越小，测量值与真值就越靠近，结果就越可靠，使用价值就越高；反之，不确定度越大，测量值的离散性就越大，测量值与真值的差别就越大，可靠性就越差，使用价值就越低。

不确定度一般含有多个分量，按其数值评定方法来分，可归并为两类。

1. A 类不确定度

A 类不确定度主要是指用统计方法来分析评价的不确定度，用 Δ_A 表示。A 类不确定度的计算较为烦琐，但是，当实验次数不少于 5（即 $n \geq 5$）时，其值可用贝塞尔公式来估算：

$$\Delta_A = S = \sqrt{\frac{\sum_{i=1}^{n}(x_i - \bar{x})^2}{n-1}} \tag{1-3-1}$$

这说明，当实验次数不少于 5 时，A 类不确定度与标准偏差等值。顺便指出，当 $n \geq 5$ 时，Δ_A 与 S 虽然等值，但在概念上两者是有区别的。

2. B 类不确定度

B 类不确定度主要是指用统计方法来估算或判定的不确定度，用 Δ_B 表示。B 类不确定度的严格计算一般比较复杂，通常多用公式来进行估算：

$$\Delta_B = \frac{\Delta_1}{K_b} \tag{1-3-2a}$$

式中：Δ_I 为仪表的精度，其值可参照仪器说明的参数来确定，否则可取仪器最小刻度的一半作为 Δ_I 的值；K_b 为与误差分布有关的因子，其值参照表 1-3-1 选取。

表 1-3-1　不同误差分布类型的 K_b 因子

数据	误差分布类型				
	正态	均匀	三角	反正弦	两点
K_b 因子	3	$\sqrt{3}$	$\sqrt{6}$	$\sqrt{2}$	1

从表 1-3-1 可以看出，$K_b \geq 1$，故 $\Delta_B \leqslant \Delta_I$。由于不确定度常用来表示测量值的不确定范围，有时亦将式（1-3-2a）简化成

$$\Delta_B = \Delta_I \tag{1-3-2b}$$

由于不确定度的两个分量分别代表着随机与系统两种误差成分，它们为两种相互独立、互不相干的随机变量，具有相互抵偿性，其总的不确定度（亦称合成不确定度）Δ 应为两者的"方和根"，即

$$\Delta = \sqrt{\Delta_A^2 + \Delta_B^2} \approx \sqrt{S^2 + \Delta_I^2} \tag{1-3-3}$$

相应的相对不确定度

$$E = \frac{\Delta}{\bar{x}} = \sqrt{\frac{\Delta_A^2 + \Delta_B^2}{\bar{x}}} \approx \sqrt{\frac{S^2 + \Delta_I^2}{\bar{x}}} \tag{1-3-4}$$

总不确定度常简称不确定度，有时亦称绝对不确定度。

1.3.2　不确定度与误差

不确定度是在误差理论的基础上建立和发展起来的概念，它与误差既有联系又有区别。

（1）不确定度与误差是相互联系的。

不确定度与误差都是由于测量过程的不完善性而引起的，且不确定度的概念又是在误差理论的基础上建立起来的，不确定度 A 类分量的估算用到了标准误差计算的公式，所以不确定度与误差不是相互对立，而是相互联系的。

（2）不确定度与误差是两个不同的概念。

由于真值一般都是未知的，误差不能准确得知，是一个理想的概念。不确定度是一个表示被测量量不能被确定的程度，其大小是对被测量的真值所处范围的评价。此外，误差可正、可负，而不确定度永远是正的。

（3）不确定度与误差功能有异，但可并存。

不确定度是在误差概念的基础上发展起来的，但它并不排斥误差概念的应用。

误差可用于定性描述实验测量的有关理论和概念，如误差理论、系统误差、随机误差等理论及概念仍可继续应用；不确定度则可用于给出实验结果的具体数值，或者对实验结果进行定量分析、运算等，以评定出实验结果及测量器具的精确度。

此外，某些概念，如合成、分析等，不确定度和误差可通用。例如，既可讲误差分析、误差合成，也可讲不确定度分析、不确定度合成。但是，有些术语是不能共用的。例如，只能讲误差理论、误差源，但不提倡使用不确定度理论、不确定度源。

1.3.3　直接测量结果的不确定度

直接测量结果不确定度的合成一般比较复杂，且其方法、形式也不止一种，并在不断研究与探索中，一般采用简化的、近似的估算方法，它是在借鉴了某些发达的工业化国家不确定度评定标准的基础上提出的，基本符合我国技术规范的精神。

在直接测量中，A 类不确定度、B 类不确定度和总的（绝对）不确定度可分别按式（1-3-1）～式（1-3-3）进行估算，即

$$\begin{cases} \Delta_{\mathrm{A}} = S = \sqrt{\dfrac{\sum\limits_{i=1}^{n}(x_i - \overline{x})^2}{n-1}} \\[4mm] \Delta_{\mathrm{B}} = \dfrac{\Delta_{\mathrm{I}}}{K_{\mathrm{b}}} \approx \Delta_{\mathrm{I}} \\[3mm] \Delta = \sqrt{\Delta_{\mathrm{A}}^2 + \Delta_{\mathrm{B}}^2} \approx \sqrt{S^2 + \Delta_{\mathrm{I}}^2} \end{cases} \tag{1-3-5}$$

其相对不确定度可按式（1-3-4）估算，即

$$E = \frac{\Delta}{\overline{x}} = \frac{\sqrt{\Delta_{\mathrm{A}}^2 + \Delta_{\mathrm{B}}^2}}{\overline{x}} = \frac{\sqrt{S^2 + \Delta_{\mathrm{I}}^2}}{\overline{x}} \tag{1-3-6}$$

于是，直接测量的结果可表示为

$$x = \overline{x} \pm \Delta = \overline{x} \pm \sqrt{\Delta_{\mathrm{A}}^2 + \Delta_{\mathrm{B}}^2} \approx \overline{x} \pm \sqrt{S^2 + \Delta_{\mathrm{I}}^2} \tag{1-3-7}$$

式中：Δ 为直接测量的不确定度。

顺便指出：

（1）由于不确定度本身只是一个估计值，一般情况下，不确定度只取一位有效数字（有效数字的概念将在后面介绍），最多不超过两位（相对不确定度）。

（2）在科学实验或工程技术中，有时不要求或不能明确被标明测量结果的不确定度，这时通常约定有效数字的最后一位表示不确定度的所在位。

例 1-3-1　某学生用钢卷尺测量一物体的长度，如表 1-3-2 所示，求该测量的不确定度及其结果表达式。

表 1-3-2　长度测量值

数据	次数					
	1	2	3	4	5	6
l/mm	351.2	351.3	351.2	351.3	351.2	351.2

解　由表 1-3-2 可求得该测量的算术平均值

$$\overline{l} = \frac{\sum\limits_{i=1}^{n} l_i}{n} = \frac{351.2 + 351.3 + 351.2 + 351.3 + 351.2 + 351.2}{6}\ \mathrm{mm} = 351.2\ \mathrm{mm}$$

由式（1-3-1）可求出 A 类不确定度

$$\varDelta_A = \sqrt{\frac{\sum\limits_{i=1}^{n}(l_i - \bar{l})^2}{n-1}}$$

$$= \sqrt{\frac{(351.2-351.2)^2 + (351.3-351.2)^2 + (351.2-351.2)^2 + (351.3-351.2)^2 + (351.2-351.2)^2 + (351.2-351.2)^2}{6-1}} \text{ mm}$$

$$= 0.06 \text{ mm}$$

注意到钢卷尺的最小刻度为 1 mm，其误差分布是均匀的，故

$$\varDelta_I = \frac{1}{2} \text{ mm} = 0.5 \text{ mm}$$

将 $K_b = \sqrt{3}$ 代入式（1-3-2），得 B 类不确定度

$$\varDelta_B = \frac{\varDelta_I}{K_b} = \frac{0.5}{\sqrt{3}} \text{ mm} = 0.29 \text{ mm}$$

故测量不确定度

$$\varDelta = \sqrt{\varDelta_A^2 + \varDelta_B^2} = \sqrt{0.06^2 + 0.29^2} \text{ mm} = 0.03 \text{ mm}$$

测量结果为

$$l = \bar{l} \pm \varDelta = (351.2 \pm 0.3) \text{ mm}$$

1.3.4　间接测量结果的不确定度

前面已指出，间接测量量由直接测量量按一定的函数关系计算而得，换言之，间接测量量是直接测量量的函数。

由于直接测量量存在不确定度，通过直接测量量按一定关系计算出的间接测量量亦必存在不确定度，即不确定度可以由直接测量量传递给间接测量量，这就是不确定度的传递。

设间接测量量 F 是直接测量量 $x, y, z, \cdots$ 的函数，即

$$F = F(x, y, z, \cdots)$$

直接测量量 $x, y, z, \cdots$ 的不确定度分别为 $\Delta x, \Delta y, \Delta z, \cdots$，一般而言，不确定度都是微小量，相当于数学中的"增量"（全微分），因此，间接测量量的不确定度的计算应与数学中全微分的计算相似。但是也有区别，主要表现为要将数学中的微分 $dx, dy, dz, \cdots$ 分别用 $\Delta x, \Delta y, \Delta z, \cdots$ 来代替，因此，间接测量量的不确定度常用如下简化公式：

$$\Delta F = \sqrt{\left(\frac{\partial F}{\partial x}\Delta x\right)^2 + \left(\frac{\partial F}{\partial y}\Delta y\right)^2 + \left(\frac{\partial F}{\partial z}\Delta z\right)^2 + \cdots} \tag{1-3-8}$$

间接测量量的相对不确定度

$$E_F = \frac{\Delta F}{F} = \sqrt{\left(\frac{\partial \ln F}{\partial x}\Delta x\right)^2 + \left(\frac{\partial \ln F}{\partial y}\Delta y\right)^2 + \left(\frac{\partial \ln F}{\partial z}\Delta z\right)^2 + \cdots} \tag{1-3-9}$$

式（1-3-8）和式（1-3-9）亦称不确定度的传递公式。表 1-3-3 给出了一些常用函数的不确定度传递公式，以供参考。

表 1-3-3　几种常用函数的不确定度传递公式

函数形式	传递公式
$F = x + y$	$\Delta F = \sqrt{(\Delta x)^2 + (\Delta y)^2}$
$F = xy$	$E_F = \dfrac{\Delta F}{F} = \sqrt{\left(\dfrac{\Delta x}{x}\right)^2 + \left(\dfrac{\Delta y}{y}\right)^2}$
$F = kx$	$\Delta F = k\Delta x$
$F = x^{1/k}$	$\dfrac{\Delta F}{F} = \dfrac{1}{k}\dfrac{\Delta x}{x}$
$F = \dfrac{x^k y^m}{z^n}$	$E_F = \dfrac{\Delta F}{F} = \sqrt{k^2\left(\dfrac{\Delta x}{x}\right)^2 + m^2\left(\dfrac{\Delta y}{y}\right)^2 + n^2\left(\dfrac{\Delta z}{z}\right)^2}$
$F = \sin x$	$\Delta F = |\cos x|\Delta x$
$F = \ln x$	$\Delta F = \dfrac{\Delta x}{x} = E_x$

与直接测量结果的表示相似，间接测量结果亦可表示为

$$F = \bar{F} \pm \Delta F \tag{1-3-10}$$

式中：$\bar{F}$ 为间接测量量的平均值，亦称测量最佳值。

间接测量结果的不确定度取位原则与直接测量结果的不确定度取位原则相同。

例 1-3-2　某学生用精度分别为 $\dfrac{1}{20}$（$\Delta_{\mathrm{I}} = 0.05$ mm）、$\dfrac{1}{50}$（$\Delta_{\mathrm{I}} = 0.02$ mm）的游标卡尺测量一圆柱体的高 h 和直径 d，测量数据如表 1-3-4 所示，用不确定度来表示该圆柱体的体积。

表 1-3-4　h 和 d 的测量数据

数据	次数					
	1	2	3	4	5	6
h/mm	49.95	49.90	49.90	49.90	49.90	49.95
d/mm	22.42	22.40	22.44	22.42	22.38	22.46

解　由体积公式 $V = \pi r^2 h = \dfrac{1}{4}\pi d^2 h$ 知，该测量的不确定度为间接测量不确定度，其值可参照表 1-3-3 的传递公式来计算。

由表 1-3-4 可以算出高的平均值

$$\bar{h} = \frac{\sum_{i=1}^{n} h_i}{n} = \frac{49.95 + 49.90 + 49.90 + 49.90 + 49.90 + 49.95}{6}\ \text{mm} = 49.92\ \text{mm}$$

高的标准误差（A 类不确定度）

$$S_n = \sqrt{\frac{\sum_{i=1}^{n}(h_i - \bar{h})^2}{n-1}}$$

$$= \sqrt{\frac{(49.95-49.92)^2 + (49.90-49.92)^2 + (49.90-49.92)^2 + (49.90-49.92)^2 + (49.90-49.92)^2 + (49.95-49.92)^2}{6-1}}\ \text{mm}$$

$$= 0.026\ \text{mm}$$

而测量卡尺的精度（B 类不确定度值）

$$\Delta_{\mathrm{I},h} = 0.05 \text{ mm}$$

故高的不确定度（取近似公式计算，后同）

$$\Delta_h = \sqrt{S_n^2 + \Delta_{\mathrm{I},h}^2} = \sqrt{0.026^2 + 0.05^2} \text{ mm} = 0.056 \text{ mm}$$

同理，可算得直径的平均值

$$\bar{d} = \frac{\sum\limits_{i=1}^{n} d_i}{n} = \frac{22.42 + 22.40 + 22.44 + 22.42 + 22.38 + 22.46}{6} \text{ mm} = 22.42 \text{ mm}$$

直径的标准误差（A 类不确定度值）

$$S_d = \frac{\sum\limits_{i=1}^{n} (d_i - \bar{d})^2}{n} = 0.029 \text{ mm}$$

测直径卡尺的精度（B 类不确定值）

$$\Delta_{\mathrm{I},d} = 0.02 \text{ mm}$$

故直径的不确定度

$$\Delta_d = \sqrt{S_d^2 + \Delta_{\mathrm{I},d}^2} = \sqrt{0.029^2 + 0.02^2} \text{ mm} = 0.036 \text{ mm}$$

体积的相对不确定度（参见表 1-3-3）

$$E_F = \sqrt{k^2 \left(\frac{\Delta x}{x}\right)^2 + m^2 \left(\frac{\Delta y}{y}\right)^2} = \sqrt{\partial^2 \left(\frac{\Delta h}{h}\right)^2 + \left(\frac{\Delta d}{d}\right)^2} = \sqrt{4 \times \left(\frac{0.056}{49.92}\right)^2 + \left(\frac{0.036}{22.42}\right)^2} = 0.003\,4$$

体积 V 的不确定度

$$\Delta V = \bar{V} E_V = \frac{\pi \bar{d}^2 \bar{h}}{4} E_V = \frac{3.14 \times 22.42^2 \times 49.92}{4} \times 0.003\,4 \text{ mm}^3 = 67 \text{ mm}^3 = 0.067 \text{ cm}^3$$

故测得的体积结果为

$$V = \bar{V} \pm \Delta = (19.71 \pm 0.07) \text{ cm}^3$$

1.4　有　效　数　字

1.4.1　有效数字的概念

由于不确定度的存在，测量结果只能是近似的，其数字的位数是有限的。

前面已经指出，测量时，仪器量最小分度以上的数字可以直读，为准确数字，最小分数以下的值由估读获得，为欠准确（可疑）数字。准确数字与欠准确数字统称有效数字，其个数称为有效数字的位数。例如，用最小分度为 0.02 mm 的游标卡尺去测量某物体，长度为 5.54 mm，则 5.5 mm 为准确数字，0.04 mm 为估读的欠准确数字，只取一位，两者之和 5.54 mm 则为三位有效数字。换言之，有效数字可表示为准确数字加一位欠准确数字之和。

1.4.2　有效数字的特征

有效数字具有以下两个显著特征。

（1）有效数字的位数随着仪器精度（最小分度值）而变化。

例如，某学生用不同量具去测量一物体的长度 l，用精度为 0.5 mm 的尺测量 $l = 10.5$ mm，为三位有效数字，用精度为 0.005 mm 的螺旋测微器测量 $l = 10.525$ mm，为五位有效数字。

（2）有效数字的位数与小数点的位置无关。

例如，对于重力加速度的表示，既可写成 980 cm/s^2，也可写成 9.80 m/s^2，还可写成 0.009 80 km/s^2，前者没有小数点，是三位有效数字，居中者小数点后面有两个数字符，也是三位有效数字，后者小数点后有五个数字符，同样也是三位有效数字。

上例说明，"0"的位置不同，它在有效数字中所处的"地位"也不相同。一般而言，表示小数点位置的"0"不算有效数字，处于有效数字中间或有效数字之后的"0"算有效数字。因此，处理实验数据时，不能随便增减"0"。

1.4.3　有效数字的科学记数法

为了便于书写，特别是一些较大或较小的有效数字，常写成"$\pm a \times 10^{\pm n}$"的幂次形式，（a 为 1~9 的整数，n 为任意整数），一则可以避免写过程（特别是用不同单位表示同一量时）中的错误，二则便于识别与记忆，这样的记数法称为科学记数法。例如，某长度为 42.1 cm，既可写成 4.21×10^2 mm，也可写成 4.21×10^{-1} m；又如，某电压为 33 万 V，若将其写成 330 000 V 就不对了，因为前者有效数字为两位，而后者则为六位。

1.4.4　有效数字与不确定度

前面已经说明，有效数字位数越多，则测量精确度就越高，不确定度就越小，相对不确定度也越小；反之，有效数字位数越少，则测量精确度就越低，不确定度就越大，相对不确定度也越大。一般而言，三位有效数字对应的相对不确定度为 10^{-2} 数量级，四位有效数字对应的相对不确定度为 10^{-3} 数量级。每增加一位有效数字，其相对不确定度就提高约一个数量级。因此，通过有效数字也可粗略地反映出测量结果的不确定度。

通常约定，不确定度的有效数字只取一位。因此，书写时一定要注意将测量值的最后一位与不确定度所在的那一位对齐，以免出现误解或错误。

1.4.5　有效数字的运算

有效数字的运算与一般数学运算大体相同，区别在于有效数字位数及不确定度的处理，其总原则是任何数字与欠准确数字相互作用（+、−、×、÷）均为欠准确数字，计算的最后结果只保留一位欠准确数字。

1. 加减法

（1）有效数字标有不确定度的，其和差的不确定度按"方和根"计算，其和差的有效位数由不确定度决定。

例 1-4-1　已知 $A = (50.2 \pm 0.3)$ mm，$B = (40.24 \pm 0.06)$ mm，$C = (-30.4 \pm 0.2)$ mm，求 $A + B + C$。

解　根据"方和根"原则，和的不确定度

$$\Delta = \sqrt{\Delta_A^2 + \Delta_B^2 + \Delta_C^2} = \sqrt{(0.3)^2 + (0.06)^2 + (0.5)^2} = 0.37 \approx 0.4$$

三数之和

$$N' = 50.2 + 40.24 - 30.4 = 60.04 \approx 60.0$$

故 A、B、C 之和（保留一位欠准确数字）

$$N = N' \pm \Delta = (60.0 \pm 0.4) \text{ mm}$$

（2）用有效数字来标不确定度，其和差的有效位数取至最大的不确定数字处。

例 1-4-2　求有效数字 41.2 与 40.48 之和。

解　因题目给出的最大不确定数字为 0.2，故

$$41.2 + 40.48 = 81.68 \approx 81.7$$

2. 乘除法

（1）有效数字标有不确定度的，其积（商）的不确定度按传递公式进行计算，积（商）的有效位数由不确定度确定。

例 1-4-3　设 $R = (83.75 \pm 0.04) \times 10^{-3}$ m，$T = (1.24 \pm 0.01)$ s，$g = 9.794$ m/s^2，求 $D = \dfrac{g}{4\pi^2} RT^2$ 的测量值。

解　本题标有不确定度，故应先求结果的相对不确定度，再求绝对不确定度以定结果的有效数字位数。由传递公式得相对不确定度

$$E = \sqrt{\left(\frac{\Delta R}{R}\right)^2 + \left(\frac{\Delta T}{T}\right)^2} = \sqrt{\left(\frac{0.04}{83.75}\right)^2 + \left(\frac{0.01}{1.24}\right)^2} = 0.017$$

得绝对不确定度

$$\Delta = DE = \frac{g}{4\pi^2} RT^2 E$$

$$= \frac{9.794 \times 83.75 \times 10^{-3} \times (1.24)^2}{4 \times (3.14)^2} \times 0.017$$

$$= 31.94 \times 10^{-3} \times 0.017$$

$$= 0.54 \times 10^{-3} \approx 0.6 \times 10^{-3}$$

四舍五入得

$$D = (31.9 \pm 0.6) \times 10^{-3} \text{ m}$$

（2）若因子未标不确定度，则积（商）的有效位数与因子中最小因子的有效位数相同。

例 1-4-4　计算 15.3×12。

解　本题因子中，有效位数最小的为"12"，即 2 位有效数字，故

$$15.3 \times 12 = 183.6 \approx 1.8 \times 10^2$$

3. 函数运算

1）测量值标有不确定度

这时可将测量值及不确定度代入函数公式，以确定函数值的有效位数。

例 1-4-5　设 $x = 42°30' \pm 1'$，求 $\sin x$。

解　将 $x = 42°30'$ 及不确定度 $\Delta x = 1'$ 代入 $\sin x$ 的微分式，得

$$\Delta(\sin x) = \cos x \Delta x = \cos 42°30' \times \frac{1}{60} \times \frac{\pi}{180} \approx 2.1 \times 10^{-4}$$

这说明，结果可取到小数点后第四位，故

$$\sin x = \sin 42°30' = 0.6756$$

2）测量值未标不确定度

这时可将测量值后一位数取 1 作为量的不确定度，代入函数微分公式，算出函数的不确定度，以确定结果的有效位数。

例 1-4-6　设 $x = 50.2$，求 $\ln x$。

解　根据约定，x 的不确定度 $\Delta x = 0.1$，故微分

$$\Delta(\ln x) = \frac{\Delta x}{x} = \frac{0.1}{50.2} = 0.002$$

这说明，本结果可取至小数点后三位数为有效数字，故

$$\ln x = \ln 50.2 = 3.916$$

1.5　数　据　处　理

实验目的是寻求各参量之间的关系，以便进一步得出结论，指导理论研究和实践工作。为达此目的，必须要对实验所获得的原始数据进行处理。因此，数据处理是实验中的重要环节，对实验结果有着十分重要的影响，它包括数据的记录、整理、分析、归纳、作图、计算等内容。

数据处理的方法很多，常用的方法大致有如下几种。

1.5.1　列表法

将未经任何数学处理的原始数据（直接从仪器、仪表上读取的）以表格的形式列出称为数据处理的列表法。它既可使实验数据显得紧凑，又便于随时研究物理量间的大致关系；既能反映出实验的大致过程，又有利于检验与发现实验中的问题。

应用列表法时，应注意下列事项。

（1）表格设计要合理、简明，便于反映出相关量的对应关系；

（2）量的名称和单位要在标题栏内，不要与数据写在一起；

（3）数据要反映出测量结果的有效数字，不要随便涂改；

（4）应说明实验日期、条件（如温度、湿度等），以及仪器型号。

1.5.2　作图法

将观测数据标点于坐标纸上，通过描点画出变化曲线来探讨物理量间的规律，这种方法称为作图法。尽管这种方法要受到坐标纸及人为因素的影响（因而是一种粗略的处理方法），但它具有简洁、形象、直观等优点，故仍是数据处理的常用方法之一。

为了能使图形很好地反映出实验规律，作图时要特别注意如下几点。

（1）选用合适的坐标纸。

根据物理量间的不同函数关系选用不同的坐标纸。例如，函数呈直线关系，应选用直角坐标纸；函数呈对数关系，应选用对数坐标纸。

（2）选择合适的坐标轴比例及标度。

一般常用横坐标表示自变量，纵坐标表示因变量，坐标轴要标明所代表的物理量的名称（符号及单位）。

坐标轴的比例尺标度应根据测量值的有效数字来确定，原则上，数据中的可靠数字在图形中也应该是可靠的，而不是估读的。

为了便于简单读数，读数与测量值之间的比例一般选为 1：1、1：2、1：5 或 2：1，且最小坐标值也不必都从零开始，以便作出的图线大体上能充满全图，使图形布局合理、美观。

（3）标点连线要规范，并要注意区别。

要根据实验数据，在坐标纸上用"+""–""·""⊙""△"等符号标出实验点，然后用直尺或曲线板将各实验点连成光滑的曲线或直线，不要随便徒手画，当需要在一张图纸上画出几条曲线时，要注意用不同的符号进行标记，以便区别。

顺便指出，由于测量存在不确定度，图线并不一定通过所有的标点，而仅要求数据标点均匀分布在曲线的两旁。如果某些点偏离曲线较远（称为异常点），那么应进行仔细分析，以决定取舍或重新测定。此外，连线必须细而清晰，以减少因作图而带来的附加误差。

1.5.3　逐差法

为了充分利用一物理量（自变量）变化时所测得另一物理量（因变量）的对应值（函数值），来求出它们之间的函数关系，可将实验所得数据对半分成两组，并用第二组的第一项与第一组的第一项相减，第二组的第二项与第一组的第二项相减（即顺序逐次相减）……然后取平均值求结果，这种方法称为一次逐差法。若将第一次逐差值再作逐差，算出结果，则称为二次逐差法……

用逐差法处理数据，虽然具有保证所得全部数据均能被充分利用且结果具有（相对）最小不确定度的优点，但它不是万能的，需要有一定的条件，应用时一定要加以注意。

（1）函数具有线性关系，即

$$y = a_0 + a_1x + a_2x^2$$

（2）自变量 x 是可以等间距变化的。

例 1-5-1　研究弹簧的伸长量 x 与外力（重力）关系的实验数据如表 1-5-1 所示，用逐差法求弹簧的劲度系数 K。

表 1-5-1　弹簧伸长量与所受重力的关系

数据	次数							
	1	2	3	4	5	6	7	8
m/g	1.00	2.00	3.00	4.00	5.00	6.00	7.00	8.00
x/cm	2.00	4.01	6.05	7.85	9.70	11.85	13.75	16.20

解　这是一个符合逐差法应用条件的问题，因而可用逐差法求解。

先将数据编号分组（单位：cm）

第一组：2.00，4.01，6.05，7.85

第二组：9.70，11.85，13.75，16.02

依次按对应顺序逐项相减

$$x_5 - x_1 = (9.70 - 2.00) \text{ cm} = 7.70 \text{ cm}$$

$$x_6 - x_2 = (11.85 - 4.01) \text{ cm} = 7.84 \text{ cm}$$

$$x_7 - x_3 = (13.75 - 6.05) \text{ cm} = 7.07 \text{ cm}$$

$$x_8 - x_4 = (16.01 - 7.85) \text{ cm} = 8.15 \text{ cm}$$

伸长量的平均值（每隔四项逐差，砝码增重 4 g）

$$\Delta \bar{x} = \frac{\sum\limits_{i=1}^{4} \Delta x_i}{4} = \frac{7.70 + 7.84 + 7.70 + 8.15}{4} \text{ cm} = 7.848 \text{ cm}$$

根据胡克（Hooker）定律，弹簧的劲度系数为

$$K = \frac{\bar{F}}{\Delta \bar{x}} = \frac{4 \text{ g} \times 9.81 \text{ N/kg}}{7.848 \text{ cm}} = 5.0 \text{ N/cm}$$

1.5.4　线性回归（直线拟合）法

经验公式对理论研究与生产实践都具有重大意义，它们往往是通过对实验数据的回归拟合来求得的。由实验数据求经验公式的方法称为回归法，亦称拟合法，主要适用于两类问题：一类是已知两个变量的函数关系，求其系数，以便将关系（公式）具体化；另一类是不知函数关系，直接求经验方程。由于后者比较复杂，这里只讨论前者中较简单的问题——一元线性方程问题，其回归称为一元线性回归，亦称直线拟合。

设 x 与 y 的函数关系为

$$y = a + bx \tag{1-5-1}$$

对应于自变量 x 的测量值（用较为精密的仪器测量，其不确定度甚小，可以忽略）为 $x_1, \cdots, x_i, \cdots, x_n$ 时，y 的测量值为 $y_1, \cdots, y_i, \cdots, y_n$，$y$ 的计算值为 $a + bx_1, \cdots, a + bx_i, \cdots, + a + bx_n$。式中：$a$ 和 b 为两个待定的常数，它们分别代表 y-x 图中过任意两点 (x_i, y_i) 和 $(x_i + \Delta x, y_i + \Delta y)$ 的直线的截距和斜率。显然，这样的直线有多条，彼此间的偏差也较大，数据拟合（回归）的目的就是要通过数据分析，从中选择出一条偏差最小的拟合直线，显然它不可能通过所有测量点（数据），但会使各测量点尽量以最接近的方式分布在拟合直线的周围。设 ε_i 代表对应于 x_i 的测量值 y_i 与按公式计算的 y 值之差，即

$$\varepsilon_i = y_i - y = y_i - (a + bx_i) \tag{1-5-2}$$

按最小二乘法原理，待定系数的最佳值应为能使各次测量误差的平方和最小的那个值，用数学表达式可写为

$$\sum_{i=1}^{n} \varepsilon_i^2 = \sum_{i=1}^{n} (y_i - a - bx_i)^2 = \min \tag{1-5-3}$$

由数学知识可知，使 $\sum\limits_{i=1}^{n} \varepsilon_i^2$ 最小的必要条件是其偏导数为零，即

$$\begin{cases} \dfrac{\partial}{\partial a} \sum\limits_{i=1}^{n} (y_i - a - bx_i)^2 = 0 \\[2mm] \dfrac{\partial}{\partial b} \sum\limits_{i=1}^{n} (y_i - a - bx_i)^2 = 0 \end{cases} \tag{1-5-4}$$

整理后可得

$$\begin{cases} \sum_{i=1}^{n} y_i - na - b\sum_{i=1}^{n} x_i = 0 \\ \sum_{i=1}^{n} x_i y_i - a\sum_{i=1}^{n} x_i - b\sum_{i=1}^{n} x_i^2 = 0 \end{cases} \tag{1-5-5}$$

由于 $\bar{x} = \dfrac{\sum_{i=1}^{n} x_i}{n}$，$\bar{y} = \dfrac{\sum_{i=1}^{n} y_i}{n}$，$\overline{x^2} = \dfrac{\sum_{i=1}^{n} x_i^2}{n}$，$\overline{xy} = \dfrac{\sum_{i=1}^{n} x_i y_i}{n}$，代入式（1-5-5），整理后得

$$\begin{cases} \bar{y} - a - b\bar{x} = 0 \\ \overline{xy} - a\bar{x} - b\overline{x^2} = 0 \end{cases} \tag{1-5-6}$$

解出 a 和 b，得

$$\begin{cases} b = \dfrac{\overline{xy} - \bar{x}\bar{y}}{\overline{x^2} - \bar{x}^2} \\ a = \bar{y} - b\bar{x} \end{cases} \tag{1-5-7}$$

求出 a 和 b 后，直线关系就确定了，但 x 与 y 是否为线性关系还需要验证。验证是通过计算相关系数 γ 来进行的，其表达式为

$$\gamma = \dfrac{\sum_{i=1}^{n}(x_i - \bar{x})(y_i - \bar{y})}{\sqrt{\sum_{i=1}^{n}(x_i - \bar{x})^2 \sum_{i=1}^{n}(y_i - \bar{y})^2}} \tag{1-5-8}$$

只要将实验数据代入式（1-5-8）就可以得到 γ 的值。当 $\gamma \to 1$ 时，表示 y 与 x 的线性关系好，即线性函数形式正确；当 $\gamma \to 0$ 时，说明实验数据分散，即线性关系不存在。

1.6　实验结果的计算机处理

目前在理工课程中使用计算机软件处理数据已成为高校学生必须掌握的一项非常重要的基本实验技能。本节主要介绍用 MATLAB 数学软件处理实验数据的一些方法，学生也可用其他自己熟悉的数学软件，如 Mathematic、Origin 等。本节的具体内容请参阅学习大学物理实验课程中的 1.6 节实验结果的计算机处理部分。

习题与思考

1. 指出下列情况分别属于系统误差还是偶然误差。

（1）螺旋测微器零点不准；

（2）检流计零点漂移；

（3）水银温度计毛细管不均匀；

（4）温度变化引起米尺的热胀冷缩。

2. 指出下列数据的有效位数，并用科学记数法重新记录它们。

（1）0.004 50 cm；　　　　　　　　　　（2）450.0 mm；

（3）4 500 m；　　　　　　　　　　　　（4）451.2 nm。

3. 改正下列记数中的错误，并写出正确答案。

（1）某学生测得的物体质量 $m = (20.314 \pm 0.242)$ g；

（2）某学生测得的物体质量的相对不确定度 $E = 0.042$；

（3）某物的高度 $h = (25.2 \pm 1)$ cm；

（4）3×10^{-3} g 比 8.1 g 测量更准确。

4. 为什么要引入不确定度的概念？

5. 用游标卡尺测量某物体长度的结果如习题表 1-1 所示。

习题表 1-1　游标卡尺测量物长数据

数据	次数					
	1	2	3	4	5	6
L/mm	35.64	35.66	35.60	35.70	35.64	35.66

用不确度表示其结果。

6. 某学生用钢卷尺测量某棒的长度的数据如习题表 1-2 所示。

习题表 1-2　钢卷尺测量棒长数据

数据	次数					
	1	2	3	4	5	6
L/mm	351.2	351.3	351.2	351.3	351.2	351.2

已知钢卷尺的最小分度为 1 mm，用不确定度表示具体结果。

7. 某学生在测定金属导体电阻温度系数的实验中，测得的实验数据如习题表 1-3 所示。

习题表 1-3　测定金属导体电阻温度系数数据

数据	t/℃				
	17.8	26.9	37.7	48.2	58.3
R/Ω	3.554	3.687	3.827	3.969	4.105

已知电阻与温度有线性关系：

$$R = R_0(1 + \delta t)$$

式中：R_0 为 0 ℃时的电阻；δ 为电阻温度系数。用直线拟合（一元线性回归）法求其经验公式。

第 2 章

常用仪器的原理及使用

2.1　游　标　卡　尺

2.1.1　游标卡尺的构造

游标卡尺的构造如图 2-1-1 所示，它主要由主尺 D 和副尺 E（亦称游标）两部分构成。图中：主尺与量爪 A、A′ 相联，副尺与量爪 B、B′ 及深度尺 C 相联。量爪 A、B 用来测量厚度及外径，量爪 A′、B′ 用来测量内径。深度尺 C 用来测量筒的深度。它们的读数（测量值）均可通过主尺与副尺两"0"线的距离（长度）来度量。F 为固定螺钉。

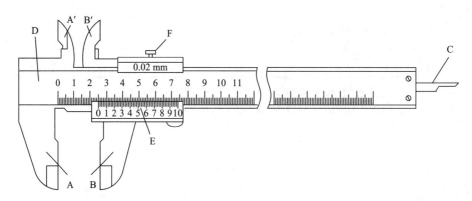

图 2-1-1　游标卡尺的构造

2.1.2　游标卡尺的读数原理

游标卡尺的主尺与普通钢尺一样，最小分度（分格）为 1 mm。副尺则有多种分度规格，常见的有 10 分度、20 分度、50 分度三种。10 分度的卡尺是指主尺上的 9 个分格与游标卡尺上的 10 个分格同长度，20 分度的卡尺是指主尺上的 19 个分格与游标卡尺上 20 个分格同长度，50 分度的卡尺是指主尺上的 49 个分格与游标卡尺上 50 个分格同长度。各分度卡尺主尺的分格数比相应的游标卡尺分格数均少 1 格。因此，若设主尺每分格长为 a mm，游标卡尺分格长度为 b mm，具有 n 个分格，则有

$$\begin{cases} (n-1)a = nb \\ (a-b)n = a \end{cases} \tag{2-1-1}$$

解之得

$$a - b = \delta = \frac{a}{n} \tag{2-1-2}$$

式中：$\delta = a - b = \dfrac{a}{n}$ 称为游标卡尺的分度差，代表游标卡尺能读出的最小读数，其值越小，游标卡尺的精度就越高。因此，常将游标卡尺的分度差 δ 称为其精度。容易算出，10 分度尺的精度

$$\delta_{10} = \frac{1}{10}\ \text{mm} = 0.1\ \text{mm}$$

20 分度尺的精度

$$\delta_{20} = \frac{1}{20} \text{ mm} = 0.05 \text{ mm}$$

50 分度尺的精度

$$\delta_{50} = \frac{1}{50} \text{ mm} = 0.02 \text{ mm}$$

下面以 10 分度尺为例来讨论游标卡尺的读数原理。

如图 2-1-2 所示，设测量时，两尺"0"线间的距离为 l，主尺"0"线到接近游标卡尺"0"线的主尺刻线值为 m，m 到游标卡尺"0"线的距离为 Δl，则两尺"0"线间的距离即为待测量的读值

$$l = l_0 + \Delta l = ma + \Delta l \tag{2-1-3}$$

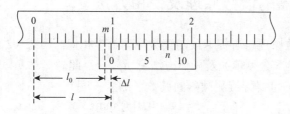

图 2-1-2　游标卡尺的读数

设游标卡尺的第 n 条刻线与主尺的某一刻线重合，即游标卡尺相对主尺 m 线左移了 $n\delta$ 的距离，这一距离正是 Δl，则式（2-1-3）又可写成

$$l = ma + n\delta \tag{2-1-4}$$

它对任意分度的游标卡尺都成立，对于 10 分度游标卡尺有

$$l = (m + 0.1n) \text{ mm} \tag{2-1-5}$$

以上说明，利用游标卡尺测量时，其测量值（以 mm 为单位）等于靠近游标卡尺"0"线的主尺刻度值 m 与主尺刻度上对准（重合）的游标卡尺刻度值 n 的 0.1 倍的代数和。

2.2　螺旋测微器

2.2.1　螺旋测微器的构造

螺旋测微器是比游标卡尺更精密的测量仪器，其量程为 25 mm，其分度值为 0.01 mm，亦称千分尺。

螺旋测微器的构造如图 2-2-1 所示，主要包括弓形尺架 A、微动螺杆 B、主尺套筒 C、副尺套筒 D、棘轮 E、制动器 F、测砧 G 等部分。图中：主尺套筒 C、弓形尺架 A 与测砧 G 连在一起，微动螺杆 B、附尺套筒 D 与棘轮 E 连在一起。主尺套筒 C 水平刻度线上、下有两排毫米刻度线，下排右移 0.5 mm。附尺套筒 D 的圆圈被等分为 50 格，微动螺杆 B 的螺距为 0.5 mm（即由棘轮 E 带动的微动螺杆 B 每转动一圈，螺杆移动 0.5 mm），因此，每当附尺套筒 D 转动一格时，测微螺杆 B 便移动 0.01 mm。

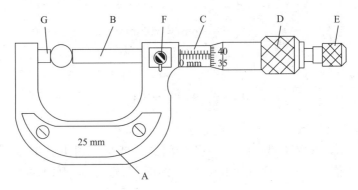

图 2-2-1　螺旋测微器的构造

2.2.2　螺旋测微器的读数原理及使用方法

螺旋测微器的读数原理与游标卡尺的读数原理基本相似，即式（2-1-5）对螺旋测微器仍然成立，只是测量精度（分度值）及操作方法有所差异。此外，对 m 和 n 的要求亦不一定是整数，根据式（2-1-5）可得螺旋测微器的读数（测量长度）

$$l = (m + 0.01n) \text{ mm} \tag{2-2-1}$$

式中：m 为副尺前沿线对应的主尺的刻度值；n 为主尺水平线对应的副尺刻度值。

例如，某学生测量两物体的长度分别如图 2-2-2（a）和（b）所示，从图 2-2-2（a）可见，副尺前沿线对应的主尺刻度线的 5（即 $m = 5$），水平线与副尺的对应刻度为 3.2（即 $n = 3.2$），故所测长度

$$l = (5 + 0.01 \times 3.2) \text{ mm} = 5.032 \text{ mm}$$

从图 2-2-2（b）可以看出，副尺前沿对应的主尺刻度值为 5.5（$m = 5.5$），水平线对应的副尺刻度为 3.4（$n = 3.4$），故所测长度

$$l = m + 0.01n = (5.5 + 0.01 \times 3.4) \text{ mm} = 5.534 \text{ mm}$$

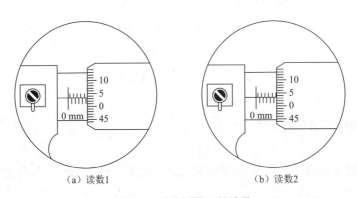

（a）读数1　　　　　　　　　　（b）读数2

图 2-2-2　螺旋测微器的读数

使用螺旋测微器时应注意以下几点。

1. 零点校正

当测砧端面与螺杆端面重合时，两尺零点应该重合（读数为零）。若不重合，则应读出零点的"漂移"值 l_0，在零点发生漂移的情况下，待测物体的实际长度应为测量值 l 与漂移值 l_0 之差，即 $l_{\text{实}} = l - l_0$。

2. m 既可为整数，也可为半整数

当副尺前沿与水平线上方的刻度线最靠近时，m 取整数，其值为上方刻线数；当副尺前沿与水平线下方的刻度线最靠近时，m 取半整数，其值等于副尺前沿线所见主尺刻线数（水平线上、下刻线数之和）总和 N 的 0.5 倍（即 m = 0.5N）。

3. 爱护仪器

螺旋测微器的精密度在于微动螺杆，由于螺旋对力有放大的作用，过分挤压将会导致微动螺杆产生非弹性形变，影响螺旋测微器的精度，必须注意保护。

（1）校正零点或卡紧物体时，不允许直接旋动副尺套筒，而应通过旋动棘轮旋柄来实现，当旋动棘轮听到"咯咯"响声时，表示物体已卡紧或螺杆端面已贴紧待测物的端面，这时就不应继续旋进棘轮了。

（2）握持螺旋测微器时应手持尺架，不要握住副尺套筒，以免尺架的垂力矩旋紧微动螺杆。

（3）实验完毕后应使螺杆与测砧移开一段距离，以防止因热膨胀而挤压微动螺杆。

2.3　物　理　天　平

2.3.1　物理天平的结构

利用物理学中的杠杆平衡原理来称量物体质量的精密仪器称为物理天平，它主要由下列部件构成，如图 2-3-1 所示。

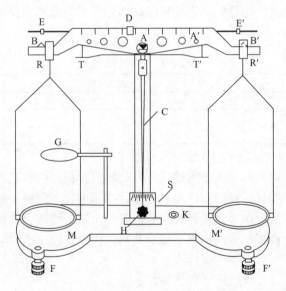

图 2-3-1　物理天平的结构示意图

图中：A′ 为横梁，主要起支撑作用；A、B、B′ 分别为主刀口和左、右分刀口，起"支点"的作用；C 为横梁中央指针，以指示横梁是否处于平衡；D 为游码，用于不足 1 g 物质的称量；E、E′ 为平衡螺母，用以调节天平空载时的平衡；F、F′ 为调节螺丝，用以调节仪

器支座的水平度；G 为托板，用以托住不被称量的物体；H 为制动旋钮，用以控制横梁的上升与下降，使刀口少受磨损；K 为水准仪，用以指示支座是否处于水平；M、M′ 为左、右托盘，用以盛载待称物体和砝码；S 为标尺，用以指示横梁的平衡度；T、T′ 为制动架，用以托起不称量时的横梁；R、R′ 为左、右吊耳，用以吊挂托盘。

2.3.2 物理天平的性能指标与精度等级

物理天平主要有如下性能指标。

1）灵敏度

托盘每增加单位负载（质量）所引起的指针在标尺上的偏移格数称为灵敏度，即

$$灵敏度 = 指针偏移格数/托盘增加质量 \tag{2-3-1}$$

2）感量

灵敏度的倒数称为感量，表示天平平衡时，为使指针偏转一小格在一端托盘所需增加的最小质量，其大小与天平砝码（游码）读数的最小值相等。感量越小，天平的灵敏度就越高。天平仪器的不确定度 Δ_1 等于天平游码读数最小值的一半。

3）称量

天平允许称量的最大质量称为最大称量，简称称量。

4）精度

天平感量与最大称量之比称为天平的精度，亦称天平的级别。我国天平的精度级别分为 10 级，如表 2-3-1 所示。

表 2-3-1 精度的分级

数据	精度级别									
	1	2	3	4	5	6	7	8	9	10
$\dfrac{感量}{最大称量}/10^{-6}$	0.1	0.2	0.5	1	2	5	10	20	50	100

灵敏度（或感量）除能标志天平的性能外，还能进行精密称衡。例如，在天平空载（零点）时，指针正好指在指针标牌中间，负载时指针指示偏转多少格，就可以根据灵敏度算出应在天平砝码的读数上加上多少质量，提高称衡效率，避免操作中的盲目性。在调节天平的零点时，横梁上的平衡螺母转一圈相当于偏转几格，由此可以迅速判定平衡螺母应转多少才能接近平衡。

2.3.3 物理天平的调节与使用

1. 调水平

调节底脚螺丝，使水准仪的气泡处于中心，保证底板达到水平。

2. 调零点

逆时针转动制动旋钮使横梁制动。将托盘空置，游码置零，吊耳挂在相应刀口上。顺时针缓慢转动制动旋钮支起横梁，观察指针的摆动。若偏向一方，先逆时针转动制动旋钮使横梁制动，然后调节平衡螺母，再次支起横梁，观察指针的摆动情况。如此反复，直到左右平衡，指针指向标尺中央为止。

注意：不允许在支起横梁的状态下转动平衡螺母，也不允许在支起横梁的状态下加载或卸载待称物、增减砝码、移动游码。

3. 称量

物理天平称量
状态与制动
状态的区别

称量前先制动横梁。将待测物置于左盘中央，估计其质量，从大到小，依次将砝码放于右盘中央，转动制动旋钮，观察横梁是否平衡，若不平衡，则应记住指针的偏转方向，制动横梁后，再相应增减砝码或移动游码，直至指针位于标尺中央或围绕平衡点作等幅摆动为止。记下此时砝码和游码的读数，根据左右平衡，算出待测物的质量 m。如果天平两臂不等长，那么应采取交换法（亦称复称法）来测量物体的质量，即先"物左码右"（物放左盘，码放右盘）测出物体的质量 m_1，然后"物右码左"，测出物体的质量 m_2，则物体的质量

$$m = \sqrt{m_1 \cdot m_2} \qquad (2\text{-}3\text{-}2)$$

注意：

（1）测量过程中，严禁用手直接增减砝码或移动游码，必须要用镊子来操作。

（2）待称物体的质量不得大于天平的最大称量，否则会损坏刀口。

2.4　直流稳压电源

电源电路是一切电子设备的基础，没有电源电路就不会有如此种类繁多的电子设备。由于电子技术的特性，电子设备对电源电路的要求就是能够提供持续稳定、满足负载要求的电能，而且通常情况下都要求提供稳定的直流电能。提供这种稳定的直流电能的电源就是直流稳压电源。直流稳压电源的供电电源大都是交流电源，当交流供电电源的电压或负载电阻变化时，稳压器的直流输出电压都会保持稳定。直流稳压电源在电源技术中占有十分重要的地位，电子设备正朝着高精度、高稳定性和高可靠性的方向发展。

直流稳压电源可以分为两类，即线性和开关型。

线性直流稳压电源有一个共同的特点，即它的功率器件调整管工作在线性区，靠调整管之间的电压降来稳定输出。由于调整管静态损耗大，需要安装一个很大的散热器给它散热。且由于变压器工作在工频（50 Hz）上，其质量较大。该类电源的优点是稳定性高，纹波小，可靠性高，易做成多

路、输出连续可调的成品；缺点是体积大、较笨重、效率相对较低。这类稳定电源又有很多种，从输出性质可分为稳压电源、稳流电源，以及集稳压、稳流于一身的稳压稳流（双稳）电源；从输出值来看可分为定点输出电源、波段开关调整式和电位器连续可调式几种；从输出指示上可分为指针指示型和数字显示式型等。

开关型直流稳压电源的电路形式主要有单端反激式、单端正激式、半桥式、推挽式和全桥式。该类电源与线性直流稳压电源的根本区别在于，其变压器不工作在工频，而是工作在几万赫兹到几兆赫兹。功能管不是工作在饱和及截止区即开关状态，开关电源因此而得名。开关电源的优点是体积小、质量小、稳定可靠；缺点是相对于线性电源来说纹波较大（一般不大于1%VO（P-P），好的可做到十几毫伏（P-P）或更小）。它的功率可自几瓦到几千瓦。

直流稳压电源的基本功能如下。

（1）输出电压值能够在额定输出电压值以下任意设定和正常工作。

（2）输出电流的稳流值能在额定输出电流值以下任意设定和正常工作。

（3）直流稳压电源的稳压与稳流状态能够自动转换并有相应的状态指示。

（4）对于输出的电压值和电流值要求精确地显示与识别。

（5）对于输出电压值和电流值有精准要求的直流稳压电源，一般要用多圈电位器和电压电流微调电位器，或者直接数字输入。

（6）有完善的保护电路。直流稳压电源在输出端发生短路及异常工作状态时不应损坏，在异常情况消除后能立即正常工作。

直流稳压电源的主要技术指标如下。

（1）输出电压范围，即符合直流稳压电源工作条件的情况下，能够正常工作的输出电压范围。该指标的上限是由最大输入电压和最小输入-输出电压差所规定，而其下限由直流稳压电源内部的基准电压值决定。

（2）最大输入-输出电压差，表征在保证直流稳压电源正常工作的条件下，所允许的最大输入-输出之间的电压差值，其值主要取决于直流稳压电源内部调整晶体管的耐压指标。

（3）最小输入-输出电压差，表征在保证直流稳压电源正常工作条件下，所需的最小输入-输出之间的电压差值。

（4）电压调整率 S_V，是表征直流稳压电源稳压性能优劣的重要指标，亦称稳压系数或稳定系数。它表征当输入电压 V_I 变化时直流稳压电源输出电压 V_O 稳定的程度，通常以单位输出电压下的输入与输出电压相对变化的百分比表示。

（5）电流调整率 S_I，是反映直流稳压电源负载能力的一项主要指标，亦称电流稳定系数。它表征当输入电压不变时，直流稳压电源对由于负载电流（输出电流）变化而引起的输出电压的波动的抑制能力，在规定的负载电流变化的条件下，通常以单位输出电压下输出电压变化值的百分比来表示。

（6）集成直流稳压电源的温度稳定性 K，以在所规定的直流稳压电源工作温度 T_i 最大变化范围内（$T_{min} \leqslant T_i \leqslant T_{max}$）直流稳压电源输出电压相对变化的百分比值来表示。

（7）最大输入电压是保证直流稳压电源安全工作的最大输入电压。

（8）最大输出电流是保证稳压器安全工作所允许的最大输出电流。

使用直流稳压电源时要注意以下事项。

（1）直流稳压电源的输出电压大小一般可以在 0～30 V 范围内连续调整，配有粗调和细调两个旋钮，先粗调后细调。在将电源接入负载电路之前先要确定输出电压的大小，并准确调准，否则电压调大会很快烧坏负载电路。

（2）直流稳压电源的输出端有两根引线，一根为正（用红色引线表示），另一根为负（用黑色引线表示），这两根引线之间不能互换。在接直流稳压电源的输出端引线时，要先搞清楚电路中的正、负电源端，两者之间切不可接反了，否则会烧坏电路。

（3）在接通直流稳压电源之后，输出端的两根引线不要相碰，否则输出端短路，直流稳压电源进入保护状态，此时没有直流电压输出（按一次复位开关后电源可恢复正常输出）。

（4）为了使用方便，往往将直流稳压电源的正、负极输出引线分别用一个红色和黑色的夹子连接，将黑夹子往电路的地线上夹，红夹子夹电路中的电源正极端，使用十分方便。另外，要在夹子的外面用绝缘套管套上，以免相互之间相碰后直流稳压电源输出端短路。

（5）在一些直流稳压电源上设有直流电表，可以同时指示直流稳压电源当前输出的直流电流大小，这对检修是十分方便的。在没有这种电流表时，可以在直流稳压电源输出回路中串联一个直流电流表。

（6）在检修 OCL 功率放大器电路时，要采用双电源输出的直流稳压电源，因为这种功率放大器电路需要正、负对称电源供电，其他一些电路也有采用正、负对称电源供电的情况。

（7）在能够输出两组直流电压的稳压电源中，两组电路之间是独立的，输出电压调整要分开进行。

（8）关闭直流稳压源时，先将全部的稳压、稳流旋钮旋转到最小位置，然后关闭稳压电源开关，最后拆连接电路所用的导线。注意稳压电源的开关不能作为电路开关随意开关。

2.5　读数显微镜

2.5.1　读数显微镜的结构

读数显微镜由测量用显微镜及其调焦系统、螺旋测微装置，以及底座、工作台等组成，可直接用来观察和精密测量微小物体的长度、孔距、直径等。实验室所用的 JCD-II 型读数显微镜实物示意组成图如图 2-5-1 所示。

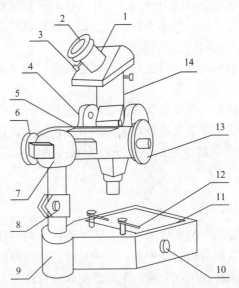

图 2-5-1　JCD-II 型读数显微镜实物示意组成图

1. 目镜镜筒；2. 目镜；3. 紧定螺丝；4. 镜筒升降旋钮；5. 标尺；6. 纵轴紧定旋钮；7. 垂轴；8. 垂轴紧定螺丝；9. 底座；10. 平面反射镜旋钮；11. 工作台；12. 压紧簧片；13. 读数鼓轮；14. 物镜镜筒

显微镜光路图如图 2-5-2 所示。将物体 AB 靠近物镜 L_1 的焦点（F_1）外侧，由 AB 发出的光线经物镜后形成放大的倒立实像 $A'B'$，并恰恰紧靠目镜 L_2 的焦点（F_2）内侧。于是，再通过目镜形成一个位于人眼明视距离处的放大虚像 $A''B''$。显微镜的视角放大率等于物镜的线放大率与目镜的视角放大率之积。

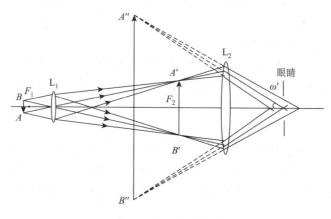

图 2-5-2　显微镜光路图

根据不同的测量要求，读数显微镜的量程、分度值和视角放大率等可以有不同规格。实验室所用的 JCD-Ⅱ型读数显微镜，目镜倍率为 $10\times$，物镜倍率为 $3\times$，总放大倍数为 $30\times$。

2.5.2　读数显微镜的调节方法

读数显微镜的调节步骤可以归纳为先看清叉丝，然后看清图像，再消除叉丝与图像的视差，最后准备进行测量。

（1）松开目镜紧定螺丝，上下移动目镜，调节目镜与分划板之间的距离，看清十字叉丝。

（2）旋转读数鼓轮，使显微镜筒大致位于工作台中间位置，将被测物体置于工作台面玻璃上，使其处于物镜筒下方，转动调焦手轮，自下而上移动物镜筒（为防止压坏被测物和物镜，不允许由上向下移动），直至看清被测物体的图像。

（3）若由于纵向长度限制观察，可松开纵轴紧定螺丝，调节至合适的位置；横向亦可同理进行调节。

（4）微调调焦手轮和目镜，消除叉丝与图像间的视差。

（5）转动读数鼓轮，使十字叉丝纵丝对准待测长度的起点，记下此时的读数 A，沿同一方向转动测微手轮，使十字叉丝纵丝恰好止于待测长度的终点，记下读数 B，则所测长度 $L = |A - B|$。

注意：

（1）绝对不允许用手擦拭光学表面。

（2）为防止压坏显微镜的物镜和被测物体，不允许由上向下移动显微镜筒。

（3）为消除因螺纹间隙而引起的空程误差，测量时必须始终向同一方向转动测微读数鼓轮。读数鼓轮绝对不允许倒转，稍有倒转，全部数据即应作废。

（4）显微镜移动的距离可以从附在导轨上的主尺和测微鼓轮上读出。主尺量程为 50 mm，最小刻度为 1 mm，不估读；测微鼓轮最小分度值为 0.01 mm，估读一位。测微鼓轮每旋转一周，显微镜筒移动 1 mm，其原理与螺旋测微器相同，因此精确度经估读可达到 0.001 mm。

2.6 测 微 目 镜

测微目镜常作为精密光学仪器的附件用来测量微小长度，常用于测量干涉、衍射条纹的间距或由光学系统所成实像的大小等。其主要特点是准确度高、量程小。

测微目镜由目镜、活动分划板、固定分划板、读数鼓轮等组成，其结构如图 2-6-1 所示。旋转读数鼓轮，与读数鼓轮连在一起的丝杆可带动活动分划板左右移动。活动分划板上刻有双线和十字叉丝（测量准线）。刻有毫米标度线的固定分划板可作为观测像接受屏，目镜的作用是放大被测的像（毫米标尺和准线也随同放大）。

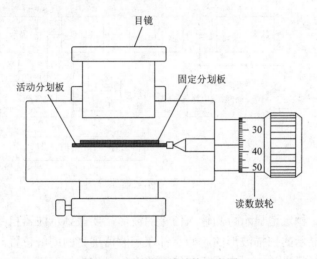

图 2-6-1 测微目镜结构示意图

读数鼓轮每旋转一周，双线和十字叉丝移动 1 mm，鼓轮上有 100 个分格，因此每一分格对应准线移动 0.01 mm，读数时可估读到 0.001 mm。测微目镜的读数方法与螺旋测微器相似，双线或叉丝交点的位置的毫米数由固定分划板上读出，毫米以下的位数由读数鼓轮上读出。图 2-6-2 所示的读数为 3.635 mm。

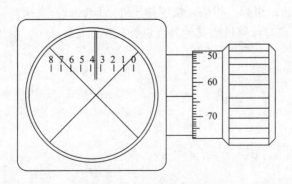

图 2-6-2 测微目镜读数方法

测量时应先对目镜进行调焦，直到能清楚地看到双线和十字叉丝为止。由于丝杆与螺母的螺纹间有空隙，只能沿着同一方向依次移动测量准线来进行测量，以免产生空程差。当螺旋过了头时，必须退回几圈，再沿原方向旋转推进，重新测量。

2.7　数字示波器

数字示波器的原理如图 2-7-1 所示，输入数字示波器的待测信号先经过一个电压放大与衰减电路，将待测信号放大或衰减到后续电路可以处理的范围内，接着由采样电路按一定的采样频率对连续变化的模拟波形进行采样，然后由模数转换器 A/D 将采样得到的模拟量转换成数字量，并将这些数字量存放在存储器中。这样，可以随时通过 CPU 和逻辑控制电路把存放在存储器中的数字波形显示在显示屏上供使用者观察与测量。

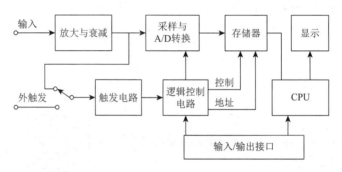

图 2-7-1　数字示波器原理图

为了能够实时、稳定地显示待测输入信号的波形，要做到示波器自身的扫描信号与输入信号同步，让每次显示的扫描波形的起始点都在示波器屏幕的同一位置。示波器内部有一个触发电路，如果选择经过放大或衰减后的待测输入信号作为触发源，那么触发电路在检测到待测输入信号达到设定的触发条件（一定的电平和极性）后，会产生一个触发信号，其后的逻辑控制电路接收到这个触发信号将启动一次数据采集、转换和存储器写入过程。显示波形时，数字示波器在 CPU 和逻辑控制电路的参与下将数据从存储器中读出并稳定地显示在显示屏上。

由于已将模拟信号转换成数字量存放在存储器中，利用数字示波器可对其进行各种数学运算（如两个信号相加、相减、相乘、快速傅里叶（Fourier）变换）以及自动测量等操作，也可通过输入/输出接口与计算机或其他外设进行数据通信。

第 **3** 章

基础性实验

实验一 液体表面张力系数的测量

液体表面有如张紧的弹性薄膜，具有收缩性的趋势，这表明液体表面存在着张力，这种张力称为表面张力。表面张力的大小用表面张力系数 α 来描述。测定表面张力系数的方法较多，在本实验中仅介绍拉脱法。

【实验目的】

（1）掌握用焦利秤测量微小力的原理和方法。
（2）了解液体表面的性质，掌握测定液体表面张力系数的拉脱法。

【注意事项】

（1）玻璃器皿中的水和金属丝必须保持十分洁净，不要用手触摸玻璃器皿的内侧和金属框，也不要用手触摸水面。
（2）每次实验前要用酒精擦拭玻璃器皿和金属框，并用蒸馏水冲洗。
（3）测表面张力时，动作要慢，并要防止仪器受震动，特别是水膜破裂时，更要注意。

【实验仪器】

焦利秤、金属框及线、砝码、玻璃器皿、蒸馏水、温度计、游标卡尺。
焦利秤的结构如图 3-1-1 所示。在直立的可上下移动的金属杆 A 的横梁上悬挂一个塔形细弹簧 C，弹簧下端挂一面刻有水平线的小镜 J，小镜下端的小钩可以用来悬挂砝码盘 E 和

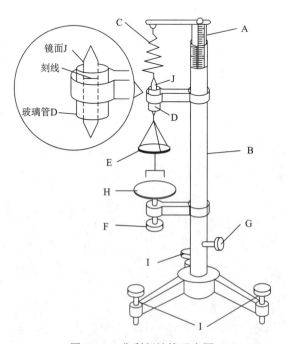

图 3-1-1 焦利秤结构示意图

"冂"形金属丝框等，小镜穿过固定在支杆 B 上并刻有水平线的玻璃管 D。支杆 B 上附有游标和可以上下调节的平台 H。转动升降旋钮 G，可使金属杆 A 上下移动，从而调节弹簧的升降。使用时应调节升降旋钮 G，使小镜 J 上的水平线、玻璃管 D 上的水平线与该水平线在小镜中的像三者始终保持重合，简称"三线对齐"。用这种方法可保证弹簧下端的位置固定，弹簧的伸长量 ΔL 可由伸长前后支杆 B 上两次读数之差求得。

【实验原理】

将一块薄钢片浸入液体中，对浸润液体而言，其附近的液面将呈现如图 3-1-2 所示的形状。由液面收缩而产生的沿切面方向的力 f 称为表面张力，角 φ 称为接触角。当缓慢拉出钢片时，接触角 φ 逐渐减小而趋于零。因此，在钢片刚要脱离液体时，f 的方向垂直向下，钢片受力平衡的条件为

$$F = mg + f \tag{3-1-1}$$

式中：F 为将薄钢片拉出液面时所施的外力；mg 为薄钢片与其所黏附液体的总重量。

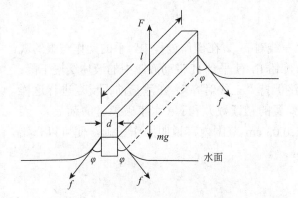
图 3-1-2　液体的表面张力示意图

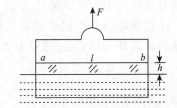
图 3-1-3　拉脱法示意图

表面张力 f 与接触面的周界长 $2(l+d)$ 成正比，假设该液体表面张力系数为 α，即作用在液体表面单位长度的力，则表面张力 $f = 2\alpha(l+d)$，将 f 的值代入式（3-1-1）可得

$$\alpha = \frac{F - mg}{2(l+d)} \tag{3-1-2}$$

表面张力系数 α 与液体的种类、纯度、温度，以及上方气体的成分有关。实验表明，液体的温度越高，α 的值越小，所含杂质越多，α 值也越小。只要上述条件保持恒定，α 近似为一个常数。

可以用一个矩形金属框代替钢片来做本实验。如图 3-1-3 所示，在金属框中间拉一根长为 l 的金属细线 ab，将金属框和细线浸入水中后再缓慢地拉出水面，在细线下面将带起一水膜，当水膜将被拉断时，有

$$F = W + 2\alpha(l+d) + ld\rho g \tag{3-1-3}$$

式中：F 为向上的拉力；W 为框和细线所受重力与浮力之差；l 为金属细线的长度；d 为细线直径；h 为水膜高度；ρ 为被测液体密度。

在忽略水膜厚度 d 的情况下，由式（3-1-3）可求出表面张力系数

$$\alpha = \frac{F - W - ldh\rho g}{2l} \tag{3-1-4}$$

【实验内容】

1. 焦利秤的操作训练

为了获得较好的测量结果，必须掌握焦利秤的操作技巧。特别是在水膜的拉伸过程中，既要保证水膜被充分地拉伸开来，又不致过早地破裂；还要时刻保持弹簧下端小镜的水平线、玻璃管 D 上的水平线与该水平线在小镜中的像三者重合（即"三线对齐"）。操作难度较大，不易掌握其要领，需在教师的指导下进行反复的练习。

1）现象的观察

先调节升降旋钮 G，使"⌐"形金属丝（或金属薄圆环）由液面下缓慢地拉起直至脱出液面。仔细观察水膜的初步形成、水膜表面面积的不断增大，以及水膜的最后破裂等一系列过程。经多次的观察实践，明了只有排除外界的干扰（如仪器的振动、风吹等），并缓慢地拉起"⌐"形金属丝，才能使水膜不过早破裂，从而掌握本实验的第一个关键性操作。

2）"三线对齐"的操作训练

在水膜被拉伸的过程中，必须时刻保持"三线对齐"。在操作过程中，手的动作与眼的观察必须很好地配合。即左手转动平台下的调节旋钮 F，使平台 H 带动液皿中的液体缓慢下降；右手转动升降旋钮 G，使金属杆 A 上升，始终保持"三线对齐"。在测量前，反复进行这样的练习，比较熟练后开始记录测量数据 s_0（弹簧的初读数）和 s（水膜破裂时的读数）。当多次测量的弹簧伸长量 $s-s_0$ 相差不大，约在 0.03 cm 范围内，说明操作正确，便可以开始正式测量。

2. 测量弹簧的弹性系数 K

将塔形弹簧、小镜 J、托盘 E 挂在焦利秤上，调节支架的底脚螺旋，使小镜 J 竖直悬挂在玻璃管 D 的轴线上。先旋转 G 使"三线对齐"，由支杆 B 上的游标读出金属杆 A 上的标尺读数 L_0，然后在秤盘上加质量为 Δg 的砝码一个，使"三线对齐"，读出金属杆 A 上的标尺读数 L_1。每次增加一个 Δg 的砝码，共 5 次，读出相应的 $L_1, L_2, \cdots, L_5$。再从托盘上逐次取出一个砝码，沿减重的方向依次读出 $L'_5, L'_4, \cdots, L'_0$，填入表 3-1-1 中，完成表 3-1-1 的测量，并计算弹簧平均位置 $\overline{L_i}$。

表 3-1-1　弹簧弹性系数 K 的测定

砝码质量 / ($\times 10^{-3}$ kg)	增重位置 L_i / (10^{-3} m)	减重位置 L'_i / (10^{-3} m)	平均位置 $\overline{L_i}$ / (10^{-3} m)	伸长值 $\overline{L_{n+3}} - \overline{L_n}$ / (10^{-3} m)	$K_n = \dfrac{3\Delta \times 10^{-3} \times 9.8}{\overline{L_{n+3}} - \overline{L_n}}$ /(N/m)	误差/(N/m)
0						
Δ						
2Δ						
3Δ						
4Δ						
5Δ						
平均值						

3. 测 F-W 值

将盛有蒸馏水的玻璃皿置于平台 H 上，使金属框和细线浸入水中，如图 3-1-4（a）所示，调节升降旋钮 G 使"三线对齐"。

用一只手慢慢旋 F 使玻璃皿下降，另一只手慢慢调节 G 使弹簧向上伸长。要求在这一过程中，始终保持"三线对齐"。当金属丝 ab 刚好达到水平时，记下旋钮 F 的位置 F_1，如图 3-1-4（b）所示，继续转动 G 和 F，直到水膜破坏时为止，记下金属杆 A 上的标尺读数 l_1 和旋钮的位置 F_2，如图 3-1-4（c）所示。

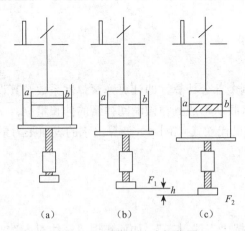

图 3-1-4　测表面张力操作图

用吸水纸将金属框和细线上的水珠轻轻地吸去，转动 G（F 在 F_2 位置不动）使金属框缓缓下降，直到"三线对齐"，读出 A 上的标尺读数 l_2，则

$$F - W = K |l_2 - l_1| \tag{3-1-5}$$

再重复测量 4 次。

4. 测量水膜高度 h

由于上述过程中始终"三线对齐"，平台 F 下降的高度（平台 F 从 F_1 到 F_2 的位置差）即为拉断水膜时水膜的高度 h。因为水膜重量 $ldh\rho g$ 与拉力 $F - W$ 比很小，所以不要求将 h 测得很精细，取一估读值即可（可以采用旋转 F 圈数乘螺距）。

5. 测量水膜长度 l（金属丝长度）

6. 测量水膜厚度 d（金属丝直径）

7. 测量水温

将有关数据记在表 3-1-2 中。

液体表面张力
系数的测量

表 3-1-2　拉破水膜时弹簧的伸长量

平均温度_____℃，金属丝长度 l = _____（×10⁻³ m）

金属丝直径 d = _____（×10⁻³ m），水膜高度 h = _____（×10⁻³ m）

次数	l_1 /(10⁻³ m)	l_2 /(10⁻³ m)	$\lvert l_2 - l_1 \rvert$/(10⁻³ m)	误差/ (10⁻³ m)
1				
2				
3				
4				
5				
平均值				

【数据处理】

（1）采用逐差法完成表 3-1-1 剩余部分计算，即计算弹簧弹性系数及其误差。

（2）根据表 3-1-2 的数据计算水膜从形成到拉破瞬间弹簧的伸长量 $\overline{\lvert L_2 - L_1 \rvert}$ 及其误差。

（3）将表 3-1-1 和表 3-1-2 的结果代入式（3-1-4）计算出水的表面张力系数 α 及其误差。

（4）将结果用标准形式表示出来。

【思考题】

1. 实验过程中为什么要时刻保持"三线对齐"，如何实现"三线对齐"？

2. 测量水膜高度 h 和厚度 d 时，为什么对其精度要求不高？

3. 测量水膜从形成到破裂过程中弹簧伸长量时，在测量过程规范的情况下，理论上多次测量弹簧伸长量的平均值与最大伸长量哪个更符合实际情况？为什么？

实验二　理想气体定律实验

　　理想气体是人们对实际气体简化而建立的一种理想模型。理想气体具有两个特点：第一，分子本身不占有体积；第二，分子间无相互作用力，即不计分子势能，分子与器壁之间发生的碰撞是完全弹性的，不造成动能损失。实际应用中把温度不太低、压强不太高条件下的气体可近似看成理想气体，而且温度越高、压强越低，越接近于理想气体。

　　理想气体是指严格遵从气态方程 $PV = nRT$（n 为气体物质的量）的气体。理想气体状态方程，亦称理想气体定律或普适气体定律，是描述理想气体在处于平衡状态时，压强、体积、温度间关系的状态方程。它建立在玻意耳–马里奥特（Boyle-Mariotte）定律、查理（Charles）定律、盖吕萨克（Gay-Lussac）定律等定律的基础上，由法国科学家克拉佩龙（Clapeyron）于 1834 年提出。这个方程后来被门捷列夫（Mendeleev）推广（门捷列夫–克拉佩龙方程），还导出确定物质的熔点和沸点与压强之间关系的方程，即克拉佩龙–克劳修斯（Clausius）方程。

　　根据理想气体定律（理想气体状态方程）可以求平衡状态下的参数、两平衡状态间的参数、标准状态与任意状态或密度间的换算、气体体积膨胀系数等。

【实验目的】

　　知识和技能目标：

（1）理解理想气体的概念。

（2）理解热力学过程中状态变化及基本物理规律。

（3）掌握理想气体状态方程的推导过程。

（4）正确选择曲线拟合工具进行实验数据处理。

　　情感目标：通过验证理想气体的三个定律，使学生学会用辩证唯物主义视角分析事物间的内在逻辑关系。

【注意事项】

　　实验过程中注意不要拉脱活塞，更不要把阻挡活塞推到底部的机械挡板，以免压坏活塞底部的传感器装置。

【实验仪器】

理想气体定律
实验操作

　　PEC-IGL 型理想气体定律实验仪一台。

　　理想气体定律实验仪面板如图 3-2-1 所示。

　　气体密封装置如图 3-2-2 所示。

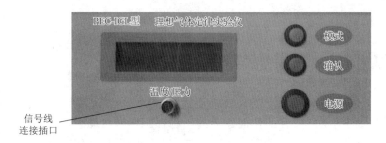

图 3-2-1　理想气体定律实验仪面板

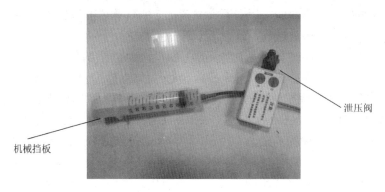

图 3-2-2　气体密封装置

理想气体定律实验仪可同时测量被压缩气体的温度和压力。热敏电阻置于针管的末端，用来测量针管内温度的变化，响应时间大约是 0.5 s。针管柱塞带有机械挡板，用于保护热敏电阻，并可设定气体的体积。

【实验原理】

1. 玻意耳-马里奥特定律

1662 年，英国化学家玻意耳使用 U 型玻璃管，用水银压缩被密封于玻璃管内的空气，加入水银量的不同会使其中空气所受的压力也不同。玻意耳经过观察管内空气的体积随水银柱高度不同而发生的变化，将得到的实验结果总结为玻意耳-马里奥特定律，即温度恒定时，一定量气体的压力与其体积的乘积为恒量。

玻意耳-马里奥特定律：温度保持不变，一定质量的气体压强 P 和 V 的乘积是一个恒量。即

$$PV = C \qquad\qquad (3\text{-}2\text{-}1)$$

或

$$P_1V_1 = P_2V_2 = C \qquad\qquad (3\text{-}2\text{-}2)$$

2. 查理定律

1787 年，查理研究氧、氮、氢、二氧化碳，以及空气等在 0～100 ℃热膨胀时，发现每种气体的膨胀率都相同。即某一气体在 100 ℃中的体积为 V_{100}，而在 0 ℃时为 V_0，实验表明，任意气体由 0 ℃升高到 100 ℃，体积增加 37%。当压力一定时，定量气体温度每升高（或降低）1 ℃，体积会增加（或减少）其在 0 ℃时体积的 1/267。它描述其压强随温度作线性变化

$P = P_0(1+\beta t)$。其中：P_0 为在 0 ℃时的压强；t 为摄氏温度；β 为气体的膨胀系数。对于理想气体，β 与气体种类及温度范围无关，且 $\beta = 1/273$，1847 年法国化学家雷诺（Reno）修正为 1/273.15。

对于热力学温标，查理定律可描述为：体积不变时，一定质量气体的压力 P 与热力学温度 T 成正比。即

$$\frac{P_1}{T_1} = \frac{P_2}{T_2} = C \tag{3-2-3}$$

3. 盖吕萨克定律

盖吕萨克定律：压强不变时，一定质量气体的体积 V 与热力学温度 T 成正比。即

$$\frac{V_1}{T_1} = \frac{V_2}{T_2} = C \tag{3-2-4}$$

盖吕萨克定律被发现将近一个世纪后，物理学家克劳修斯和开尔文（Kelvin）建立了热力学第二定律，并提出了热力学温标（即绝对温标）的概念，查理-盖吕萨克气体定律被表述为：压力恒定时，一定量气体的体积 V 与温度 T 成正比。

19 世纪中叶，法国科学家克拉佩龙综合玻意耳-马里奥特定律和查理-盖吕萨克定律，把描述气体状态的三个参数 P、V、T 归于一个方程，表述为：一定量的气体，体积和压力的乘积与热力学温度成正比。19 世纪末，人们开始普遍地使用现行的理想气体状态方程 $PV = nRT$。

【实验内容】

1. 验证玻意耳-马里奥特定律及计算导管体积 V_0

实验步骤：

（1）打开泄压阀，将活塞置于 40 ml 处，通过模式按钮选择"检测状态"模式，稳定后，在表 3-2-1 中记录此时的压强 P。

（2）关闭泄压阀，通过模式按钮选择"等温过程"，按确认键。

（3）快速将活塞推到 20 ml 处，完全按住活塞，保持位置一定时间，待屏幕显示数据时，记录此时压强 P。

（4）重复上述步骤 4 次，完成表 3-2-1。

表 3-2-1　等温过程数据表格

体积/ml	压强/kPa					
	1	2	3	4	5	平均值
V_1（40）						
V_2（20）						

2. 验证理想气体状态方程

实验步骤：

（1）打开泄压阀，将活塞置于 40 ml 处，通过模式按钮选择"检测状态"模式，稳定后，记录此时的温度 t 和压强 P。

（2）关闭泄压阀，通过模式按钮选择"变温过程"，按确认键。

（3）快速将活塞推到底（20 ml 处），完全按住活塞，保持位置一定时间，待屏幕显示数据时，记录此时温度 t 和压强 P。

（4）重复上述步骤 3 次，完成表 3-2-2。

表 3-2-2　变温过程数据表格

体积/ml	1		2		3		4		平均值	
	$t/℃$	P/kPa	$t/℃$	P/kPa	$t/℃$	P/kPa	$t/℃$	P/kPa	$t/℃$	P/kPa
$40+V_0$										
$20+V_0$										

3. 测量气体摩尔数 n

实验步骤：

（1）打开泄压阀，将活塞置于 60 ml 处，通过模式按钮选择"检测状态"模式，待稳定后，记录此时的温度 T 和压强 P。

（2）关闭泄压阀，通过模式按钮选择"变温过程"，按确认键。

（3）快速将活塞推到表 3-2-3 指定位置，完全按住活塞，保持位置一定时间，待屏幕显示数据时，记录此时温度 T 和压强 P。

（4）松开活塞，让其自由恢复至原始位置，等温度恢复至室温。

（5）重复步骤（3）和步骤（4），完成表 3-2-3。

表 3-2-3　柱塞初始位置为 60 ml

V/ml	P/kPa	$t/℃$	T/K	T/P
60				
55				
50				
45				
40				
35				

重复上述步骤完成初始体积为 80 ml 的表 3-2-4。

表 3-2-4　柱塞初始位置为 80 ml

V/ml	P/kPa	$t/℃$	T/K	T/P
80				
75				
70				
65				
60				
55				

【数据处理】

1. 验证玻意耳-马里奥特定律

等温过程，P、V 成反比，即 $P_1V_1 = P_2V_2$。计算体积为 40 ml 和体积为 20 ml 两个状态下体积与压强的乘积，判断是否相等。若不相等，详细解释具体原因，如活塞刻度值 V_1、V_2 不包括气体导管体积 V_0。计算导管体积 V_0。

2. 验证理想气体状态方程

用表 3-2-2 的数据计算 $C_1 = \dfrac{P_1V_1}{T_1}$ 和 $C_2 = \dfrac{P_2V_2}{T_2}$，比较它们的值是否相等。若不相等，计算其误差。

3. 测量气体摩尔数 n

（1）以 T/P 为横轴，V 为纵轴建立直角坐标系。

（2）根据表 3-2-3 和表 3-2-4 的数据在同一坐标系中描点，分别把同一表格的点连成直线，通过曲线拟合的方式得到两条直线的斜率 k 和截距 b。

（3）根据公式 $PV = nRT$ 可得 $V = nR\dfrac{T}{P}$，因此直线斜率 $k = nR$，截距 b 即为导管体积 V_0。

（4）分别计算初始位置为 60 ml 和 80 ml 时针管内气体的摩尔数 n_1 和 n_2。

【思考题】

1. 当针管的体积突然减少一半时，压强为什么是初始压强时两倍多？
2. 实验过程中为什么要快速推活塞到指定位置并保持一段时间再读数？
3. 记录完最后一组数据，松开柱塞后，温度将如何变化？为什么？

实验三　用电桥法测电阻

电桥是一种重要的、用电位比较法进行电磁测量的仪器，被广泛用来精确测量许多电学量和非电学量。相对于其他电阻测量方法，如伏安法、欧姆表法等，电桥法由于采用比较法而较少受到电表精度和接入误差的影响，精确度较高。用它不仅能够测量电阻，还能测量电容、电感、频率，以及电介质和磁介质的特性等，配合变换器还能测量某些非电学量，如温度、压力、微小位移等。该方法在近代工业生产的控制中得到了广泛应用，在自动控制测量中也是常用方法之一。

【实验目的】

学生完成本实验后将具备以下能力：
（1）描述电桥法测电阻工作原理和结构特点的能力。
（2）使用滑线式电桥或箱式电桥测量未知电阻阻值的能力。
（3）正确连接电学实验线路及分析与排除过程中故障的能力。
（4）用科学的方法分析处理实验数据的能力。
情感目标：形成积极向上、团结协作的学习氛围，合作交流能力获得提升。

【注意事项】

正确使用导轨电源插座，防止触电。严禁短路，注意保护电流计。

【实验仪器】

滑线式电桥、箱式单臂电桥、万用表、检流计、开关、电阻箱、待测电阻、直流稳压电源、导线若干。

1. 滑线式电桥

滑线式电桥如图 3-3-1 所示，长为 l 的均匀电阻丝固定在米尺旁，R_0 为标准电阻的电阻箱，R_x 为待测电阻，R 为待测电阻，R 为保护电阻，E 为工作电源，G 为检流计。当按下按键 D 时，电阻丝 l 被分为 l_1、l_2 两部分，这两部分的电阻之比即等于它们长度之比。当 R_0 确定以后，通过改变按键 D 的位置，总可以找到一个平衡点，使检流计中无电流通过，此时 R_x 与 R_0、l_1、l_2 之间的关系为

$$R_x = \frac{l_1}{l_2} R_0 \qquad (3\text{-}3\text{-}1)$$

实际中，滑线式电桥使用久后，滑线中间一段会有磨损，可导致电阻分布不均匀。此外，各接头处的接触电阻也不相同，结果会引起系统误差。使用交换法测量可以消除这种系统误

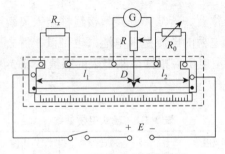

图 3-3-1 滑线式电桥线路图

差。即保持电桥平衡时的 l_1、l_2 不变，只将比较臂电阻 R_0 与 R_x 交换位置，调节 R_0 使电桥再次平衡，此时平衡关系式为

$$R_x = \frac{l_1}{l_2} R_0' \qquad (3\text{-}3\text{-}2)$$

两平衡式相乘可得

$$R_x = \sqrt{R_0 R_0'} \qquad (3\text{-}3\text{-}3)$$

根据误差传递公式，可得

$$\frac{\Delta R_x}{R_x} = \frac{1}{2}\left(\frac{\Delta R_0}{R_0} + \frac{\Delta R_0'}{R_0'}\right) = \frac{\Delta R_0}{R_0} \qquad (3\text{-}3\text{-}4)$$

可见，使用交换法后，电桥的误差只取决于 R_0 的误差。一般 R_0 为精密度较高的电阻箱，实验室常用的电阻箱精度为 0.1 级。电阻箱误差计算公式

$$\Delta R_0 = \Delta R = \pm(0.001R + 0.002m) \qquad (3\text{-}3\text{-}5)$$

式中：R 为电阻箱的指示值；m 为使用的转盘数；0.002 为一个与接触电阻有关的参数。

滑线式电桥实验操作关键点及误差分析参见在线学习小程序。

2. 箱式电桥

箱式电桥的原理与滑线式电桥相同，只不过把整个仪器都装在一个箱子里，便于携带。

QJ-23 型箱式电桥面板如图 3-3-2 所示。该电桥比例臂的倍率分为 0.001、0.01、0.1、1、10、100、1000 七挡，比较臂电阻 R_0 为四钮电阻箱，该电桥内附检流计，使用内附检流计时，

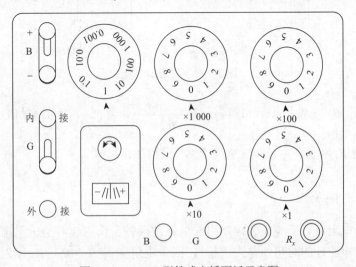

图 3-3-2 QJ-23 型箱式电桥面板示意图

短路金属片应接到"外接"位置。若从"外接"接线柱接入灵敏度更高的检流计，则短路金属片应接到"内接"位置。电桥的电源是干电池，也可以在拆去干电池的情况下由接线柱 B 接入外接电源。使用 QJ-23 型电桥应根据待测电阻的阻值按表 3-3-1 选择合适的比例臂倍率，使测量结果有四位有效数字。

表 3-3-1　箱式电桥参数

倍率	测量范围	检流计	电源电压/V	精确度
$\times 10^{-3}$	$1\sim 9.999$	内附	4.5	$\pm 2\%$
	$10\sim 99.99$			$\pm 0.2\%$
$\times 10^{-1}$	$100\sim 999.9$			
$\times 1$	$10^3\sim 9999$			
$\times 10$	$10^4\sim 4\times 10^4$	外接	6	$\pm 0.5\%$
	$4\times 10^4\sim 9.999\times 10^5$			
$\times 100$	$10^5\sim 9.999\times 10^5$		15	
$\times 1000$	$10^6\sim 9.999\times 10^6$			$\pm 2\%$

【实验原理】

电桥按其用途可分为平衡电桥和非平衡电桥；按其使用的电源可分为直流电桥和交流电桥；按其结构可分为单臂电桥和双臂电桥。直流电桥主要用于电阻测量，本实验中使用的是最简单的单臂电桥（惠斯通（Wheatstone）电桥），可测量 $10\sim 10^6\ \Omega$ 的中值电阻；双臂电桥（开尔文电桥）可测低值电阻。交流电桥不仅可测电阻，还可测电容、电感等。

如图 3-3-3 所示，伏安法可以测量电阻，但由于电表存在内阻，会引起较大的系统误差。设电流表内阻为 R_A，电压表内阻为 R_V。

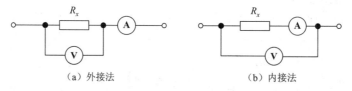

（a）外接法　　　　　　（b）内接法

图 3-3-3　伏安法测电阻

按照外接法，R_x 与 R_V 并联，可得 $\dfrac{V}{I}=R_x\cdot\dfrac{R_V}{R_V+R_x}$，若把 $\dfrac{V}{I}$ 视为测量值，则 $R_内<R_x$。按照内接法，R_A 与 R_x 串联，$\dfrac{V}{I}=R_A+R_x=R_测$，显然有 $R_内>R_x$。

1. 惠斯通电桥原理

用电桥测量电阻可以避免电表内阻引起的系统误差。图 3-3-4 给出了惠斯通电桥电路原理图，图中接有检流计的对角线称为"桥"，四个电阻 R_1、R_2、R_0、R_x 称为桥臂或臂。适当调节 R_1、R_2 和 R_0 的阻值，可以使 B、D 两点电位相等，此时称为"电桥平衡"。

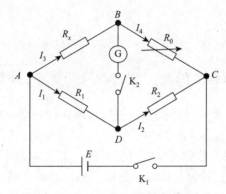

图 3-3-4　惠斯通电桥电路原理图

电桥平衡时，通过检流计的电流 $I_G = 0$，所以有 $I_1 = I_2$，$I_3 = I_4$，且

$$\begin{cases} U_{AB} = U_{AD} \\ U_{BC} = U_{DC} \end{cases} \quad 即 \quad \begin{cases} I_3 R_x = I_1 R_1 \\ I_3 R_0 = I_1 R_2 \end{cases} \tag{3-3-6}$$

两式比较可得

$$\frac{R_x}{R_0} = \frac{R_1}{R_2} \tag{3-3-7}$$

式（3-3-7）即为电桥的平衡条件。由该式可得

$$R_x = \frac{R_1}{R_2} R_0 \tag{3-3-8}$$

式中：$\dfrac{R_1}{R_2}$ 称为比例臂的倍率；R_0 所在的桥臂称为比较臂。

若 R_1、R_2 为已知电阻，R_0 为可调标准电阻，这样用三个已知电阻的阻值即可表示 R_x 了，从而使测量准确。

调节电桥平衡有两种方法：一种是取比例臂的倍率为某一固定值，调节 R_0 的阻值；另一种是保持 R_0 不变，改变比例臂的倍率。在现代的直流电桥中常采用前一种方法，而且为了操作和读数方便，常将倍率选为 10^n（$n = 0, 1, 2, \cdots$），而将 R_0 做成均匀可变即标准电阻箱的形式。

2. 电桥的灵敏度

电桥平衡时，若待测电阻 R_x 改变 ΔR_x，检流计的偏转格数为 Δn，则灵敏度定义为

$$S = \frac{\Delta n}{\dfrac{\Delta R_x}{R_x}} \tag{3-3-9}$$

由于各桥臂电阻所处位置的对称性，改变任一桥臂电阻得到的电桥的灵敏度是相同的，通常采取改变比较臂电阻 R_0 来测量电桥的灵敏度，即用 $\dfrac{\Delta R_0}{R_0}$ 取代 $\dfrac{\Delta R_x}{R_x}$。一定的 $\dfrac{\Delta R_0}{R_0}$ 引起的 Δh 越大，电桥的灵敏度越高，测量误差越小。例如，$S = 100 格 = \dfrac{1 格}{\dfrac{1}{100}}$，它表示电桥平衡后，

只要 R_0 改变 $\dfrac{1}{100}$，检流计就会有 1 格的偏转。通常偏转 $\dfrac{1}{10}$ 格就容易被人眼察觉，所以由电桥灵敏度所带来的误差肯定不会大于 0.1%。

【实验内容】

1. 用滑线式电桥测未知电阻 R_{x1}、R_{x2}，以及两者串、并联后的等效电阻 R_{xC}、R_{xB}

（1）用万用表粗测电阻 R_{x1}，按图 3-3-4 接好线路，接通电源前调整检流计的机械零点，保护电阻调至最大，取电源电压 $V = 2$ V。

（2）将按键 D 置于电阻丝的中点（$L_1 = L_2$）处，根据精测得到的 R_{x1} 值，取 R_0 约等于粗测值，断续按下按键 D，观察检流计的偏转情况，然后移动按键 D 找到初步平衡位置。

（3）逐渐调节保护电阻使其阻值逐渐减小至零，同时仔细调节按键 D 的位置，使电桥平衡，记下此时的 R_0 值。

（4）保持 L_1、L_2 不变，将 R_{x1} 与比较臂电阻 R_0 互换位置，调节 R_0 使电桥平衡，记下此时的比较臂电阻阻值 R_0'。

（5）把 $R_x = \sqrt{R_0 R_0'}$ 作为测量值。

（6）重复上述步骤，测出 R_{x2} 阻值，以及 R_{x1} 与 R_{x2} 串、并联后的等效电阻阻值 R_{xC}、R_{xB}。

2. QJ-23 型箱式电桥测未知电阻 R_{x1}、R_{x2} 的阻值

（1）根据精测值按表 3-3-1 选择合适的倍率挡及电桥的工作电压。

（2）将待测电阻接入线路，先接下按钮开关 B（即将电源接入电路），然后断续接下按钮开关（即将检流计接入电路），观察检流计的偏转情况。若检流计偏向"+"，则应增加 R_0 值；反之应减小 R_0 值。当电桥平衡时，记下此时的 R_0 值，$R_x =$ 所使用的倍率 $\times R_0$。

（3）改变 R_0 的阻值，使检流计偏转 Δh 格（Δh 取 $2 \sim 5$）计算出电桥的灵敏度。

【数据处理】

（1）将实验内容 1 所测原始数据填入表 3-3-2，并处理。

（2）将用箱式电桥所测各数据填入表 3-3-3，并处理。

表 3-3-2 滑线式电桥数据

R_x	R_0	R_0'	$R = \sqrt{R_0 R_0'}$	$\Delta R_0 = (10^{-3} R_0 + 0.0002m)$	$\dfrac{\Delta R_x}{R_x} = \dfrac{\Delta R_0}{R_0}$
R_{x1}					
R_{x2}					
R_{xC}					
R_{xB}					

表 3-3-3 箱式电桥数据

R_x	R_0	$R_x =$ 倍率 $\times R_0$	Δn	R_0'	ΔR_0	$S = \dfrac{\Delta n}{\dfrac{\Delta R_0}{R_0}}$
R_{x1}						
R_{x2}						

【思考题】

1. 当电桥平衡时，若互换电源与检流计的位置，电桥是否仍然平衡？试证明之。
2. 若桥臂 AD、DC、CB 间有一根断导线，实验时将有何反常现象？
3. 用滑线式电桥测电阻，当 l_1、l_2 比值为多少时，待测电阻的相对误差最小？

实验四　毕萨仪测磁场

磁场是一种看不见、摸不着的特殊的场，具有波粒的辐射特性。磁体周围存在磁场，磁体间的相互作用就是以磁场作为媒介的，所以两磁体不用在物理层面接触就能发生作用。由于磁体的磁性来源于电流，电流是电荷的运动，概括地说，磁场是由运动电荷或电场的变化而产生的。

自 1820 年起一系列的革命性发现，促使开启了现代磁学理论。首先，丹麦物理学家奥斯特（Oersted）发现载流导线的电流会使磁针偏转。不久，毕奥（Biot）和萨伐尔（Savart）用实验方法得出长直电流对磁极的作用力与距离成反比。随后，拉普拉斯（Laplace）把载流回路对磁极的作用看成是其各个电流元的作用的矢量和，从他们的实验结果，推出电流元的磁场公式。由于该定律的主要实验工作由毕奥和萨伐尔完成，通常称之为毕奥-萨伐尔定律。差不多同时，安培（Ampère）设计了四个精巧的实验来研究稳恒电流回路之间的相互作用。安培把这种作用看成是电流元之间作用力的叠加，从理论上推得了普遍表达式。此后，法拉第（Faraday）、麦克斯韦（Maxwell）、赫兹（Hertz）等人的贡献进一步推动了经典电磁学理论的统一。

载流导体的磁场分布是电磁学中的一个较为典型的问题，但因其值太小，在一般实验室难以定量测出。由于载流圆环的磁场与载流线圈的匝数成正比，可以通过测量整个线圈的磁场，换算出载流单圈圆环的磁场。由于载流导体磁场与电流成正比，要想测出载流直导体的磁场必须增加电流，这样会给实验带来危险，比较少用，往往采用定性的演示方式。本实验采用霍尔（Hall）效应弱磁传感器，直接给出磁场值，这样能消除地磁场的影响，较为直观地观察电流与磁场的相互关系。

【实验目的】

学生在完成本实验后将具备以下能力：
（1）描述磁场测量方法的能力。
（2）调整测量仪器，完成实验的动手能力。
（3）简单的数据处理与分析能力。

【注意事项】

（1）安全使用电源插座等，防止触电。轻拿轻放，注意保护仪器。实验前进行检查，实验后整理复原。
（2）防止电流源处于过电状态，电流调节旋钮逆时针调到最小后再开关电源。
（3）确认导线正确连接，磁场探测器的导线请勿用力拽。
（4）最大电流最好不要超过 8 A。
（5）实验前做好预热准备，实验中禁止带电插拔待测导体。

【实验仪器】

毕奥-萨伐尔实验仪（简称毕萨仪）、电流源、磁感应强度探测器、待测圆环、待测直导线、导轨及支架组。

实验组装如图 3-4-1 所示。

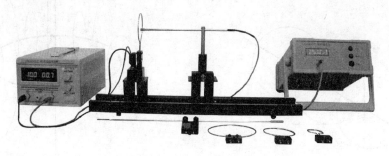

图 3-4-1 实验装置图

【实验原理】

根据毕奥-萨伐尔定律，导体所载电流强度为 I 时，在空间点 P 处，由导体线元产生的磁感应强度 $\boldsymbol{B}$ 为

$$\mathrm{d}\boldsymbol{B} = \frac{\mu_0}{4\pi} \cdot \frac{I}{r^2} \cdot \mathrm{d}\boldsymbol{s} \times \frac{\boldsymbol{r}}{r} \tag{3-4-1}$$

式中：μ_0 为真空磁导率；线元长度、方向由矢量 $\mathrm{d}\boldsymbol{s}$ 表示；从线元到空间点 P 的方向矢量由 $\boldsymbol{r}$ 表示，如图 3-4-2 所示。

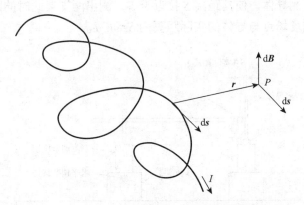

图 3-4-2 导体线元在空间点 P 所激发的磁感应强度

计算总磁感应强度意味着积分运算。只有当导体具有确定的几何形状时，才能得到相应的解析解。例如，一根无限长导体，在距轴线 r 的空间产生的磁场

$$B = \frac{\mu_0 I}{2\pi r} \tag{3-4-2}$$

其磁力线为同轴圆柱状分布，如图 3-4-3 所示。

半径为 R 的圆形导体回路在沿圆环轴线距圆心 x 处产生的磁场

$$B = \frac{\mu_0 I}{2} \cdot \frac{R^2}{(R^2 + x^2)^{3/2}} \tag{3-4-3}$$

其磁力线平行于轴线，如图 3-4-4 所示。

本实验中，上述导体产生的磁场将分别利用轴向和切向磁感应强度探测器来测量。磁感应强度探测器件非常薄，使用霍尔效应原理进行测量，对于垂直其表面的磁场分量响应非常灵敏。因此，不仅可以测量磁场的大小，也可以测量其方向。

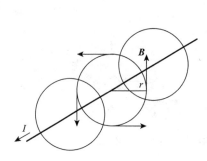

图 3-4-3　无限长导体激发的磁场

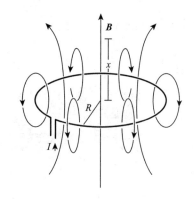

图 3-4-4　圆形导体回路激发的磁场

【实验内容】

1. 实验准备

1）熟悉实验仪器

将待测导体插在支座上，按图 3-4-5 调整支架组。将各仪器连入电路，此时仪器开关先闭上。磁感应强度探测器支架的高度与水平位置不做调整，以免偏离中轴线。移动支架 2 将探测仪的探头靠近待测导体，使其距离 S 接近于零，测出两支架此时的距离 L_0。那么后续测量中，探头所在的磁场场点与导体的实际距离为 $S = L - L_0$。

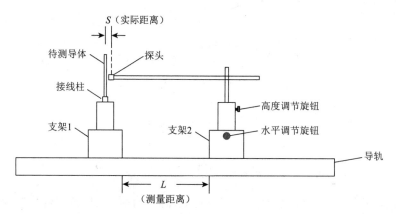

图 3-4-5　磁感应强度探测器、导轨及支架组摆放示意图

2）电流源调整

如图 3-4-6 所示，使探头远离待测导体，并将导体接线柱连入电流源。逆时针调整电流调节旋钮到底，打开电源开关，使得仪器右上指示灯（C. V.）亮，此时可测电压。等待实验仪器预热 5 min。调整电压调节旋钮，使电压示数为 2.0 V。此后实验过程中，如无必要，不再调整电压调节旋钮。

注意：电流源有两种模式——电压模式（C. V.）和电流模式（C. C.），通过电流调节旋钮进行切换。默认状态下电流调节旋钮应逆时针调整到底，产生电流最小，电源处于电压模式，此时方可连入待测导体；否则，电流模式下连入导体会突然产生大电流，磁场变化剧烈，很可能影响探头灵敏度。

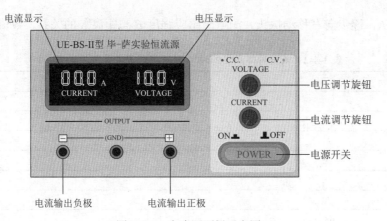

图 3-4-6　电流源面板示意图

3）毕萨仪调整

如图 3-4-7 所示，将探测器连入毕萨仪传感器接口，打开电源开关。在探头远离时按下清零按键，排除地磁等外部磁场影响。移动探头位置，观察显示屏上磁场示数变化，熟悉探测仪水平、垂直方向如何切换。

图 3-4-7　毕萨仪面板示意图

2. 测量直导体激发的磁场

将直导体插在支座上，接至恒流源。将磁感应强度探测器与毕萨仪连接，方向切换为垂直方向，并调零。将探头移向直导体，尽可能使其接近探测器（距离 $S = 0$）。

从 0 A 开始，逐渐增加电流强度 I，每次增加 1 A，直至 8 A。逐次测量到的磁感应强度 B 数值记入表 3-4-1。

表 3-4-1　长直导体激发的磁场 B 与电流 I 的关系（$S = 0$ mm）

I/A	B/mT
0	
1	
2	
3	
4	
5	
6	
7	
8	

令 $I = 8\,A$，逐步向右移动探头，测量磁感应强度 B 与距离 S 的关系，数值记入表 3-4-2。

表 3-4-2　长直导体激发的磁场 B 与距离 S 的关系（$I = 8\,A$）

S/mm	B/mT
0	
10	
20	
30	
50	
70	
100	

3. 测量圆形导体环路激发的磁场

将直导体换为半径 $R = 20\,mm$ 的圆环导体，接至恒流源。将磁感应强度探测器与毕萨仪连接，方向切换为水平方向，并调零。调节探头位置至导体环中心。

从 0 A 开始，逐渐增加电流强度 I，每次增加 1 A，直至 8 A。逐次记录测量到的磁感应强度 B 的值，数值记入表 3-4-3。

表 3-4-3　$R = 20\,mm$ 的圆形导体回路激发的磁感应强度 B 与电流 I 的关系（$S = 0$）

I/A	B/mT
0	
1	
2	
3	
4	
5	
6	
7	
8	

令 $I = 8\,A$，逐步向右和向左移动磁感应强度探测器，测量磁感应强度 B 与距离 S 的关系，记录相应数值。

将半径 20 mm 的导体环替换为 40 mm 和 60 mm 导体环，按上述步骤分别测量磁感应强度 B 与距离 S 的关系，数值记入表 3-4-4。

表 3-4-4　三种圆形导体回路激发的磁感应强度 B 与距离 S 的关系

S/mm	B/mT（$R = 20\,mm$）	B/mT（$R = 40\,mm$）	B/mT（$R = 60\,mm$）
−100			
−70			
−40			
−20			

续表

S/mm	B/mT（$R = 20$ mm）	B/mT（$R = 40$ mm）	B/mT（$R = 60$ mm）
−10			
0			
10			
20			
40			
70			
100			

【数据处理】

通过坐标纸绘图（也可通过 Excel 导入表格数据，作图然后打印）。

由表 3-4-1 绘出直导体激发的磁场 B-I 关系曲线，并作线性拟合。

由表 3-4-2 绘出直导体激发的磁场 $1/B$-r 关系曲线，并作线性拟合。

由表 3-4-3 绘出圆形导体回路（直径 40 mm）激发的磁场 B-I 关系曲线，并作线性拟合。

由表 3-4-4 绘出不同半径的圆形导体回路激发的磁场 B-S 关系曲线，并作曲线图。

【思考题】

1. 本实验中影响测量误差的主要因素有哪些？为什么实验中需要频繁调零？

2. 根据地磁场的方向，能否通过毕萨仪测出地磁场的大小及方向？如果能，试画简图说明。

3. 类似上一问，能否通过毕萨仪评估手机辐射的大小，并进一步判断手机通话与安静状态下辐射的差异？

毕萨仪测磁场演示

实验五 PN 结温度传感器的研究

　　PN 结温度传感器是一种利用二极管或三极管 PN 结的正向压降随温度变化的特性而制成的半导体温度敏感器件。PN 结最主要的特性是单向导电性：PN 结正偏时，PN 结导通，回路中将产生较大的正向电流；PN 结反偏时，PN 结截止回路中的反向电流非常小，几乎为零。利用该特性，在正偏时，PN 结的正向压降会随温度变化而变化，当恒流供电时，在一定温度范围内 PN 结处的压降随温度升高近似成线性递减。利用这种特性制成的硅 PN 结温度传感器，具有灵敏度高、线性较好、热响应快、体小轻巧易集成化等优点，所以其应用范围日益广泛，如电子电路过热和过载保护、工业自动控制领域的温度控制等。这种产品已有 2CWM、JCWM、BLTC、TS 等系列，具有灵敏度高、体积小、质量小、响应快、造价较低等特点，已获得大量生产与应用。为了扩展使用的温区上限，目前国内也相继研制了 GaAs、SiC 等 PN 结温度传感器，工作温度的范围已突破了硅管 150 ℃的上限。

　　通过研究 PN 结的温度特性，可以使实验者了解不同温度下 PN 结的电压和电流数据，PN 结在正向压降、恒定电流条件下对温度变化的灵敏度等，帮助实验者更全面地了解 PN 结温度传感器的性能。

【实验目的】

　　学生完成本实验后将具备以下能力：

　　（1）了解 PN 结正向压降随温度变化的基本关系式。

　　（2）在恒定正向电流条件下，绘制 PN 结正向压降随温度变化曲线，并由此确定其灵敏度及被测 PN 结材料的禁带宽度。

　　（3）学习使用 PN 结测温的方法。

　　情感目标：

　　（1）学会独立解决问题的能力，形成良好的合作学习氛围。

　　（2）养成细致观察实验的习惯，学会自主进行拓展性思考。

【注意事项】

　　（1）PN 结温度传感器是有极性的，有正负之分。正确使用电源插座，注意插线正确。

　　（2）PN 结温度传感器在常温区（−50～200 ℃）使用温度范围的选取应按实际需要来确定。打开电源，先预热几分钟后再进行测量。

　　（3）在整个实验过程中，升温速率要慢。

【实验仪器】

1. DH-PN-1 型 PN 结正向压降温度特性实验仪

　　如图 3-5-1 所示，本实验仪是在恒定的正向电流条件下，测量 PN 结正向压降与温度的关系，从而验证其原理的仪器，其主要的技术指标如下。

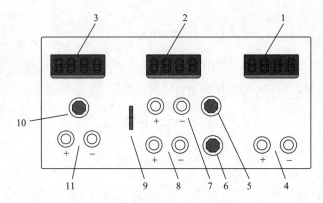

图 3-5-1　DH-PN-1 型 PN 结正向压降温度特性实验仪面板示意图

1. PN 结温度测量显示；2. PN 结 V_F、ΔV、I_F 测量显示；3. 加热电流值显示；4. 温度传感器输入端子；
5. PN 结导通电流 I_F 调节旋钮；6. 调零旋钮；7. PN 结导通电流 I_F 输出端子；8. PN 结电压输入端子；
9. V_F、ΔV、I_F 显示选择开关；10. 加热电流调节旋钮；11. 加热电流输出端子

（1）测试恒流源 I_F。

输出电流：0～1 000 μA，连续可调，步进不大于 1 μA；

电流稳定度：（2 ± 10^{-3}）mA；

负载稳定度：10^{-3}。

（2）加热电流。

0～1.0 A，调节细度小于 0.001 A，最大负载电压不小于 15 V。

（3）温度传感器 AD590。

温度范围：218.2～423.2°K（−55～150 ℃）；

输出电流：218.2～423.2 μA（以 1 μA/K 正比于绝对温度）；

测温精度：0.5 ℃。

（4）正向电流、正向压降和 ΔU 值通过开关选择由三位半 LED 显示，误差小于 ±1%；PN 结温度值由三位半 LED 显示摄氏温度；加热电流值由三位半 LED 显示，误差小于 ±1%。

2. 加热测试装置

加热测试装置如图 3-5-2 所示。

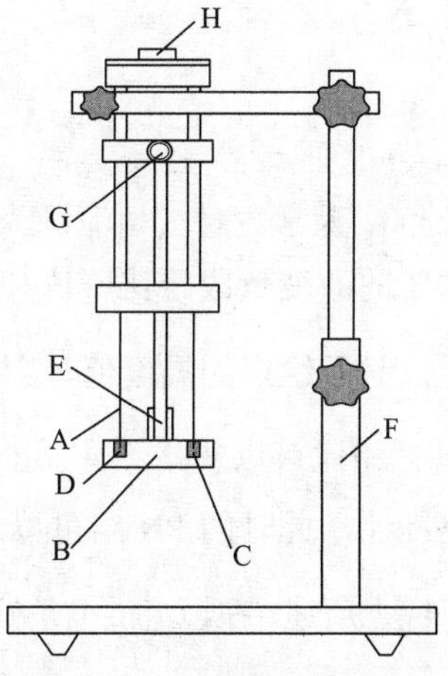

图 3-5-2　加热测试装置示意图

A. 隔离圆筒；B. 测试圆铜块；C. 测温元件；
D. 被测 PN 结；E. 加热器；F. 支撑杆；
G. 加热电源插座；H. 信号输出插座

【实验原理】

当正向电流不变时，PN 结的正向压降会随着温度近似线性变化，这也是现代 PN 结温度传感器的工作原理。

理想的 PN 结的正向电流 I_F 与正向压降 V_F 存在如下关系式：

$$I_F = I_S \exp\left(\frac{qV_F}{KT} - 1\right) \qquad (3\text{-}5\text{-}1)$$

式中：q 为电子电荷；K 为玻尔兹曼常量；T 为绝对温度；I_S 为反向饱和电流，它是温度的函数。忽略本征激发，考虑半导体材料中杂质全部电离可以得到

$$I_S = f(T) \exp\left(-\frac{qV_g}{KT}\right) \tag{3-5-2}$$

式中：V_g 为半导体材料的禁带宽度；$f(T)$ 为一个温度的缓变函数，在普通掺杂情况下 $f(T) = AT^3$（A 为与温度无关的常数，与 PN 结面积和杂质浓度有关）。将式（3-5-2）代入式（3-5-1）得到

$$I_F = AT^3 \exp\left(-\frac{qV_g}{KT}\right) \exp\left(\frac{qV_F}{KT} - 1\right) \tag{3-5-3}$$

当 $T = 300\ \text{K}$ 时，$\dfrac{KT}{q} = 26\ \text{mV}$，当 $V \gg 26\ \text{mV}$ 时，式（3-5-3）化简为

$$I_F = AT^3 \exp\left[\frac{q}{KT}(V_F - V_g)\right] \tag{3-5-4}$$

两边取对数

$$\ln I_F = \ln A + 3\ln T + \frac{q}{KT}(V_F - V_g) \tag{3-5-5}$$

得到

$$V_F = \left(\frac{K}{q}\ln\frac{I_F}{A}\right)T + V_g - \left(\frac{K}{q}3\ln T\right)T \tag{3-5-6}$$

方程（3-5-6）就是 PN 结正向压降作为电流和温度函数的表达式，它是 PN 结温度传感器的基本方程。将方程（3-5-6）写成两部分：

$$V_F = V_1 + V_2 \tag{3-5-7}$$

式中：

$$V_1 = \left(\frac{K}{q}\ln\frac{I_F}{A}\right)T + V_g, \qquad V_2 = -\left(\frac{K}{q}3\ln T\right)T \tag{3-5-8}$$

当 I_F 为常数时（恒流源为 PN 结提供恒定的正向电流），V_1 与 T 呈线性关系，V_1 的变化量与 T 的改变量成正比。V_1 和 V_2 中都包含与温度 T 有关的项，一个是线性项，另一个是非线性项，对于给定的温度值，$\dfrac{I_F}{A}$ 越小，因为 $\dfrac{I_F}{A} < 1$，$\ln\dfrac{I_F}{A}$ 的绝对值越大，当 $\ln\dfrac{I_F}{A} \gg 3\ln T$ 时，V_2 与 V_1 相比可以忽略不计。对于一个给定的 PN 结，当正向电流足够小时，非线性误差可以忽略不计，此时的 PN 结可以近似看成线性的温度传感器。

综上所述，在恒流供电条件下，PN 结的 V_F 对 T 的依赖关系取决于线性项 $V_1 = \left(\dfrac{K}{q}\ln\dfrac{I_F}{A}\right)T + V_g$，即正向压降几乎随温度升高而线性下降，这就是 PN 结测温的理论依据。

必须指出，上述结论仅适用于杂质全部电离，本征激发可以忽略的温度区间（对于通常的硅二极管来说，温度范围约 $-50\sim150\ ℃$）。当温度低于或高于上述范围时，由于杂质电离因子减小或本征载流子迅速增加，V_F-T 关系将产生新的非线性。这一现象说明，V_F-T 的特性还随 PN 结的材料而有差异：对于宽带材料（如 GaAs、EG 为 1.43 eV）的 PN 结，其高温端的线性区宽；而对于材料杂质电离能小（如 InSb）的 PN 结，其低温端的线性范围宽。

【实验内容】

本实验主要通过描绘 PN 结半导体材料的 ΔV-T 特性曲线，分析在适宜温度范围内的线性度，判断其是否适合做传感器。实验主要内容如下：

（1）实验系统检查与连接。

① 熟悉图 3-5-1 DH-PN-1 型 PN 结正向压降温度特性实验仪及图 3-5-2 加热测试装置各个部件，进行实验系统检查，然后连接。取下隔离圆筒的筒套（左手扶筒盖，右手扶筒套逆时针旋转），查待测 PN 结管和测温元件应分放在铜座的左右两侧圆孔内，其管脚不与容器接触，最后装上筒套。

② 控温电流开关置"关"位置，接上加热电源线和信号传输线，两者连接均为直插式。在连接与拆除信号线时，动作要轻，否则可能拉断引线影响实验。

（2）打开仪器后面的电流开关，把加热电流调节旋转 10 逆时针旋到底，使加热电流最小，（一般显示的值是 $-0.003 \sim -0.001$），在 PN 结温度测量显示 1 处读出显示的温度值，记录下起始温度 T_R。

（3）$V_F(0)$ 或 $V_F(T_R)$ 的测量与调零。

将"测量选择"开关 9 拨到 I_F，调节" I_F 调节"旋钮 5，使 $I_F = 50\ \mu A$。然后将 K 拨到 V_F，记录起始正向压降 V_F，注意单位为 mV。

（4）测定 $\Delta V\text{-}T$ 曲线。

缓慢调节加热电流调节旋转 10，使加热电流等于 0.630 A，在表 3-5-1 中记录对应的 ΔV 和 T。注意按 ΔV 每改变 10 mV 立即读取一组 ΔV 和 T，这样可以减小测量误差。注意：在整个实验过程中，温度不宜过高，最好控制在 120 ℃以内。

表 3-5-1　$\Delta V\text{-}T$ 实验曲线（升温过程）

ΔV/mV	-10	-20	-30	-40	-50	-60	-70	-80	-90	-100
T/℃										

（5）求被测 PN 结正向压降随温度变化的灵敏度 S。

以 T 为横坐标，ΔV 为纵坐标，作 $\Delta V\text{-}T$ 曲线，其斜率就是 S（mV/℃）。

（6）数据记录。

实验起始温度：$T_R = $ _____ ℃；

工作电流：$I_F = $ _____ mA；

起始温度为 T_R 时的正向压降：$V_{F(TR)} = $ _____ mV；

控温电流：_____ A。

（7）改变加热电流重复上述步骤进行测量，并比较两组测量结果。

（8）改变工作电流 $I_F = 100\ \mu A$，重复上述步骤（1）～（6）进行测量，并比较两组测量结果。

（9）实验完毕，先将加热电流逆时针调至最小，再关闭实验仪后面的电源开关。

【数据处理】

记录实验数据后，要学会分析半导体材料的线性度。

1. 描绘 $\Delta V\text{-}T$ 曲线

按 ΔV 每改变 10 mV 立即读取一组 ΔV 和 T 数据，设计表格，记录实验数据。

2. 求 PN 结材料灵敏度

PN 结材料灵敏度即被测 PN 结正向压降随温度变化的灵敏度 S（mV/℃）。以 T 为横坐标，ΔV 为纵坐标，作 $\Delta V\text{-}T$ 曲线，其斜率就是 S，并分析线性度的优劣。

【思考题】

PN 结温度传感器研究
实验仪器操作讲解

1. 从 $\Delta V\text{-}T$ 曲线中得到 PN 结正向压降与温度变化的关系是什么？

2. 为什么要测量 $V_F(0)$ 或 $V_F(T_R)$？

3. 分析一下测温电路中的误差来源。

4. 根据实验结果，总结 PN 结温度传感器的特点。

5. 除实验中提到的影响 PN 结温度传感器的因素外，还有什么会对其测量产生影响？

实验六　薄透镜焦距的测量

透镜是根据光的折射原理，由透明材料制成的光学仪器基本元件。透镜可广泛应用于天文、军事、医学、交通、激光、精密测量等各个领域。透镜是组成望远镜、显微镜等光学系统最基本的光学元件，依其外形的不同，可分为凸透镜和凹透镜两大类。

1990 年发射入轨的哈勃空间望远镜是最有名的透镜应用之一。它总长超过 13 m，质量超过 11 t，运行在大气层外距地面约 600 km 的轨道上。因此，哈勃望远镜获得的图像不受大气层扰动折射的影响，帮助解决了很多天文学的基本问题。首批传回地球的影像曾令不少天文学家大为失望，因为主镜片的厚度有误产生的球面像差使得影像比较模糊，直到 1993 年才得以修复。这一事故显示了透镜性能的重要性。

【实验目的】

学生在完成本实验后将具备以下能力：
（1）描述测量薄透镜焦距方法的能力。
（2）手动调整光路、完成成像实验的能力。
（3）进行简单的数据处理、误差分析的能力。
情感目标：对科学的严谨性思维有所提高。

【注意事项】

（1）安全使用电源插座等，防止触电。轻拿轻放，不要用手触摸透镜玻璃，以免影响光学性能。实验前进行检查，实验后整理复原。

（2）透镜成像操作中，应先确定物屏和像屏位置，然后移动透镜。

（3）凸透镜成像时注意，物像间距需要大于 4 倍焦距才能成像。考虑到人眼的测量误差，物像间距还应足够大，以使大像与小像能被明显区分开来。

（4）左右逼近法可用来减小人眼测量偏差造成的影响，操作时需要对同一个像分别进行左逼近和右逼近，记录逼近过程中首次成像清晰的透镜位置，并以其左右逼近的平均值作为透镜位置估计。

（5）凹透镜成像时，凹透镜和像屏都需进行移动才能成像。

（6）物距、像距、焦距数值是有正负号的，计算完成后请确认凹透镜焦距为负值，误差值恒为正值，结果必须写成 $\bar{f} \pm \sigma_f$ 的格式，数值结果应有单位。

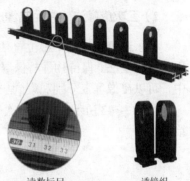

读数标尺　　　　透镜组

图 3-6-1　光学导轨和透镜组实物图

【实验仪器】

光学导轨、物屏、像屏、透镜组等。光学导轨和透镜组如图 3-6-1 所示。

【实验原理】

透镜是光学仪器中的基本元件，而焦距是反映透镜特性的重要参数。当透镜中心厚度与其焦距相比甚小时，称该透镜为薄透镜。本实验即研究测量薄透镜（包括凸透镜和凹透镜）焦距的方法。

1. 凸透镜焦距的测量原理

1）物距像距法

在近轴光线（通过透镜中心部分并与主光轴夹角很小的那一部分光线）条件下，薄透镜成像规律可表示为

$$\frac{1}{u} + \frac{1}{v} = \frac{1}{f} \tag{3-6-1}$$

式中：u 为物距；v 为像距；f 为透镜焦距。u、v、f 均从透镜的光心算起。物距、像距的正负由像的实虚来确定，实物/像时，物/像距为正；虚物/像时，物/像距为负。凸透镜的焦距为正，凹透镜的焦距为负。

对凸透镜成像，由成像公式可知成像条件为 $u + v \geqslant 4f$。当 $u > f$ 时，物体发出的光线经过凸透镜折射后将成在另一侧面，如图 3-6-2 所示。测出物距 u 和像距 v，代入下式即可求出透镜的焦距：

$$f = \frac{uv}{u + v} \tag{3-6-2}$$

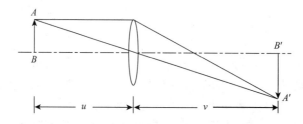

图 3-6-2　物距像距法测凸透镜焦距光路图

2）二次成像法（共轭成像法）

为了避免因透镜中心位置估计不准带来的误差，提高测量精度，实验中测凸透镜焦距常用二次成像法。保持物屏与像屏之间的距离 L，且 $L > 4f$，则凸透镜在此范围内移动的过程中，可以在像屏上分别观察到一个清晰的放大像和一个清晰的缩小像。

如图 3-6-3 所示，测出两次成像时透镜所移动的距离 d，可以证明，透镜的焦距 f 由下式给出：

$$f = \frac{L^2 - d^2}{4L} \tag{3-6-3}$$

实际测量时，由于人的眼睛对像的清晰度的判断有较大的误差，常采用左右逼近法读数。

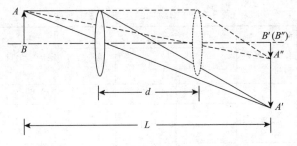

图 3-6-3　二次成像法测凸透镜焦距光路图

3）自准法（平面镜法）

当发光物处在凸透镜的焦平面上时，其上一点发出的光线通过透镜后将成为一束平行光，若用与主轴垂直的平面镜将此平行光反射回去，则反射光通过透镜后仍会聚于透镜的焦平面上，且会聚点与原发光点相对于主轴对称分布，如图 3-6-4 所示。实验时，移动透镜，当物与透镜的距离等于透镜焦距时，物平面上成像是清晰的，测得物到透镜主平面的距离 f 即为焦距。

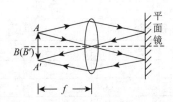

图 3-6-4　自准法测凸透镜焦距光路图

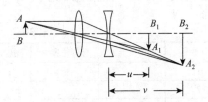

图 3-6-5　物距像距法测凹透镜焦距光路图

2. 用物距像距法测凹透镜焦距

凹透镜不能成实像，而虚像不能在像屏上显示出来，故虚像的位置无法直接测量。实际测量凹透镜的焦距时总要借助于一块凸透镜。如图 3-6-5 所示，从物点 A 发出的光经凸透镜后会聚于 A_1，然后在凸透镜与像 A_1B_1 之间插入凹透镜。由于凹透镜的发散作用，原来会聚于 A_1 的光线将会聚于 A_2。对凹透镜成像来说，可将 A_1 视为虚物，A_2 视为实像，即虚物实像法，分别测出 A_1 和 A_2 到凹透镜的距离，代入物距像距成像公式便可计算出 f。

【实验内容】

1. 光具座上各元件等高同轴的调节

薄透镜成像公式只能在近轴光线的条件下成立，因此必须使各光学元件的主轴：①重合；②与光具座的导轨平行；③通过发光点的中心。

本实验使用的光学导轨等器件已经完成等高同轴的调节，但实验前仍需仔细进行检查。

2. 测量凸透镜的焦距

1）物距像距法

在物距大于像距和物距小于像距的范围内各取两个不同的 u 值，即分别取两处不同的大像和小像，用左右逼近法读数，分别测出相应的像距，将实验测得数据填入表 3-6-1 中。

表 3-6-1　物距像距法测凸透镜焦距　　　　（单位：cm）

次数	物屏位置 P_1	像屏位置 P_2	透镜位置 O			$u = \|P_1 - O\|$	$v = \|P_2 - O\|$	$f = \dfrac{uv}{u+v}$
			左逼近 O_1	右逼近 O_2	$O = \dfrac{O_1 + O_2}{2}$			
1								
2								
3								
4								
$f = \bar{f} \pm \sigma_f$						$\sigma_u =$ $\sigma_v =$		$\sigma_f =$

2）二次成像法

使物屏与像屏的距离大于 4 倍焦距。移动透镜，当像屏上出现清晰的放大像和缩小像时，记录透镜所在位置 O_1 和 O_2 的读数（用左右逼近法读数）。重复 5 次，将实验测得数据填入表 3-6-2 中。结果表示为 $f = \bar{f} \pm \sigma_f$。

表 3-6-2　二次成像法测凸透镜焦距　　　　（单位：cm）

次数	物屏位置 P_1	像屏位置 P_2	透镜位置 O_1	透镜位置 O_2	$d = \|O_1 - O_2\|$	$L = \|P_1 - P_2\|$	f
1							
2							
3							
4							
5							
$f = \bar{f} \pm \sigma_f$						$\sigma_L =$ $\sigma_d =$	$\sigma_f =$

3. 用物距像距法测量凹透镜的焦距

实验光路如图 3-6-5 所示，先用凸透镜成像，像比物小些为宜，记录像屏位置 A_1（左右逼近法读数）。重复 3 次，求其平均值，作为虚物位置。

接下来做凹透镜成像。保持物屏和凸透镜位置不变，将凹透镜置于凸透镜与像屏之间，使两个透镜同轴，然后把像屏适当移远，调整凹透镜位置，使像屏上两次获得清晰的像，记录像屏位置 A_2 与凹透镜位置 O。重复 3 次，求其平均值，分别作为实像位置和凹透镜位置。将测得数据填入表 3-6-3 中，结果表示为 $f = \bar{f} \pm \sigma_f$。

表 3-6-3　物距像距法测凹透镜焦距　　　　（单位：cm）

次数	像屏位置 A_1/cm			像屏位置 A_2	凹透镜位置 O	$u = \|A_1 - O\|$	$v = \|A_2 - O\|$	f
	左逼近 x_1	右逼近 x_2	$A_1 = \dfrac{x_1 + x_2}{2}$					
1								
2								
3								
$f = \bar{f} \pm \sigma_f$						$\sigma_u =$	$\sigma_v =$	$\sigma_f =$

最后，将不同方法测得的凹透镜的焦距及误差进行比较。

【数据处理】

这里以二次成像部分举例说明不确定度的数据处理方法。根据二次成像公式（3-6-3），有合成不确定度公式

$$\sigma_f = \sqrt{\left(\frac{\partial f}{\partial L}\sigma_L\right)^2 + \left(\frac{\partial f}{\partial \bar{d}}\sigma_{\bar{d}}\right)^2} \qquad （3-6-4）$$

根据多次测量数据，分别算出 σ_L 和 $\sigma_{\bar{d}}$。对于 σ_L，按要求实验过程中应保持 L 不变，故其值可使用米尺误差 0.01 cm 作为估计；而 $\sigma_{\bar{d}}$ 则由观测数据正常计算。最后由公式算出 f 和 σ_f，并将结果记录为 $f = \bar{f} \pm \sigma_f$，本实验数值精度应保留至小数点后两位的厘米数。其他实验类似处理。

考虑到计算内容较多，时间可能较为紧张，教师可根据学生专业需要的不同，在误差分析要求中不做上述合成不确定度的误差计算，而用多次测量 f 数值的统计标准差作为 σ_f 的近似估计。

【思考题】

1. 物距不同时，像的清晰区范围是否相等？

2. 用二次成像法测凸透镜焦距时，为什么要强调选取 $L > 4f$？从结果的不确定公式出发，为了提高测量精度，为什么多次测量时需要保持 L 近似不变？

3. 测凹透镜焦距时，为什么摆放时选择虚物实像法？实验中对误差的主要影响有哪些因素？能否选择实物虚像法？

透镜成像演示

实验七　分光计的结构与调整

　　分光计作为物理实验中的一种经典仪器，最早被用来观测各类燃烧物质的光线，多利用三棱镜或光栅来分解入射光，通过对出射光的观察计算来进行光谱分析。历史上，物理学家夫琅禾费（Fraunhofer）发明了最早的分光仪，并进行了各种光谱研究。后续的基尔霍夫（Kirchhoff）等人通过分光计对各类物质的燃烧进行了更细致的观测，取得了诸多重大发现，奠定了光谱分析的坚实基础，为物理学的发展做出了卓越贡献。直至今天，光谱分析仍然是天体物理、化学、工程等诸多领域的重要基本工具。

　　由于分光计对光线角度的测量较为精准，在光学实验里经常被用来测定光线的方向和角度，在多种综合性实验和演示实验中应用广泛。

　　基于该仪器可以开设的实验项目有：

　　（1）三棱镜顶角的测量；

　　（2）三棱镜折射率的测量；

　　（3）衍射光栅的常量测量；

　　（4）光的色散特性研究；

　　（5）分光计观察双缝干涉；

　　（6）分光计观察光的衍射；

　　（7）分光计观察光的偏振。

　　分光计虽然结构较复杂，调节要求也较高，但其部件及原理与不少更复杂精密的光学仪器有互通之处。因此，学习分光计的调整与使用，对磨炼学生的动手能力和实验操作技能极有帮助，同时也为其今后更好地掌握其他仪器的使用，打下坚实的基础。

【实验目的】

　　学生完成本实验后将具备以下能力：

　　（1）阐述分光计的结构和工作原理的能力。

　　（2）调整分光计的能力。

　　情感目标：形成仔细观察、耐心细致的实验习惯；独立操作、独立分析解决问题的能力得到提升。

【注意事项】

　　（1）正确使用仪器，调节时注意保护好仪器，切勿乱拧。

　　（2）在进行调节之前，务必弄清每一步的调整要求和调节方法。

　　（3）在需要转动望远镜时，可握住图 3-7-1 中支臂 14 转动望远镜，切忌握住目镜 10 和目镜视度调节手轮 11 转动望远镜。

　　（4）螺丝 13 和螺丝 26 不要随意拧松，否则极易造成实验失败。

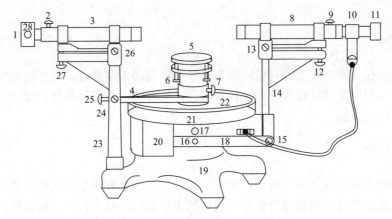

图 3-7-1　JJY 型分光计的结构图

1. 狭缝装置；2. 狭缝装置锁紧螺丝；3. 平行光管；4. 制动架；5. 载物台；6. 载物台调平螺丝；7. 载物台锁紧螺丝；8. 望远镜；
9. 望远镜锁紧螺丝；10. 阿贝式自准直目镜；11. 目镜视度调节手轮；12. 望远镜光轴高低调节螺丝；
13. 望远镜光轴水平调节螺丝；14. 支臂；15. 望远镜微调螺丝；16. 转轴与刻度盘止动螺丝；17. 望远镜止动螺丝；
18. 制动架；19. 底座；20. 转座；21. 刻度盘；22. 游标盘；23. 立柱；24. 游标盘微调螺丝；25. 游标盘止动螺丝；
26. 平行光管光轴水平调节螺丝；27. 平行光管光轴高低调节螺丝；28. 狭缝宽度调节手轮

【实验仪器】

分光计、钠光灯、平行平面反射镜。

图 3-7-1 是 JJY 型分光计的结构图，其主要部件有平行光管、望远镜、载物平台、读数圆盘。分光计的下部是一个三脚底座，在底座的中央固定着一圆柱形竖直轴，此轴就是分光计的中心转轴。

1. 读数圆盘

读数圆盘由刻度盘和游标盘组成，刻度盘上刻有等分圆周的 720 条刻线，相邻刻线间的夹角为 30′。游标盘上刻有 30 小格，对应于刻度盘上 29 个分刻值，因此，通过游标盘能读出 1′ 的角度值。角度游标的读数方法与游标卡尺的读数方法相似。刻度盘和游标盘套在分光计底座的中心转轴上，并与中心转轴垂直，可绕中心转轴旋转。为了消除刻度盘和分光计中心转轴的偏心误差，在刻度盘直径的两端各安装一个游标。测量时，两个游标都应读数，然后分别算出两游标前后两次读数的差，再取平均值。这个平均值可作为望远镜（或载物平台）转过的角度。

计算望远镜的转角时，应注意两游标是否经过了刻度零线。若其中一个游标经过了刻度零线，则转过的角度为

$$\varphi = 360° - |\varphi_1 - \varphi_2| \qquad (3\text{-}7\text{-}1)$$

2. 载物平台

载物平台套在游标盘上。松开载物平台锁紧螺丝，平台可根据需要升降，并可单独绕中心转轴旋转。拧紧螺丝，松开游标盘止动螺丝时，载物台可连同游标盘一起绕中心转轴旋转。载物平台下面的三个螺丝可以调节载物平台台面与中心转轴垂直。这三个螺丝的连线形成一个正三角形。

3. 望远镜

望远镜安装在支臂上，支臂与转座固定在一起并套在刻度盘上。松开转座与刻度盘止动螺丝，望远镜与刻度盘可以相对转动。拧紧螺丝，松开望远镜止动螺丝，望远镜与刻度盘可以一起绕中心转轴转动。

4. 平行光管

平行光管的结构如图 3-7-2 所示，在柱形圆筒的一端装有消色差透镜作为物镜，另一端装有一个可伸缩的套筒。当狭缝恰好位于透镜的主焦面时，从平行光管射出的光为平行光。平行光管的一端竖直方向是固定的，水平方向可由螺丝微调出射平行光的水平方向；另一端由平行光管光轴高低调节螺丝支撑，调节平行光管光轴高低调节螺丝，可改变出射平行光的竖直方向；调节螺丝，可改变狭缝的宽度。

图 3-7-2　平行光管的结构图

1. 狭缝物镜；2. 狭缝套筒；3. 狭缝装置锁紧螺丝；4. 平行光管圆筒；5. 物镜

【实验原理】

分光计在使用之前，应该进行调整，以避免对实验过程及结果造成不良影响。而分光计的调整，是通过望远镜观察小十字反射像来进行的。望远镜由物镜、目镜、分划板、照明灯泡等组成。目镜又由场镜和目镜组成。常用的目镜有高斯目镜和阿贝（Abbe）目镜两种，它们都属于自准直目镜。阿贝目镜是在场镜前装一个全反射小棱镜，小棱镜紧贴分划板的一面刻有透光的十字窗，照明灯发出的光线，经小棱镜反射后再经物镜投射到载物平台上的双面镜，反射回来的像为一小十字，如图 3-7-3 所示。当望远镜与反射面垂直时，反射回来的十字像应位于十字窗对称的位置上。

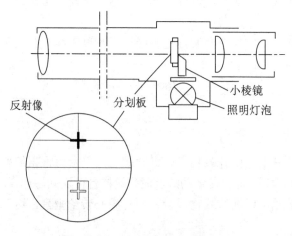

图 3-7-3　阿贝目镜示意图

当望远镜与反射面垂直时，反射回来的十字像应位于十字窗的上准线中心位置上；当望远镜与反射面不垂直时，反射回来的十字像就会偏离十字窗的上准线中心位置，比准线中心会偏高或偏低，如图 3-7-4 所示。

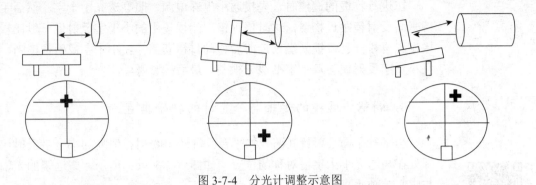

图 3-7-4　分光计调整示意图

所以，整个分光计的调整过程，就是一个不断调整小十字反射像到上准线中心的过程，以此来实现望远镜与平面镜反射面的垂直。

【实验内容】

1. 分光计的调整要求

（1）望远镜能观察平行光，望远镜的光轴垂直于分光计的中心转轴。
（2）载物台面垂直于分光计的中心转轴。
（3）平行光管出射平行光，平行光管的光轴垂直于分光计的中心转轴。
因为只有这样才能使入射光线与出射光线构成的平面平行于刻度盘，使刻度盘上的读数正确反映出光线的偏转角。

2. 用自准法调整望远镜使其适合于平行光

调整过程如表 3-7-1 所示。

表 3-7-1　用自准法调节望远镜的过程

调节步骤	望远镜的起始视场	调节动作	望远镜的终止视场
目镜调焦		旋转目镜	
物镜调焦		前后移动目镜筒	

开始进行目镜的调焦时，从目镜中观察分划板，望远镜视场中的双十字准线一般比较模糊，这时需要缓慢旋转目镜视度调节手轮，直至望远镜视场中的双十字准线清晰为止。

在进行物镜的调焦时，先接通小电珠电源，照亮透光小十字。然后手持平面反射镜贴近物镜，这时望远镜起始视场中的小十字反射像一般比较模糊。再松开目镜锁紧螺丝，前后移动目镜套筒，使小十字反射像清晰，且小十字反射像与双十字准线无视差。最后拧紧螺丝。

3. 调整望远镜的光轴与分光计的转轴垂直

分光计的结构与调整

当平行平面反射镜（随载物平台）每转180°时，清晰的小十字反射像都处在与透光小十字窗对称的位置。如图 3-7-5（c）所示，望远镜的光轴与中心转轴垂直。

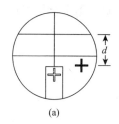 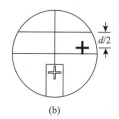 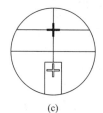

(a)　　　　　　　　(b)　　　　　　　　(c)

图 3-7-5　减半逼近法

调整步骤如下。

（1）放置平行平面反射镜。

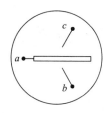

图 3-7-6　平面反射镜的放法

载物平台上刻有等边三角形 *abc* 的三条中垂线。将反射镜按图 3-7-6 所示放置，即将平面反射镜放在任意两个螺丝（如 *b*、*c*）的中垂线上。这样放置的优点是：以螺丝 *a* 所在的直线为轴，若要调节平面镜的俯仰，只需调节载物平台下的螺丝 *b* 或 *c* 即可。

（2）目视粗调，使透光小十字的反射像能落在望远镜的视场内。

拧紧载物台锁紧螺丝，松开游标盘止动螺丝，转动游标盘，让平面镜正对望远镜筒，观察目镜中是否出现小十字反射像。如果没有看到，缓慢地左右转动载物台下面的黑色游标盘，平面镜也会随之左右转动，注意仔细观察目镜视野中是否有小十字反射像经过。

若仍无发现，可使用侧面观察法进行目视粗调。

① 调节第一个小十字反射像出现。

图 3-7-7　目视粗调示意图
1. 望远镜；2. 载物台；3. 平面反射镜

看不到十字光标的原因是望远镜的视场角较小，反射光没有进入望远镜筒，此时可将望远镜向左（或右）稍稍偏转几度，如图 3-7-7 所示。

左眼靠近望远镜镜筒，用右眼从望远镜外面直接观察平面镜的镜面，会在平面镜中看到一个望远镜筒的镜头像。慢慢上下左右调整视线，直至在镜头像内部发现一团模糊的发光物，此即为透光小十字的反射像。

仔细体会自身视线的俯仰，以此判断反射像过高或过低，如图 3-7-8 所示。

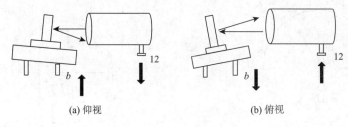

(a) 仰视　　　　　　　　　　　(b) 俯视

图 3-7-8　目视粗调示意图

如果视线处于仰视状态，即需要仰视才能看到小十字的反射像，这说明反射像过高。此时慢慢微调螺丝 b（载物台下最靠近望远镜的螺丝）上升，再同步微调望远镜筒的螺丝 12 下降，即可观察到反射像下降。此时再到目镜内观察，慢慢左右转动载物台，仔细观察目镜内是否有小十字反射像经过。若没有发现，说明反射像还是过高，再反复上述操作，直至小十字反射像在目镜中出现为止。

如果视线处于俯视状态，即需要俯视才能看到反射像，这说明反射像过低，那么微调螺丝 b 下降，并同步微调螺丝 12 上升，即可观察到小十字的反射像升高，直至在目镜内发现反射像为止。

② 调节第二个面的小十字反射像出现。

转动游标盘，将平面镜的第二个面正对望远镜筒，观察目镜中是否出现第二个小十字的反射像。若没有，依然用侧面观察法从镜筒外寻找反射像，重复步骤①。

注意在完成步骤②时，切记不要只调整望远镜或只调整载物台。一定要按照步骤①调节，将螺丝 b 与螺丝 12 联动，否则将破坏第一个面的十字反射像位置。

找到第二个面的小十字反射像后，重新检查第一个面的十字反射像，若还在，则正反两面的小十字反射像就全部出现在目镜的视野内，目视粗调结束。

（3）调节望远镜的光轴与分光计中心转轴垂直。

本步骤一般采用减半逐步逼近调节方法。假设调整前小十字的反射像的中心至上方的水平准线的距离为 d，如图 3-7-5（a）所示。

首先调节载物平台的螺丝 b 或 c，使小十字的反射像的中心向上升高 $d/2$ 的距离，到如图 3-7-5（b）所示的位置；然后调节望远镜光轴高低调节螺丝 12，使十字反射像和上准线等高；最后左右转动游标盘，让十字反射像与上准线中心重合即可，如图 3-7-5（c）所示。

接下来将载物平台旋转 $180°$，用同样方法调节。如此重复调节数次，直至平面镜的任意一面对准望远镜时，均能使小十字的反射像与上方的十字准线重合为止。此时望远镜的光轴已经垂直于分光计的转轴，注意在以后的调节中，再不要调动望远镜高低调节螺丝 12。

4. 调节载物平台面与分光计中心转轴垂直

上一步调整好后，将平行平面反射镜在载物平台上的方位转过 $90°$，如图 3-7-9 所示，即将平行平面反射镜放在与 b、c 连线平行的直径上，转动游标盘使平面镜正对望远镜，从望远镜目镜中观察小十字的反射像，并调节载物平台下的螺丝 a。特别注意：不要调节螺丝 b 或 c，更不要调节望远镜的高低调节螺丝 12，使小十字像与分划板的上十字准线重合。

5. 平行光管的调节

（1）将狭缝调整到物镜的焦平面上（使平行光管出射平行光）。

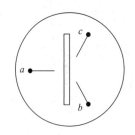

图 3-7-9　平面镜转 90°示意图

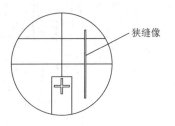

图 3-7-10　平行光管的调节

取下平行平面反射镜，将望远镜对准平行光管，从望远镜目镜中寻找观察狭缝像。松开狭缝锁紧螺丝，前后移动狭缝套筒，使狭缝像清晰，呈竖直状态并无视差，拧紧狭缝锁紧螺丝。调节狭缝宽度调节手轮，使狭缝像是一条清晰的细线。

（2）调节平行光管的光轴垂直于分光计的转轴。

看到清晰的狭缝像后，调节平行光管光轴高低调节螺丝，使狭缝像被分划板中心等分，如图 3-7-10 所示。这时平行光管光轴分光计的中心转轴垂直。

至此，分光计调整完毕。使用分光计进行测量时，不得随意调节分光计，否则可能破坏分光计的正常工作条件，须重新调整。

【思考题】

1. 望远镜的目镜调焦和物镜调焦的目的和要求是什么？

2. 经过哪些调整过程后，望远镜的光轴垂直于分光计的中心转轴？经过哪些调整过程后，载物平台垂直于分光计的中心转轴？

3. 调节望远镜的光轴与分光计中心转轴垂直，一般采用减半逐步逼近调节方法。该调节方法有何优点？不用该调节法，能否调节望远镜的光轴垂直于中心转轴？

4. 计算望远镜的转角时，若其中一只游标经过了刻度零线，转过的角度应如何计算？

实验八　用分光计测量三棱镜的折射率

三棱镜是光学历史上的一种重要光学器件。牛顿（Newton）通过三棱镜分解白光，进行了著名的色散实验。三棱镜实验为他后续的光学研究奠定了基础，也打开了物理学的一个重要领域——光谱学的大门。

折射率是三棱镜光学材料品质的重要指标之一。本实验将从折射定律出发，通过准确测量角度来求三棱镜的折射率。

【实验目的】

学生完成本实验后将具备以下能力：

（1）进一步熟悉分光计的调整与使用，磨练实验技能和动手能力。

（2）通过测量三棱镜对空气的相对折射率，理解分析复杂数据的能力。

情感目标：形成小心细致、观察仔细的实验习惯；分析解决问题的能力得到提升。

【注意事项】

（1）分光计调整好后，载物台和望远镜下的螺丝不要乱拧。

（2）轻拿轻放三棱镜，切勿损坏。

【实验仪器】

分光计、钠光灯、平行平面反射镜、三棱镜。

三棱镜：三角形状的玻璃器件，光线射在三棱镜上，会产生各种反射和折射现象。

分光计：通过分光计来观察反射和折射现象，并对光线角度进行测量。

钠光灯：光源，形成单色光射到三棱镜上，产生光学现象。

用分光计测量
三棱镜的折射率

【实验原理】

如图 3-8-1 所示，三角形 ABC 表示待测三棱镜的主截面（垂直于各棱脊的横截面），两光学表面（亦称折射面）AB 与 AC 之间的夹角称为三棱镜的顶角 α。单色光线以入射角 i_1 入射到棱镜 AB 面上，经过棱镜两次折射后，以折射角 i_4 从 AC 面射出，由折射定律及几何关系有

$$\sin i_1 = n \sin i_2 \qquad (3\text{-}8\text{-}1)$$

$$n \sin i_3 = \sin i_4 \qquad (3\text{-}8\text{-}2)$$

$$\alpha = i_2 + i_3 \qquad (3\text{-}8\text{-}3)$$

消去 i_2 和 i_3 得

$$n = \frac{1}{\sin\alpha}\sqrt{(\sin i_4 + \sin i_1 \cos\alpha)^2 + \sin^2 i_1 \sin^2\alpha} \tag{3-8-4}$$

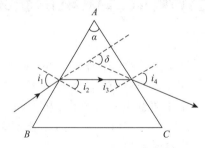

图 3-8-1　棱镜的折射光路图

由式（3-8-4）知，只要测出入射角 i_1、出射角 i_4 和顶角 α，就可算出折射率 n。为了避免测量三个角度带来的较大误差，可采用下面两种方法。

1. 等顶角入射法

若入射光线沿折射面 AC 的法线方向入射，则入射光线与折射面 AC 垂直，如图 3-8-1 所示，有 $i_1 = \alpha$，代入式（3-8-4）得

$$n = \sqrt{\sin^2\alpha + \left(\cos\alpha + \frac{\sin i_4}{\sin\alpha}\right)^2} = \sqrt{1 + 2\sin i_4 \cot\alpha + \left(\frac{\sin i_4}{\sin\alpha}\right)^2} \tag{3-8-5}$$

如果测出三棱镜的顶角 α 和出射角 i_4，就可算出 n。

2. 最小偏向角法

如图 3-8-1 所示，入射光线经两次折射后，传播方向总的变化可用入射线与出射线的延长线之间的夹角 δ 来表示，δ 称为偏向角。根据图中的几何关系及式（3-8-3）可得

$$\delta = (i_1 - i_2) + (i_4 - i_3) = (i_1 + i_4) - \alpha \tag{3-8-6}$$

式中：i_4 与 i_3、i_2、i_1 依次相关；而对于给定的棱镜，角 α 是固定的，故 δ 只随入射角 i_1 变化。对于某一 i_1 值，偏向角有最小值 $\delta_{\min}$，称为最小偏向角。按求极值的方法可以获得满足最小偏向角的条件。

由式（3-8-6）对 i_1 求导数并令 $\dfrac{\mathrm{d}\delta}{\mathrm{d}i_1} = 0$，可得产生最小偏向角的条件为

$$\frac{\mathrm{d}i_4}{\mathrm{d}i_1} = -1 \tag{3-8-7}$$

式（3-8-1）和式（3-8-2）取微分后代入式（3-8-7）得

$$\frac{\cos i_3}{\cos i_4} = \frac{\cos i_2}{\cos i_1} \tag{3-8-8}$$

式（3-8-8）两边平方，并利用式（3-8-1），得

$$\frac{n^2 - \sin^2 i_4}{1 - \sin^2 i_4} = \frac{n^2 - \sin^2 i_1}{1 - \sin^2 i_1} \tag{3-8-9}$$

因为 i_1 和 i_4 均小于 $\dfrac{\pi}{2}$，所以只有当 $i_1 = i_4$ 时，式（3-8-9）才成立。在最小偏向角的情况下

$$i_2 = i_3 = \frac{\alpha}{2}, \qquad i_1 = \frac{\delta_{\min} + \alpha}{2} \tag{3-8-10}$$

将式（3-8-10）代入式（3-8-4），并利用倍角和半角的三角函数可得

$$n = \frac{\sin \dfrac{\delta_{\min}}{2}}{\sin \dfrac{\alpha}{2}} \tag{3-8-11}$$

或由折射定律直接得

$$n = \frac{\sin i_1}{\sin i_2} = \frac{\sin \dfrac{\delta_{\min} + \alpha}{2}}{\sin \dfrac{\alpha}{2}} \tag{3-8-12}$$

如果测出三棱镜的顶角 α 和最小偏向角 $\delta_{\min}$，就可算出棱镜的折射率 n。

【实验内容】

1. 分光计的调整

按照实验七分光计的结构与调整的要求调整好分光计。

2. 待测三棱镜的调整

借助于已调好的望远镜，用自准法调整，使三棱镜的主截面垂直于分光计的中心转轴。将待测三棱镜按图 3-8-2 要求放置在载物平台上。转动游标盘，使三棱镜的 AB 面对准望远镜，仅调节螺丝 a，使 AB 面垂直于望远镜的光轴，再旋转游标盘，使三棱镜的另一折射面 AC 对准望远镜，仅调节螺丝 c，使 AC 面垂直于望远镜的光轴，反复校核几次，直到由两个折射面 AB 和 AC 反射的小十字像都与分划板的上十字准线重合为止。

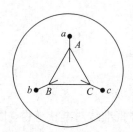

图 3-8-2　三棱镜的放法

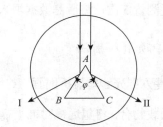

图 3-8-3　用反射法测三棱镜顶角

3. 用反射法测三棱镜顶角

移动三棱镜，使顶角 A 靠近载物台中心，转动游标盘，使三棱镜的顶角 A 对准平行光管，让平行光管射出的平行光照在三棱镜的两个光学面 AB 和 AC 上，并被它们反射出来，如图 3-8-3 所示。用游标盘止动螺丝锁紧游标盘。将望远镜转到 I 处，观测从三棱镜 AB 面反射的光线，移动望远镜筒使十字准线对准狭缝的像，此时从两个游标上可读出角坐标 φ_1 和 φ_1'。再将望远镜转到 II 处，用同样的方法测量从 AC 面反射出的光线对应的角坐标 φ_2 和 φ_2'。从图 3-8-3 可见，三棱镜的顶角 α 为

$$\alpha = \frac{\varphi}{2} = \frac{1}{4}(|\varphi_1 - \varphi_2| + |\varphi_1' - \varphi_2'|)$$

重复测量 5 次，将所测数据填入表 3-8-1 中。

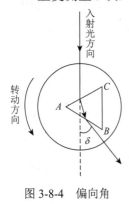

图 3-8-4 偏向角

4. 测量最小偏向角

1）观察偏向角度的变化

松开游标盘止动螺丝，转动游标盘，使棱镜处于图 3-8-4 所示的位置。根据折射定律，判断折射光线的出射方向。先用肉眼在此方向上直接朝折射面 AB 观察，寻找狭缝像。慢慢转动游标盘（带动三棱镜转动），注意狭缝像的左右移动情况。选择偏向角减小的方向，缓慢转动游标盘，使偏向角逐渐减小，继续沿此方向转到游标盘可看到狭缝像移至某一位置后将反向移动，这说明偏向角存在一个最小值 δ_{min}。

2）测定最小偏向角光线的向位

当狭缝像刚开始反向移动时用游标盘止动螺丝锁住游标盘，转动望远镜到折射光方向，用望远镜观察狭缝的像。松开螺丝，细心转动游标盘，注意观察狭缝像的移动情况。当狭缝像刚刚开始逆转时，锁住游标盘。再微调望远镜的位置，使竖直准线对准狭缝像的中间，记录该位置的两个游标读数 θ_2 和 θ_2'。

3）测定入射光线的方位

转动望远镜使其正对平行光管，观察入射光线即狭缝像。微调望远镜，使竖直准线对准狭缝像，读出没有经过棱镜偏向的光线的方向 θ_1 和 θ_1'。

最小偏向角为

$$\delta_{min} = \frac{1}{2}(|\theta_2 - \theta_1| + |\theta_2' - \theta_1'|)$$

重复测量 5 次，将所测数据填入表 3-8-2 中。

5. 等顶角入射法

1）使入射光线垂直折射面 AC

降低载物台，将望远镜对准平行光管，微调望远镜使竖直准线对准狭缝像，固定望远镜，此角值即为入射光线的方位角。升高载物台，转动游标盘，使由棱镜 AC 面反射回来的小十字像与上方的十字准线重合，固定游标盘。此时入射光线与 AC 折射面的法线重合，如图 3-8-5 所示。该位置游标盘的读数 φ_1 和 φ_1' 记入表 3-8-3。

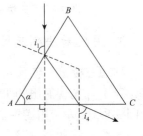

图 3-8-5 等顶角入射法测折射率

2）测量折射角

松开螺丝并转动望远镜（连同刻度盘），找出从 AC 面折射出来的狭缝像，微调望远镜使竖直准线对准狭缝像，记下此时角度位置 φ_2 和 φ_2'，则折射角 i_4 为

$$i_4 = \frac{1}{2}(|\varphi_1 - \varphi_2| + |\varphi_1' - \varphi_2'|)$$

3）测量三棱镜的顶角

转动望远镜（连同刻度盘）使其对准 AB 折射面，找出从 AB 面反射回来的小十字像，使分划板的上十字准线与小十字反射像重合，这就是 AB 面的法线位置。记下读数 φ_3 和 φ_3'。三棱镜的顶角 α 为

$$\alpha = 180° - \frac{1}{2}(|\varphi_1 - \varphi_3| + |\varphi_1' - \varphi_3'|)$$

重复测量 5 次，算出 $\overline{i_4}$ 和 $\overline{\alpha}$，再将 $\overline{i_4}$ 和 $\overline{\alpha}$ 代入式（3-8-5），求出折射率 n。

该方法只需测三个角位置，减少了对准误差和寻找最小偏向角时极限位置的判断误差，但缺点是难以计算。

【数据处理】

1. 最小偏向角法

表 3-8-1　反射法测量顶角

分光计分度值 $\sigma_仪 = $ ＿＿＿＿＿　　　　光波波长 $\lambda = $ ＿＿＿＿＿

测量次数	AB 面反射线		AC 面反射线		$\varphi = |\varphi_2 - \varphi_1|$	$\varphi' = |\varphi_2' - \varphi_1'|$	$\overline{\varphi} - \varphi$	$\overline{\varphi}' - \varphi'$
	φ_1	φ_1'	φ_2	φ_2'				
1								
2								
3								
4								
5								

$\overline{\alpha} = \frac{1}{4}(\overline{\varphi} + \overline{\varphi}') = $ ＿＿＿＿＿　　　　$\sigma_{\overline{\alpha}} = \sqrt{\left(\frac{\partial a}{\partial \varphi}\sigma_{\overline{\varphi}}\right)^2 + \left(\frac{\partial a}{\partial \varphi'}\sigma_{\overline{\varphi}'}\right)^2} = $ ＿＿＿＿＿

$\alpha = \overline{\alpha} \pm \sigma_{\overline{\alpha}} = $ ＿＿＿＿＿

表 3-8-2　最小偏向角

测量次数	入射光线 θ_1		折射光线 θ_2		$\theta = |\theta_2 - \theta_1|$	$\theta' = |\theta_2' - \theta_1'|$	$\overline{\theta} - \theta$	$\overline{\theta}' - \theta'$
	θ_1	θ_1'	θ_2	θ_2'				
1								
2								
3								
4								
5								
平均值					$\overline{\theta} = $	$\overline{\theta}' = $	$\sigma_{\overline{\theta}}$	$\sigma_{\overline{\theta}'}$

$\overline{\delta}_{\min} = \frac{\overline{\theta} + \overline{\theta}'}{2} = $ ＿＿＿＿＿　　　　$\delta_{\min} = \overline{\delta}_{\min} \pm \sigma_{\overline{\delta}_{\min}} = $ ＿＿＿＿＿

$$\overline{n} = \frac{\sin\dfrac{\overline{\delta}_{\min} + \overline{\alpha}}{2}}{\sin\dfrac{\overline{\alpha}}{2}} = \underline{\hspace{3cm}}$$

$$\sigma_n = \sqrt{\left(\frac{\partial n}{\partial \alpha}\sigma_{\overline{\alpha}}\right)^2 + \left(\frac{\partial n}{\partial \delta_{\min}}\sigma_{\overline{\delta}_{\min}}\right)^2} = \underline{\hspace{3cm}}$$

$$n = \overline{n} \pm \sigma_{\overline{n}} = \underline{\hspace{3cm}}$$

2. 等顶角入射法

表 3-8-3　等顶角入射法

分光计分度值 $\sigma_{仪} = \underline{\hspace{2cm}}$　　　　　光波波长 $\lambda = \underline{\hspace{2cm}}$

测量次数	入射光线		AB 面反射线		AC 面反射线		折射角 i_4		顶角 α	
	φ_1	φ_1'	φ_3	φ_3'	φ_2	φ_2'	$\|\varphi_1 - \varphi_2\|$	$\|\varphi_1' - \varphi_2'\|$	$\|\varphi_1 - \varphi_3\|$	$\|\varphi_1' - \varphi_3'\|$
1										
2										
3										
4										
5										
平均值							$\overline{\varphi_1 - \varphi_2}=$	$\overline{\varphi_1' - \varphi_2'}=$	$\overline{\varphi_4 - \varphi_3}=$	$\overline{\varphi_4' - \varphi_3'}=$

$$i_4 = \frac{1}{2}(|\varphi_1 - \varphi_2| + |\varphi_1' - \varphi_2'|) = \underline{\hspace{3cm}}$$

$$\alpha = 180° - \frac{1}{2}(|\varphi_1 - \varphi_3| + |\varphi_1' - \varphi_3'|) = \underline{\hspace{3cm}}$$

$$\overline{n} = \sqrt{1 + 2\sin\overline{i}_4\cot\overline{\alpha} + \left(\frac{\sin\overline{i}_4}{\sin\overline{\alpha}}\right)^2} = \underline{\hspace{3cm}}$$

将 $\overline{\alpha}$ 和 $\overline{i}_4$ 代入式（3-6-5）算出 n。

【思考题】

1. 测量三棱镜的最小偏向角时，若分光计没有调整好，对测量结果有无影响？

2. 反射法测量三棱镜顶角时，顶点 A 应放在载物台中心附近，否则反射光不能进入望远镜，试作图说明。

3. 用反射法测量棱镜顶角时，从望远镜中能观察到的光线可能不止两条，从反射面 AB 和 AC 反射出来的光线应是哪两条？

第 *4* 章

综合与应用性实验

实验九　杨氏模量的测量

　　杨氏模量是描述固体材料抵抗形变能力的重要物理量。它是工程技术中常用的参数，是选定机械构件材料的重要依据之一。杨氏模量反映了材料弹性形变与应力的关系，是由英国物理学家托马斯·杨（Thomas Young）于 1807 年提出的。对于杨氏模量有多种测量方法，基本可分为三类：第一类是静态测量法，包括静态拉伸法、静态扭转法、静态弯曲法；第二类是动态测量法，包括弯曲共振法（横向共振法）、纵向共振法、扭转共振法；第三类是波速测量法，包括连续波法、脉冲波法。还有一些其他的测量方法，如电感位移测量法、磁感应法、莫尔（Moiré）条纹法等。本实验采用静态拉伸法测定金属丝的杨氏模量。

　　杨氏模量的测定对研究金属、光纤、半导体、纳米、聚合物、陶瓷、橡胶等材料的力学性质有着重要意义，还可用于机械零部件设计、生物力学、地质等领域。

【实验目的】

　　（1）学会用拉伸法测定杨氏模量。
　　（2）掌握用光杠杆装置测微小长度变化的原理和方法。
　　（3）掌握各种测量工具的正确使用方法。
　　（4）用逐差法处理实验数据。
　　（5）学会不确定度的计算方法，结果的正确表达。

【注意事项】

　　（1）加力勿超过实验规定的最大加力值。
　　（2）严禁改变限位螺母位置，避免最大拉力限制功能失效。

【实验仪器】

　　杨氏模量测定仪、钢卷尺、螺旋测微器、游标卡尺。
　　杨氏模量测定仪由以下部分组成，如图 4-9-1 所示。

　　1. 实验架

　　实验架是待测金属丝杨氏模量测量的主要平台。金属丝一端穿过横梁被上夹头夹紧，另一端被下夹头夹紧，并与拉力传感器相连，拉力传感器经螺栓穿过下台板与施力螺母相连。施力螺母采用旋转加力方式，加力简单、直观、稳定。拉力传感器输出拉力信号通过数字拉力计显示金属丝受到的拉力值。实验架含有最大加力限制功能，实验中最大实际加力不应超过 13.00 kg。

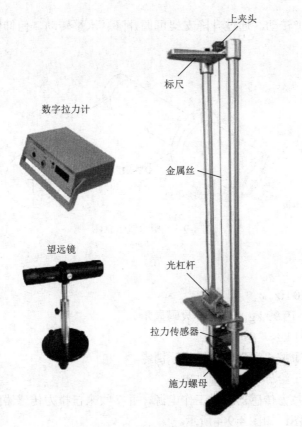

图 4-9-1　杨氏模量测定仪

2. 光杠杆组件

光杠杆组件包括光杠杆和标尺。光杠杆上有反射镜以及与反射镜连动的动足等结构。光杠杆结构示意图如图 4-9-2 所示。

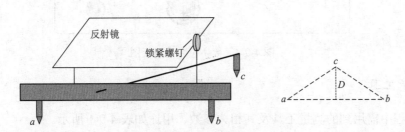

图 4-9-2　光杠杆结构示意图

图中：a、b、c 分别为三个尖状足，a、b 为前足，c 为后足（亦称动足）。实验中，a、b 不动，c 随着金属丝伸长或缩短而向下或向上移动，锁紧螺钉用于固定反射镜的角度。三个足构成一个三角形，两前足连线的高 D 称为光杠杆常数（与图 4-9-2 中的 D 相同），可根据需求改变 D 的大小。

3. 望远镜组件

望远镜组件包括望远镜和升降支架。望远镜放大倍数 12 倍，含有目镜十字分划线（纵线和横线），镜身可 360°转动。通过升降支架可调升降、水平转动、俯仰倾角。望远镜结构如图 4-9-3 所示。

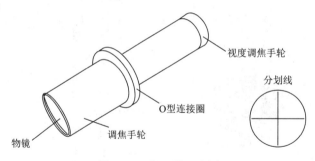

图 4-9-3　望远镜示意图

4. 数字拉力计

电源：～220 V/50 Hz。

显示范围：0～±19.99 kg（三位半数码显示）。

显示分辨力：0.01 kg。

显示清零功能：短按"清零"按键显示清零。

背光源接口：用于给标尺背光源供电。

传感器接口：为拉力传感器提供工作电源，并接收来自拉力传感器的信号。

数字拉力计面板图：如图 4-9-4 所示。

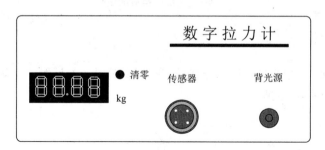

图 4-9-4　数字拉力计面板图

5. 测量工具

实验过程中需用到的测量工具及其相关参数、用途如表 4-9-1 所示。

表 4-9-1　测量工具参数及用途

量具名称	量程	分辨力	误差限	用于测量
标尺/mm	80.0	1	0.5	Δx
钢卷尺/mm	3 000.0	1	0.8	L
游标卡尺/mm	150.00	0.02	0.02	D
螺旋测微器/mm	25.000	0.01	0.004	d
数字拉力计/kg	20.00	0.01	1%±1 个字	m

【实验原理】

设金属丝的原长为 L，横截面积为 S，沿长度方向施力 F 后，其长度改变 ΔL，则金属丝单位面积上受到的垂直作用力 $\sigma = F/S$ 称为正应力，金属丝的相对伸长量 $\varepsilon = \Delta L/L$ 称为线应变。实验结果指出，在弹性范围内，由胡克（Hooke）定律可知物体的正应力与线应变成正比，即

$$\sigma = E \cdot \varepsilon \tag{4-9-1}$$

或

$$\frac{F}{S} = E \cdot \frac{\Delta L}{L} \tag{4-9-2}$$

比例系数 E 即为金属丝的杨氏模量（单位：Pa 或 N/m^2），它表征材料本身的性质，E 越大的材料，要使它发生一定的相对形变所需的单位横截面积上的作用力也越大。

由式（4-9-2）可知

$$E = \frac{F/S}{\Delta L/L} \tag{4-9-3}$$

对于直径为 d 的圆柱形金属丝，其杨氏模量为

$$E = \frac{F/S}{\Delta L/L} = \frac{mg \left/ \left(\frac{1}{4}\pi d^2\right)\right.}{\Delta L/L} = \frac{4mgL}{\pi d^2 \Delta L} \tag{4-9-4}$$

式中：L（金属丝原长）可由卷尺测量；d（金属丝直径）可用螺旋测微器测量；F（外力）可由实验中数字拉力计上显示的质量 m 求出，即 $F = mg$（g 为重力加速度）；而 ΔL 为一个微小长度变化（毫米级）。针对 ΔL 的测量方法，本实验仪采用光杠杆法。

光杠杆法主要是利用平面反射镜转动，将微小角位移放大成较大的线位移后进行测量。仪器利用光杠杆组件实现放大测量功能。光杠杆组件由反射镜、与反射镜连动的动足、标尺等组成。其放大原理如图 4-9-5 所示。

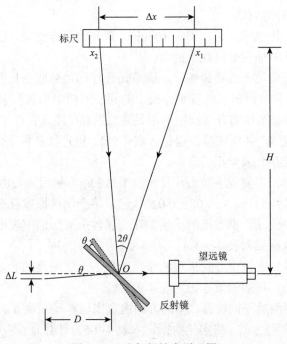

图 4-9-5　光杠杆放大原理图

开始时，望远镜对齐反射镜中心位置，反射镜法线与水平方向成一夹角，在望远镜中恰能看到标尺刻度 x_1 的像。动足足尖放置在夹紧金属丝的夹头的表面上，当金属丝受力后，产生微小伸长 ΔL，与反射镜连动的动足尖下降，从而带动反射镜转动相应的角度 θ，根据光的反射定律可知，在出射光线（即进入望远镜的光线）不变的情况下，入射光线转动了 2θ，此时望远镜中看到标尺刻度为 x_2。

实验中 $D \gg \Delta L$，所以 θ 甚至 2θ 会很小。从图 4-9-5 的几何关系中可以看出，2θ 很小时有

$$\Delta L \approx D \cdot \theta, \qquad \Delta x \approx H \cdot 2\theta \qquad (4\text{-}9\text{-}5)$$

故有

$$\Delta x = \frac{2H}{D} \cdot \Delta L \qquad (4\text{-}9\text{-}6)$$

式中：$2H/D$ 称为光杠杆的放大倍数；H 为反射镜中心与标尺的垂直距离。仪器中 $H \gg D$，这样一来，便能把一微小位移 ΔL 放大成较大的容易测量的位移 Δx。将式（4-9-6）代入式（4-9-4）得到

$$E = \frac{8mgLH}{\pi d^2 D} \cdot \frac{1}{\Delta x} \qquad (4\text{-}9\text{-}7)$$

如此，可以通过测量式（4-9-7）右边的各参量得到被测金属丝的杨氏模量，式（4-9-6）中各物理量的单位取国际单位（SI 制）。

【实验内容】

实验前应保证上、下夹头均夹紧金属丝，防止金属丝在受力过程中与夹头发生相对滑移。光杠杆法测量金属丝杨氏模量的实验步骤如下。

（1）将拉力传感器信号线接入数字拉力计信号接口，用背光源接线连接数字拉力计背光源接口和标尺背光源电源插孔。

（2）打开数字拉力计电源开关，预热 10 min。背光源应被点亮，标尺刻度清晰可见。数字拉力计面板上显示此时加到金属丝上的力。

（3）先旋松光杠杆动足上的锁紧螺钉，调节光杠杆动足至适当长度（以动足尖能尽量贴近但不贴靠到金属丝，同时两前足能置于台板上的同一凹槽中为宜），用三足尖在平板纸上压三个浅浅的痕迹，通过画细线的方式画出两前足连线的高（即光杠杆常数），然后用游标卡尺测量光杠杆常数的长度 D，并将实验数据记入表 4-9-2。将光杠杆置于台板上，并使动足尖贴近金属丝，且动足尖应在金属丝正前方。

（4）旋转施力螺母，先使数字拉力计显示小于 2.5 kg，然后施力由小到大（避免回转），给金属丝施加一定的预拉力 m_0（(3.00 ± 0.02) kg），将金属丝原本存在弯折的地方拉直。用钢卷尺测量金属丝的原长 L，钢卷尺的始端放在金属丝上夹头的下表面，另一端对齐下夹头的上表面，并将实验数据记入表 4-9-3。

（5）用钢卷尺测量反射镜中心到标尺的垂直距离 H，钢卷尺的始端放在标尺板上表面，另一端对齐反射镜中心，将实验数据记入表 4-9-4。

（6）用螺旋测微器测量不同位置、不同方向的金属丝直径视值 $d_{视j}$（至少 5 处），注意测量前记下螺旋测微器的零差 d_0。将实验数据记入表 4-9-5，计算直径视值的算术平均值 $\overline{d_{视}}$，并根据 $\overline{d} = \overline{d_{视}} - d_0$ 计算金属丝的平均直径。

（7）将望远镜移近并正对实验架台板（望远镜前沿与平台板边缘的距离在 0～30 cm 范围内均可）。先调节望远镜使其正对反射镜中心，然后仔细调节反射镜的角度，直到从望远镜中能看到标尺背光源发出的明亮的光。

（8）调节目镜视度调节手轮，使得十字分划线清晰可见。调节调焦手轮，使得视野中标尺的像清晰可见。转动望远镜镜身，使分划线横线与标尺刻度线平行后再次调节调焦手轮，使得视野中标尺的像清晰可见。

（9）再次仔细调节反射镜的角度，使十字分划线横线对齐不大于 2.0 cm 的刻度线（避免实验做到最后超出标尺量程）。水平移动支架，使十字分划线纵线对齐标尺中心。

注意：下面步骤中不能再调整望远镜，并尽量保证实验桌不要有震动，以保证望远镜稳定。加力和减力过程，施力螺母不能回旋。

（10）点击数字拉力计上的"清零"按钮，记录此时对齐十字分划线横线的刻度值 x_1。

（11）先缓慢旋转施力螺母，逐渐增加金属丝的拉力，每隔 1.00（±0.02）kg 记录一次标尺的刻度 x_i^+，加力至设置的最大值，数据记录后再加 0.5 kg 左右（不超过 1.0 kg，且不记录数据）。然后反向旋转施力螺母至设置的最大值并记录数据，同样地，逐渐减小金属丝的拉力，每隔（1.00±0.02）kg 记录一次标尺的刻度 x_i^-，直到拉力为（0.00±0.02）kg。将以上数据记录于表 4-9-6 中对应位置。

（12）实验完成后，旋松施力螺母，使金属丝自由伸长，并关闭数字拉力计。

【数据处理】

表 4-9-2　用钢卷尺测量平面镜到标尺的垂直距离 D

测量次数 i	1	2	3	4	5	平均值
$D/10^{-2}$ m						
$\Delta D/10^{-2}$ m						

表 4-9-3　用钢卷尺测量两夹头间金属丝长度 L

测量次数 i	1	2	3	4	5	平均值
$L/10^{-2}$ m						
$\Delta L/10^{-2}$ m						

表 4-9-4　用游标卡尺测量光杠杆的垂线 H

测量次数 i	1	2	3	4	5	平均值
$H/10^{-3}$ m						
$\Delta H/10^{-3}$ m						

表 4-9-5　用螺旋测微器测金属丝的直径 d

测量次数 i	1	2	3	4	5	平均值
$d/10^{-3}$ m						
$\Delta d/10^{-3}$ m						

表 4-9-6　负载和标尺读数的变化

次数 i	加载质量/kg	标尺读数/10^{-2} m		同一负荷下读数的平均值 $\overline{n_i} = (n_i + n_i')/2$ /10^{-2} m	负荷增量为 3 kg 时 $\Delta n = \overline{n_{i+3}} - \overline{n_i}$ /10^{-2} m	Δn 的误差/10^{-2} m
		增重 n_i	减重 n_i'			
0	3.0 + 0.0					
1	3.0 + 1.0					
2	3.0 + 2.0					
3	3.0 + 3.0					
4	3.0 + 4.0					
5	3.0 + 5.0				—	—
6	3.0 + 6.0					
平均值						

杨氏模量 $E = \dfrac{8mgLH}{\pi d^2 D} \cdot \dfrac{1}{\Delta x} = $ ＿＿＿＿＿＿

相对误差 $\dfrac{\Delta E}{E} = \dfrac{\Delta m}{m} + \dfrac{\Delta L}{L} + \dfrac{\Delta H}{H} + 2\dfrac{\Delta d}{d} + \dfrac{\Delta D}{D} + \dfrac{\Delta(\Delta x)}{\Delta x} = $ ＿＿＿＿＿＿

绝对误差 $\Delta E = $ ＿＿＿＿＿＿

【思考题】

1. 材料相同，但粗细、长短不同的两根金属丝，它们的杨氏模量是否相同？

2. 实验中，金属丝的拉伸在弹性限度内，当金属丝负重按比例增加时，Δx 不按比例增加，分析这种情况可能发生的原因。

3. 光杠杆测金属伸长量时，改变哪些量可增加光杠杆的放大倍数？

4. 用逐差法处理数据有什么优点？应注意什么问题？

实验十　超声波在空气中的传播

对于声波频率、波长、波速、相位等的测量，是声学应用技术中一个重要的内容，本实验采用共振干涉和相位比较法测量超声波在空气中的传播速度。

【实验目的】

（1）学会用共振干涉和相位比较法测量空气中的声速。
（2）培养综合使用仪器的能力。
（3）学会用逐差法进行数据处理。

【实验仪器】

超声声速测定仪、低频信号发生器、示波器、同轴电缆。

如图 4-10-1 所示，在量程为 50 cm 的主尺上，相向地安有两个固有频率相同的压电晶体换能器。其中：S_1 为发射换能器，可将电压信号转换成超声波；S_2 为接收换能器，可将超声波转换成电信号。两换能器端面之间的距离可以从游标上精确地读出，游标上有微动装置可以精确地调节。

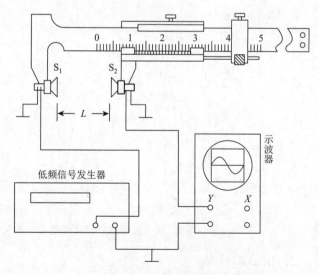

图 4-10-1　驻波法测声速接线图

【实验原理】

由于超声波的波长短，易于定向发射，用超声波进行声速测定比较方便。超声波的产生与发射由压电晶体 S_1 的逆压效应（电致伸缩）来产生，超声波的接收由压电晶体 S_2 的压电效应来实现，根据波速、频率、波长的关系

$$v = f\lambda \qquad (4\text{-}10\text{-}1)$$

由测出的频率 f 和波长 λ，可以算出声速 v。由于频率可从低频信号发生器上直接读出，本实验的主要任务是测量超声波的波长 λ，下面介绍测波长的两种方法。

1. 共振干涉法

共振干涉法亦称驻波法，按图 4-10-1 接好线路。当低频信号接入至发射器 S_1 时，S_1 受到低频信号发生器输出的电信号激励，根据逆压电效应发生受迫振动，产生超声波，并向周围空气定向发射近似平面波；S_2 为超声波接收器，声波传至它的接收面上再被反射。当 S_1 与 S_2 的表面互相平行时，声波在两个平面往返反射相互干涉，产生驻波。由于压电效应，接收器 S_2 产生电信号，将此电信号输入示波器，可以观察它的波形及大小。

在接收器 S_2 表面，其振幅与 S_1、S_2 两个表面的间距有关，当间距

$$L = n\frac{\lambda}{2} \quad (n = 1, 2, \cdots) \qquad (4\text{-}10\text{-}2)$$

时，S_2 表面的振幅极大，称为共振。此时经接收器 S_2 转换的电信号也是极大值。

如图 4-10-2 所示，各极大值之间的距离均为 $\dfrac{\lambda}{2}$，由于衍射及其他损耗，观察到波形的振幅极大值会随着距离增大而逐渐减少，只要测出与各极大值对应的接收器 S_2 的位置，就可以测出 λ。

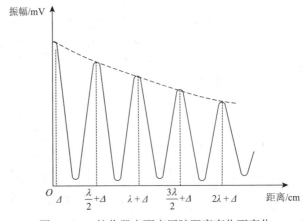

图 4-10-2　接收器表面声压随距离变化而变化

2. 相位比较法

波是振动状态，即相位的传播。沿波传播方向的任何两点，当其相位与波源的相位间的相位差相同时，这两点间的距离是波长的整数倍。利用这个原理，可以精确地测量波长。按图 4-10-3 连接线路，信号发生器信号分别输入至发射端 S_1 及示波器 X 轴，接收器 S_2 的接收波输入至示波器 Y 轴，示波器选择 X-Y 模式，合成产生李萨如（Lissajous）图形。由于两信号的频率严格一致，李萨如图形是稳定的椭圆。两信号的相位差由 S_1、S_2 之间的距离决定，当 $\Delta\varphi = 2n\pi$ 或 $\Delta\varphi = (2n+1)\pi$ （$n = 1, 2, \cdots$）时，椭圆变

驻波法、相位
比较法波形比较

成直线。显然，接收器 S_2 从产生直线的一个位置，变化到相邻的倾斜角相同的另一直线位置时，变化的距离即为一个波长。

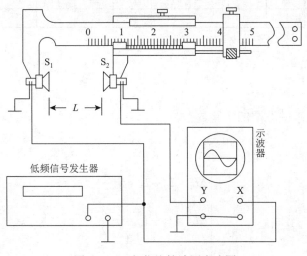

图 4-10-3　相位比较法测声速图

【实验内容】

1. 驻波法

（1）按图 4-10-1 所示接好线路，S_1、S_2 彼此贴近至间距 5～10 mm，S_1、S_2 发射面与接收面平行且铅直，将低频信号发生器输出信号强度调至最大。调节示波器观察 S_2 信号波形，在 35 kHz 附近调节信号发生器的频率，同时观察 S_2 信号波形振幅变化，当振幅达到最大值时，信号发生器的输出频率就等于换能器的固有频率，固定并记录此频率。

（2）由近向远缓慢移动接收器 S_2，仔细观察 S_2 信号波形振幅变化，当振幅达到极大值时记录下 S_2 位置。连续测量出现 12 个连续极大值所对应的 S_2 的位置 $L_1, L_2, \cdots, L_{12}$，并将所测数据记入表 4-10-1 中。

表 4-10-1　干涉法测声速数据记录表

频率 $f=$ _____ Hz　　　　气温 $t=$ _____ ℃

接收器位置标号	L_1	L_2	L_3	L_4	L_5	L_6	L_7	L_8	L_9	L_{10}	L_{11}	L_{12}
极大值位置												

2. 相位比较法

按图 4-10-3 接好线路，S_1、S_2 彼此贴近至间距 5～10 mm。示波器选择 X-Y 模式。此模式下，CH1 通道信号作为 X 轴与作为 Y 轴的 CH2 通道信号叠加，两信号频率相同，适当调节两输入信号的幅度，可得到满意的李萨如图形椭圆。移动 S_2 的位置，两信号的相位差发生变化，其李萨如图形由椭圆变成直线，再由直线变成椭圆。由近向远移动 S_2 依次记录下倾角相同斜直线时游标卡尺上的读数。相邻倾角相同的斜直线对应于相位差改变了 2π，即对应于 S_2 移动了一个波长的距离，测出 12 个相应的数值，记在表 4-10-2 中。

表 4-10-2　相位比较法测声速数据记录表

频率 $f =$ _____ Hz　　　　　气温 $t =$ _____ ℃

接收器位置标号	L_1	L_2	L_3	L_4	L_5	L_6	L_7	L_8	L_9	L_{10}	L_{11}	L_{12}
合成直线位置												

【数据处理】

（1）用逐差法处理驻波法的实验数据。

依次计算出每经过 6 个 $\dfrac{\lambda}{2}$ 的距离：

$$\begin{cases} \Delta L_1 = L_7 - L_1 = 6 \cdot \dfrac{\lambda}{2} \\ \Delta L_2 = L_8 - L_2 = 6 \cdot \dfrac{\lambda}{2} \\ \cdots\cdots \\ \Delta L_6 = L_{12} - L_6 = 6 \cdot \dfrac{\lambda}{2} \end{cases} \qquad (4\text{-}10\text{-}3)$$

将上述式子相加得

$$\sum_{i=1}^{6} \Delta L_{(6+i)} = 36 \cdot \frac{\lambda}{2} = 18\lambda \qquad (4\text{-}10\text{-}4)$$

所以

$$\lambda = \frac{1}{18} \sum_{i=1}^{6} \Delta L_{(6+i)} \qquad (4\text{-}10\text{-}5)$$

（2）由所求得的波长和读得的超声波频率计算出声速。

（3）用逐差法算出相位比较法测得的波长和波速。

（4）根据声速的理论公式

$$V_{理} = 331.45 \sqrt{1 + \frac{t}{T_0}} \ \text{m}/\text{s} \qquad (4\text{-}10\text{-}6)$$

算出 $V_{理}$ 值。式中：$T_0 = 273.15 \ \text{K}$；t 为摄氏温度。最后算出百分误差

$$E = \frac{|\Delta v|}{v_{理}} \times 100\% \qquad (4\text{-}10\text{-}7)$$

【思考题】

1. 为什么换能器要在谐振条件下进行声速测定？怎样调整谐振频率？驻波法与相位比较法的谐振频率相同么？

2. 为什么在实验过程中改变 L 时，压电晶体换能器 S_1 与 S_2 的表面应保持相互平行？不平行会产生什么问题？

3. 由近向远移动 S_2 观察波形振幅变化的过程中，远端的振幅会比近端的振幅更大么？

实验十一　多普勒效应综合实验

当波源与接收器之间有相对运动时，接收器接收到的波的频率与波源发出的频率不同的现象称为多普勒（Doppler）效应。多普勒效应在科学研究、工程技术、交通管理、医疗诊断等方面都有十分广泛的应用。基于多普勒效应原理的雷达系统已广泛应用于导弹、卫星、车辆等运动目标速度的监测；在医学上利用超声波的多普勒效应来检查人体内脏的活动情况、血液的流速等；天文学中，利用光的多普勒效应可以测量遥远的天体相对地球运动的情况。本实验既可研究超声波的多普勒效应，又可利用多普勒效应将超声探头作为运动传感器，研究物体的运动状态。

【实验目的】

学生完成本实验后应具备以下能力：
（1）阐述一维直线运动中多普勒效应的规律。
（2）使用软件对数据进行线性拟合并对拟合结果进行相关分析。
（3）将多普勒效应测速的方法应用到其他物理量的测量。
情感目标：学生完成本实验后团队合作交流能力应获得提升。

【注意事项】

（1）请勿向其他组的同学借用砝码、弹簧等配件，以免影响本组实验结果。
（2）使用弹簧时注意不要将其拉太长，以免弹簧变形或弹伤其他同学。

【实验仪器】

多普勒效应综合实验仪由实验仪、超声发射/接收器、红外发射/接收器、导轨、运动小车、支架、光电门、电磁铁、弹簧（两个）、滑轮、砝码等组成。实验仪内置微处理器，带有液晶显示屏。实验仪采用菜单操作，显示屏显示菜单及操作提示，用"▲""▼""◄""►"键选择菜单或修改参数，按"确认"键后仪器执行。可在"查询"页面查询到在实验时保存的数据。图 4-11-1 为多普勒效应综合实验仪的面板图。

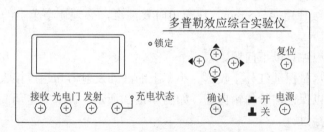

图 4-11-1　多普勒效应综合实验仪面板图

【实验原理】

根据机械波的多普勒效应公式，当声源与接收器之间有相对运动时，接收器接收到的频率

$$f = \frac{f_0(u + v_1 \cos\alpha_1)}{u - v_2 \cos\alpha_2} \tag{4-11-1}$$

式中：f_0 为声源发射频率；u 为声速；v_1 为接收器对介质的运动速度；α_1 为声源-接收器连线与接收器运动方向之间的夹角；v_2 为声源对介质的运动速度；α_2 为声源-接收器连线与声源运动方向之间的夹角。

若声源相对于介质保持不动，运动物体上的接收器沿声源-接收器连线方向以相对于介质速度 v 运动，则从式（4-11-1）可得接收器接收到的频率为

$$f = f_0\left(1 + \frac{v}{u}\right) \tag{4-11-2}$$

当接收器向着声源运动时，v 取正；反之取负。

注意：机械波的多普勒效应不但与相对运动有关，还与声源和接收器到底谁在相对于介质运动有关。两种情况的原理和定量结果略有不同。对于声源运动，接收器静止的情况可参考大学物理教材相关章节描述。

实验 1　多普勒效应验证及声速测量

1. 实验原理

若 f_0 保持不变，让小车以不同速度通过光电门，仪器自动记录小车通过光电门时的平均速率以及与之对应的平均接收频率，通过观察 f-v 关系图是否为线性关系可直观验证多普勒效应。将实验数据用计算机进行线性拟合，其斜率为 $k = \dfrac{f_0}{u}$，由此可计算出声速 u。

2. 仪器安装

仪器安装如图 4-11-2 所示。先将所有需固定的附件均安装在导轨上，并在两侧的安装槽上固定。然后调节水平超声传感发生器的高度，使其与超声接收器（已固定在小车上）在同一个平面上。再调整红外接收传感器的高度和方向，使其与红外发生器（已固定在小车上）在同一轴线上。最后将组件电缆接入实验仪的对应接口上。安装完毕后，让电磁铁吸住小车，给小车上的传感器充电，第一次充电时间约为 6～8 s，充满后（仪器面板充电灯变绿色）可以持续使用 4～5 min。在充电时要注意，必须让小车上的充电板与电磁铁上的充电针接触良好。

在安装仪器时应注意以下问题。

（1）安装时要尽量保证红外接收器、小车上的红外发射器和超声接收器、超声发射器三者在同一轴线上，以保证信号传输良好，如图 4-11-3 所示。调节光电门高度，让小车能很顺利地从光电门之中穿过。

（2）安装时不可挤压连接线缆，以免导线折断。

（3）小车不使用时应立放，以避免小车滚轮沾上污物，影响实验进行。

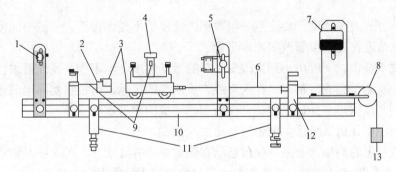

图 4-11-2 多普勒效应验证实验及测量小车水平运动安装示意图

1. 红外接收支架组件；2. 电磁阀支架组件；3. 充电部分；4. 小车及传感器接收组件；5. 光电门支架组件；6. 绳；
7. 水平传感器发生器组件；8. 水平滑轮；9. 充电孔；10. 导轨；11. 导轨下支架组件；12. 挡块支架组件；13. 砝码组件

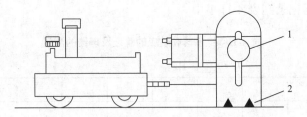

图 4-11-3 光电门的安装及高度调节示意图

1. 光电门高度调节旋钮；2. 两个定位铆钉均卡在导轨表面

3. 测量准备

（1）实验仪开机后，首先要求输入室温。因为计算物体运动速度时要求代入声速，而声速是温度的函数。利用"◄"和"►"键将室温 T 值调到实际值，按"确认"键，将出现第二个界面。

（2）第二个界面要求对超声发生器的驱动频率进行调谐。在超声应用中，需要将发生器与接收器的频率匹配，并将驱动频率调到谐振频率 f_0，这样接收器获得的信号幅度最强，才能有效地发射与接收超声波。一般 f_0 在 40 kHz 左右。调谐好后，面板上的锁定灯将熄灭。按"确认"键。

在实验仪开机并做实验准备时应注意：①调谐及进行实验时，须保证超声发射器与接收器之间无任何阻挡物；②为保证使用安全，三芯电源线须可靠接地。

4. 测量步骤

（1）在液晶显示屏上，选中"多普勒效应验证实验"，并按"确认"键。

（2）利用"►"键修改测试总次数（选择范围 5～10 次，一般选不少于 6 次），按下"▼"键，选中"开始测试"键。

（3）准备好后，按"确认"键，电磁铁释放，测试开始进行，仪器自动记录小车通过光电门时的平均速率以及与之对应的平均接收频率，并显示在屏幕上，将数据记录到表 4-11-1中。在测量过程中应注意小车速度不可太快，以防小车脱轨跌落损坏。

（4）改变小车的运动速度，有以下两种方式：①砝码牵引，利用砝码的不同组合实现。若使用砝码牵引改变速度，注意每次挂的砝码的总质量应不一样。②用手推动，沿水平方向对小车施以变力，使其通过光电门。若使用手推动改变速度，仪器安装过程中可不使用砝码。

使用任何一种方式改变速度都要注意各组数据的速度值不要太接近，若测得速度与已测完的某一组数据太接近，建议重新改变速度测量。

（5）为便于操作，一般由小到大改变小车的运动速度，但不作为硬性要求。

（6）每一次测试完成，都有"存入"或"重测"的提示，可根据实际情况选择，按"确认"键后回到测试状态，并显示测试总次数和已完成的测试次数。

（7）退回小车让磁铁吸住，准备进行第二次测试。

（8）完成设定的测量次数后，仪器自动存储数据，并显示 f-v 关系图及测量数据。注意仪器上的 f-v 关系图仅供参考，最终数据计算与分析以实际数据记录为准。

5. 数据处理

（1）将实验数据记录到表 4-11-1 中。

表 4-11-1　多普勒效应的验证及声速的测量

$f_0 = $ _____ Hz　　　　$t = $ _____ ℃									
次数 i									
v_i/(m/s)									
f_i/Hz									

（2）使用 Excel 或 Origin 等软件对数据进行线性拟合，f 为纵轴，v 为横轴。给出拟合结果（拟合图、斜率和截距）：

$$f = kv + b$$

$$k = \underline{\hspace{3cm}} \text{m}^{-1} \qquad b = \underline{\hspace{3cm}} \text{Hz}$$

（3）由 k 计算声速，并与声速的理论值比较。

声速理论值：$u_0 = 330\sqrt{1 + \dfrac{t}{273}} = \underline{\hspace{3cm}}$ m/s

声速测量值：$u = \dfrac{f_0}{k} = \underline{\hspace{3cm}}$ m/s

测量值与理论值的相对偏离：$(u - u_0) \times 100\% = \underline{\hspace{3cm}}$ %

实验 2　水平简谐振动的测量

1. 实验原理

当质量为 m 的物体受到大小与位移成正比，而方向指向平衡位置的力的作用时，若以物体的运动方向为 x 轴，其运动方程为

$$m\frac{\mathrm{d}^2 x}{\mathrm{d}t^2} = -kx \tag{4-11-3}$$

其通解为

$$x = A\cos(\omega t + \phi) \tag{4-11-4}$$

式中：A 为振幅；ϕ 为初相，A 和 ϕ 决定于初始条件；ω 为固有角频率，它决定于系统本身，与初始条件和振幅都无关，它与周期 T 的关系为 $\omega = \dfrac{2\pi}{T}$。

将式（4-11-4）对时间求导，可得速度方程：

$$v = -\omega A \sin(\omega t + \phi) \qquad (4\text{-}11\text{-}5)$$

由式（4-11-5）可见物体作简谐振动时，位移和速度都随时间以相同周期变化。因此，可以通过测量小车速度随时间变化的规律，获取速度变化的周期，即可得到简谐振动的周期。

假设测得数据点如图 4-11-4 所示，第 1 次速度到达极大的数据点与第 5 次速度到达极大的数据点之间的时间间隔是 4 个周期。而这个时间间隔应等于相邻点之间的时间间隔（采样步距）与两点之间总点数（或总间隔数）的乘积。由此即可计算出单个周期。

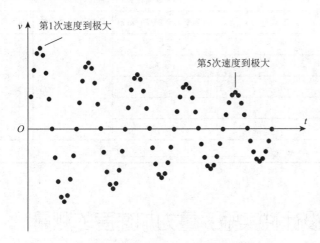

图 4-11-4　仪器自动记录数据示意图

2. 仪器安装

多普勒效应实物
安装图

在图 4-11-2 的基础上，去掉绳子和砝码。用两根弹簧拉着的小车（小车和支架上留有弹簧挂钩孔），让其可以水平振动。

3. 测量准备

同实验 1。

4. 测量步骤

（1）在液晶显示屏上，选中"变速运动的测量"，并按"确认"键。

（2）测量点总数修改为 150，采样步距修改为 80 ms，将光标移到开始测试。

（3）将小车从平衡位置拉足够长（注意不要太长），松手让小车（接收器）左右振荡，放手后迅速按下"确认"键，让实验仪按设置的参数自动采样，采样结束后屏幕会显示速度随时间的变化关系曲线。屏幕上图像仅供参考，以仪器记录实际数据为准。

（4）查阅数据。通过按键左右移动光标，使屏幕显示全部数据。屏幕上三列数据从左到右依次为采样次数（编号）、探测器接收到超声波的频率、小车速度。按上下键可翻页。

（5）记录第 1 次速度达到极大值时的采样次数 N_{1max} 和第 5 次速度达到极大值时的采样次数 N_{5max}。

（6）重复以上步骤 5 次。每次可以在不同位置放手，建议左边、右边放手各包含若干次。

5．数据处理

将实验数据记录到表 4-11-2 中。计算相应的周期、角频率，并正确表述最终结果。

表 4-11-2 水平简谐振动的测量

测量数据			数据计算			
测量次数	N_{1max}	N_{5max}	周期 $T = 0.02(N_{5max}-N_{1max})$ s	角频率 $\omega = 2\pi/T$/(rad/s)	角频率的平均值	角频率的标准偏差
1						
2						
3						
4						
5						
测量结果：$\omega = ($ _____ $\pm$ _____ $)$ rad/s						

实验 3　设计性实验：重力加速度的测量

1．实验原理

空气质量为 m 的物体自由下落，若不考虑空气阻力，其运动速度 v 与重力加速度 g 的关系为

$$v = v_0 + gt \tag{4-11-6}$$

式中：v_0 为物体初速度。

2．实验内容

设计一个实验测量重力加速度。要求：

（1）只允许使用多普勒效应综合实验仪及其配件实现。

（2）数据记录表格自行设计。

（3）有完善的误差处理与分析。

（4）测量结果误差较小。

（5）录制不超过 10 min 的小视频，讲解自己的设计（包括创新点、原理、设计、结论等）。

【思考题】

1．实验 1 中，仪器上不显示速度的正负，只显示速度的大小。假设某位同学实验中设置

$f_0 = 40\ 000$ Hz，测量的数据中有一次频率为 39 890 Hz，速度大小为 0.87 m/s，则该次速度的符号应该是正还是负？为什么？

2. 实验 1 中，仪器上不显示速度的正负，只显示速度的大小。假设某位同学实验中设置 $f_0 = 40\ 000$ Hz，测量的数据中有一次频率为 40 050 Hz，速度大小为 0.68 m/s，则该次速度的符号应该是正还是负？为什么？

3. 实验 2 中，每次将小车拉到不同位置放手对实验最终结果有无明显影响？为什么？

4. 实验 3 中，若不使用任何其他装置如何避免空气阻力的影响？您还能使用多普勒效应实验仪设计其他物理实验吗？简单描述您的一个设计方案。

实验十二　基于冷却法的金属比热容测量

单位质量的物质，其温度升高 1 K（1 ℃）所需的热量称为该物质的比热容，其值随温度而变化。根据牛顿冷却定律，用冷却法测定金属的比热容是量热学中常用方法之一。若已知标准样品在不同温度的比热容，通过作冷却曲线可测量各种金属在不同温度时的比热容。

【实验目的】

（1）学用 PT100 铂电阻测量物体的温度。
（2）在强制对流冷却的环境下测量铁、铝样品在 100 ℃时的比热容。
（3）在自然冷却的环境下测量铁、铝样品在 100 ℃时的比热容。

【注意事项】

（1）实验前建议先开启加热器预热 20 min 左右。
（2）加热器工作时请保持其周围散热孔的畅通，不要用任何物体遮挡散热孔。
（3）更换样品前请开启风扇对当前样品进行降温，务必等到温度降低至 50 ℃以下再动手更换，以免烫伤。
（4）开启风扇制造强制对流冷却的实验环境时，请不要使任何热源靠近进风口，并保持进、出风口的畅通。

实验仪器实物图

【实验仪器】

FD-JSBR-B 型冷却法金属比热容测量实验仪主要由实验主机、加热器、样品室、风扇、PT100 铂电阻等组成，如图 4-12-1 所示。

【实验原理】

1. PT100 铂电阻

导体的电阻值随温度变化而变化，通过测量其电阻值可推算出被测物体的温度。PT100 铂就是利用铂电阻的阻值随温度变化而变化这一特性来进行测温的。在 0 ℃时，PT100 铂的阻值为 100 Ω，它的阻值会随着温度上升而成近似匀速的增长，但它们之间的关系并不是简单的线性关系，而更趋近于一条抛物线，通常可通过查表的方式来得到较为准确的温度值。

2. 冷却法金属比热容测量原理

本实验以铜为标准样品，测定铁、铝样品在 100 ℃的比热容。通过实

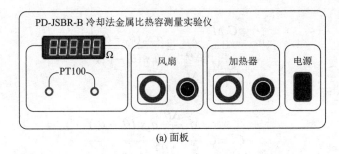

(a) 面板

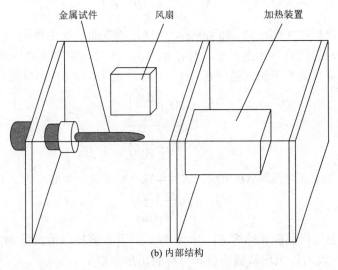

(b) 内部结构

图 4-12-1　冷却法金属比热容测量实验装置

验了解金属的冷却速率同它与环境之间温差的关系以及进行测量的实验条件。将质量为 M_1 的金属样品加热后，放到较低温度的介质（如室温的空气）中，样品将会逐渐冷却。其单位时间的热量损失 $\dfrac{\Delta Q}{\Delta t}$ 与温度下降的速率成正比，于是得到

$$\frac{\Delta Q}{\Delta t} = C_1 M_1 \frac{\Delta \theta_1}{\Delta t} \tag{4-12-1}$$

式中：C_1 为该金属样品在温度 θ_1 时的比热容；$\dfrac{\Delta \theta_1}{\Delta t}$ 为金属样品在温度 θ_1 时的温度下降速率。根据冷却定律有

$$\frac{\Delta Q}{\Delta t} = a_1 s_1 (\theta_1 - \theta_0)^m \tag{4-12-2}$$

式中：a_1 为热交换系数；s_1 为该样品外表面的面积；m 为常数；θ_1 为金属样品的温度；θ_0 为周围介质的温度。由式（4-12-1）和式（4-12-2）可得

$$C_1 M_1 \frac{\Delta \theta_1}{\Delta t} = a_1 s_1 (\theta_1 - \theta_0)^m \tag{4-12-3}$$

同理，对质量为 M_2，比热容为 C_2 的另一种金属样品，可有同样的表达式

$$C_2 M_2 \frac{\Delta \theta_2}{\Delta t} = a_2 s_2 (\theta_2 - \theta_0)^m \tag{4-12-4}$$

由式（4-12-3）和式（4-12-4）可得

$$\frac{C_2 M_2 \dfrac{\Delta \theta_2}{\Delta t}}{C_1 M_1 \dfrac{\Delta \theta_1}{\Delta t}} = \frac{a_2 s_2 (\theta_2 - \theta_0)^m}{a_1 s_1 (\theta_1 - \theta_0)^m} \tag{4-12-5}$$

所以

$$C_2 = C_1 \frac{M_1 \dfrac{\Delta \theta_1}{\Delta t} a_2 s_2 (\theta_2 - \theta_0)^m}{M_2 \dfrac{\Delta \theta_2}{\Delta t} a_1 s_1 (\theta_1 - \theta_0)^m} \tag{4-12-6}$$

若两样品的形状和尺寸都相同，即 $s_1 = s_2$，两样品的表面状况也相同（如涂层、色泽等），而周围介质（空气）的性质当然也不变，则有 $a_1 = a_2$。于是，当周围介质温度不变（即样品室内温度恒定）而样品又处于相同温度 $\theta_1 = \theta_2 = \theta$ 时，式（4-12-6）可以简化为

$$C_2 = C_1 \frac{M_1 \left(\dfrac{\Delta \theta}{\Delta t}\right)_1}{M_2 \left(\dfrac{\Delta \theta}{\Delta t}\right)_2} \tag{4-12-7}$$

若使两样品的温度下降范围 $\Delta \theta$ 相同，式（4-12-7）可进一步简化为

$$C_2 = C_1 \frac{M_1 (\Delta t)_2}{M_2 (\Delta t)_1} \tag{4-12-8}$$

如果已知标准金属样品的比热容 C_1、质量 M_1，以及待测样品的质量 M_2 与两样品在温度 θ 时冷却速率之比，就可以求出待测的金属材料的比热容 C_2。

几种常见金属材料的比热容公认值为

$$\begin{cases} \text{铜：} C_{Cu} = 0.39 \text{ J}/(g \cdot ℃) \\ \text{铁：} C_{Fe} = 0.46 \text{ J}/(g \cdot ℃) \\ \text{铝：} C_{Al} = 0.88 \text{ J}/(g \cdot ℃) \end{cases} \tag{4-12-9}$$

【实验内容】

（1）将实验装置上的加热器与风扇通过电缆线分别连接至实验主机面板上的相应位置，位于滑杆末端的两根引线为 PT100 铂电阻的两端，通过手枪插与实验主机面板上的欧姆表相连。

（2）开启实验主机，将滑杆拉到底，而后开启加热器电源，预热 20 min 左右。

（3）用物理天平或电子天平分别称量铜、铁、铝三个金属样品的质量，并记录下来（可根据相同体积下 $M_{Cu} > M_{Fe} > M_{Al}$ 这一特点来区分这三种样品）。

（4）在强制对流冷却的环境下测量铁、铝样品在 100 ℃时的比热容。

① 开启风扇电源，打开样品室上盖，将铜样品套在封装有 PT100 铂电阻的不锈钢圆柱上，并手动旋上样品底部的螺纹（注意不必旋得很紧），盖回样品室上盖。

② 将滑杆推到底使样品进入加热器，注意观察 PT100 铂电阻的阻值。当 PT100 铂电阻温度超过某一定值（如 120 ℃即 146.07 Ω）时，立即拉出滑杆，此时风扇刚好正对样品进行强制对流冷却。由于热传导产生的延后性，PT100 铂电阻所测得的温度会上升一段时间后才开始下降。当温度降低到 105 ℃（即 140.40 Ω）时按下秒表开始计时（由于欧姆表示值并不连续，当其示值一降到小于等于 140.40 Ω 时就可立即按下秒表），降低到 95 ℃（即 136.61 Ω）时，再次按下秒表停止计时，记录所需时间 Δt，并重复测量 5 次。

③待样品温度降至 50 ℃（即 119.40 Ω）以下，更换样品，测量铁、铝样品的 Δt，并利用式（4-12-8）计算铁、铝样品的比热容。

（5）在自然冷却的环境下测量铁、铝样品在 100 ℃时的比热容。关闭风扇电源，用步骤（4）中所述同样的方法测量并计算铜、铁、铝三个样品的比热容，并与步骤（4）所测得的结果进行比较（更换样品时可用风扇冷却）。

（6）实验完成后关闭加热器，可利用风扇为样品降温，而后取下样品，关闭风扇和实验主机电源。

【数据处理】

注意：以下数据仅供实验时参考。

样品质量：$M_{Cu} = 18.34$ g，$M_{Fe} = 18.07$ g，$M_{Al} = 6.50$ g。

1. 在强制对流冷却的环境下测量铁、铝样品在 100 ℃时的比热容

表 4-12-1　三种样品在强制对流冷却的环境下由 105 ℃降至 95 ℃所需时间表

样品	$\Delta t / s$					平均值 $\overline{\Delta t} / s$
	1	2	3	4	5	
铜						
铁						
铝						

以铜样品为标准：$C_1 = C_{Cu} = 0.39$ J / (g·℃)；

计算得铁样品的比热容：$C_{Fe} = C_1 \dfrac{M_1(\Delta t)_2}{M_2(\Delta t)_1} = $ ＿＿＿＿＿＿＿＿；

计算得铝样品的比热容：$C_{Al} = C_1 \dfrac{M_1(\Delta t)_3}{M_3(\Delta t)_1} = $ ＿＿＿＿＿＿＿＿。

2. 在自然冷却的环境下测量铁、铝样品在 100 ℃时的比热容

表 4-12-2　三种样品在自然冷却的环境下由 105 ℃降至 95 ℃所需时间表

样品	$\Delta t / s$					平均值 $\overline{\Delta t} / s$
	1	2	3	4	5	
铜						
铁						
铝						

以铜样品为标准：$C_1 = C_{Cu} = 0.39$ J / (g·℃)；

计算得铁样品的比热容：$C_{Fe} = C_1 \dfrac{M_1(\Delta t)_2}{M_2(\Delta t)_1} = $ ＿＿＿＿＿＿＿＿；

计算得铝样品的比热容：$C_{Al} = C_1 \dfrac{M_1(\Delta t)_3}{M_3(\Delta t)_1} = $ ＿＿＿＿＿＿＿＿。

可见，相比较而言，在强制对流冷却的环境下测量得到的铁、铝样品的比热容更接近于公认值。

Pt100 铂电阻分度表如表 4-12-3 所示。

表 4-12-3　Pt100 铂电阻分度表（–40～299 ℃）

温度/℃	0	1	2	3	4	5	6	7	8	9
	电阻值/Ω									
−40	84.27	83.87	83.48	83.08	82.69	82.29	81.89	81.50	81.10	80.70
−30	88.22	87.83	87.43	87.04	86.64	86.25	85.85	85.46	85.06	84.67
−20	92.16	91.77	91.37	90.98	90.59	90.19	89.80	89.40	89.01	88.62
−10	96.09	95.69	95.30	94.91	94.52	94.12	93.73	93.34	92.95	92.55
0	100.00	99.61	99.22	98.83	98.44	98.04	97.65	97.26	96.87	96.48
0	100.00	100.39	100.78	101.17	101.56	101.95	102.34	102.73	103.12	103.51
10	103.90	104.29	104.68	105.07	105.46	105.85	106.24	106.63	107.02	107.40
20	107.79	108.18	108.57	108.96	109.35	109.73	110.12	110.51	110.90	111.29
30	111.67	112.06	112.45	112.83	113.22	113.61	114.00	114.38	114.77	115.15
40	115.54	115.93	116.31	116.70	117.08	117.47	117.86	118.24	118.63	119.01
50	119.40	119.78	120.17	120.55	120.94	121.32	121.71	122.09	122.47	122.86
60	123.24	123.63	124.01	124.39	124.78	125.16	125.54	125.93	126.31	126.69
70	127.08	127.46	127.84	128.22	128.61	128.99	129.37	129.75	130.13	130.52
80	130.90	131.28	131.66	132.04	132.42	132.80	133.18	133.57	133.95	134.33
90	134.71	135.09	135.47	135.85	136.23	136.61	136.99	137.37	137.75	138.13
100	138.51	138.88	139.26	139.64	140.02	140.40	140.78	141.16	141.54	141.91
110	142.29	142.67	143.05	143.43	143.80	144.18	144.56	144.94	145.31	145.69
120	146.07	146.44	146.82	147.20	147.57	147.95	148.33	148.70	149.08	149.46
130	149.83	150.21	150.58	150.96	151.33	151.71	152.08	152.46	152.83	153.21
140	153.58	153.96	154.33	154.71	155.08	155.46	155.83	156.20	156.58	156.95
150	157.33	157.70	158.07	158.45	158.82	159.19	159.56	159.94	160.31	160.68
160	161.05	161.43	161.80	162.17	162.54	162.91	163.29	163.66	164.03	164.40
170	164.77	165.14	165.51	165.89	166.26	166.63	167.00	167.37	167.74	168.11
180	168.48	168.85	169.22	169.59	169.96	170.33	170.70	171.07	171.43	171.80
190	172.17	172.54	172.91	173.28	173.65	174.02	174.38	174.75	175.12	175.49
200	175.86	176.22	176.59	176.96	177.33	177.69	178.06	178.43	178.79	179.16
210	179.53	179.89	180.26	180.63	180.99	181.36	181.72	182.09	182.46	182.82
220	183.19	183.55	183.92	184.28	184.65	185.01	185.38	185.74	186.11	186.47
230	186.84	187.20	187.56	187.93	188.29	188.66	189.02	189.38	189.75	190.11
240	190.47	190.84	191.20	191.56	191.92	192.29	192.65	193.01	193.37	193.74
250	194.10	194.46	194.82	195.18	195.55	195.91	196.27	196.63	196.99	197.35
260	197.71	198.07	198.43	198.79	199.15	199.51	199.87	200.23	200.59	200.95
270	201.31	201.67	202.03	202.39	202.75	203.11	203.47	203.83	204.19	204.55
280	204.90	205.26	205.62	205.98	206.34	206.70	207.05	207.41	207.77	208.13
290	208.48	208.84	209.20	209.56	209.91	210.27	210.63	210.98	211.34	211.70

【思考题】

实验中为什么采用强制对流冷却？

实验十三　金属热膨胀系数的测量

物体因温度改变而发生的膨胀现象称为热膨胀。在外部压强不变的情况下，大多数物质温度升高时体积扩大，温度降低时体积缩小。这是因为，当物体温度升高时，分子运动的平均动能增大，分子间的距离也增大，物体的体积随之扩大；当物体温度降低时，分子的平均动能减小，分子间距离缩短，物体的体积也就随之缩小。在相同条件下，气体膨胀最大，液体膨胀次之，固体膨胀最小。也有少数物质在一定的温度范围内，温度升高，其体积反而减小。

热膨胀在日常生活和生产中都有广泛的应用。例如：人们利用气体热膨胀后密度比常温下小这一特点制作热气球；踩扁的乒乓球用热水烫一下就鼓起来了；把煮熟的鸡蛋放在冷水中浸一浸，蛋就很容易剥开；水银温度计、酒精温度计利用了热胀冷缩特性；铁轨、桥梁在对接处要留有伸缩缝等。

为表征物体受热时其长度、面积、体积变化的程度，引入物理量——热膨胀系数。热膨胀系数包括线膨胀系数、面膨胀系数和体膨胀系数。

【实验目的】

学生完成本实验后应具备以下能力：

（1）描述迈克耳孙（Michelson）干涉仪工作原理及结构特点。

（2）独立调节迈克耳孙干涉光路。

（3）运用干涉法测量微小长度。

【注意事项】

（1）实验前不要按"加热"开关，以免为恢复加热前温度而延误实验时间，或者因短时间内温度忽升忽降而影响实验测量的准确度。

（2）实验中，每次加热前都需要静置一段时间观察温度显示，耐心等待试件入炉后的热平衡状态。

（3）为了避免体温传热对炉内外热平衡扰动的影响，不要用手抓握待测试件。

【实验仪器】

SGR-1 热膨胀实验装置外形如图 4-13-1 所示。它主要由干涉系统、加热系统、温度测控系统组成。

1. 温度测控系统

温度测控系统不仅能显示试件的温度，而且能控制试件的升温。温度测控系统的控制面板如图 4-13-2 所示，在测量状态下，温度测控系统显示探测到的温度；在温度设定状态下，调节"设定旋钮"，在数码管上显示设定温度。当试件被加热到接近设定温度时（红灯亮，绿灯闪烁），加热电路自动断开。

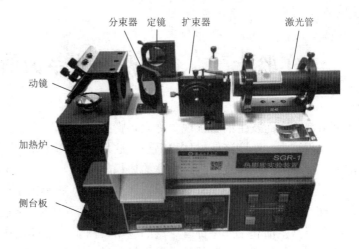

图 4-13-1　SGR-1 热膨胀实验装置外形图

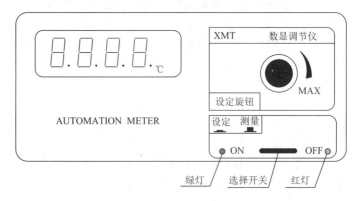

图 4-13-2　温度测控系统的控制面板示意图

2. 试件的安放

先用 M_4 长螺钉旋入试件一端的螺纹孔内，从试件架上提拉出来，横放在实验台上。然后用游标卡尺测量并记录试件长度 l_0，将电热炉从仪器侧面的台板上平移取下，手提 M_4 螺钉把试件送进电热炉（注意：试件的测温孔与炉侧面的圆孔一定要对准）。再卸下 M_4 螺钉，用平面镜背面石英管一端的螺纹件将平面镜与试件连接起来。在炉体复位（从台板开口向里推到头）后，将测温探头穿过炉壁插入试件的测温孔内（测温器手柄应紧靠电热炉的外壳）。最后从炉内电阻丝引出的电缆插头应插入炉旁的插座上，炉体下部与侧台板之间用两个手钮锁紧。

3. 迈克耳孙干涉光路的调节

先接好激光器的线路（正负不可颠倒），接通仪器的总电源，按"激光"开关。拨开扩束器之后，调节 M_1 和 M_2 两个平面镜背后的螺丝，使观察屏上两组光点中光强最强两个光点重合。再把扩束器转到光路中，屏上即出现干涉条纹。微调平面镜的方位，将干涉环的环心调到视场的适中位置。最后调节扩束器，使观察屏上光照均匀。

迈克耳孙干涉光路

4. 测量方法

方法一　将温控仪选择开关置于"设定",转动设定旋钮,直到显示出设定温度值。由于温控仪在比设定温度低 2.8 ℃时,加热电路自动切断,所以设定温度应为

$$设定温度 = 基础温度 + 温升 + 2.8 \ ℃ \tag{4-13-1}$$

设定温度后,将选择开关置于"测量",记录试件初始温度 t_0,认准干涉图样中心的形态,按"加热"键,同时仔细默数环的变化量,直到达到设定温度(红灯亮,绿灯闪灭)。

方法二　记录试件初始温度 t_0,认准干涉图样中心的形态,按"加热"键,同时仔细默数环的变化量,待达到预定数 N(如 100 或 50)时,记录温度显示值 t。

用方法二时,应将设定温度设定在 60 ℃以上,以免加热炉对试件加热中途终止。

5. 更换试件

松开加热炉下部的手钮,使炉体平移离开侧台板。取出测温探头,用 M_4 长螺钉换下动镜,手提 M_4 长螺钉从炉内取出试件。用风冷法或其他方法,使炉内温度降到最接近室温的稳定值,确认炉内温度降到最接近室温的稳定值后,再按试件安放要求安放另一待测试件。

【实验原理】

固体物质的温度每升高 1 ℃时,其单位长度的伸长量,称为线膨胀系数。长度为 l_0 的待测固体试件被加热,当温度从 t_0 上升至 t 时,试件因线膨胀伸长到 l,则其线膨胀系数

$$\alpha = \frac{l - l_0}{l_0(t - t_0)} \tag{4-13-2}$$

由于试件长度随温度变化非常微小,很难用普通测量长度的方法测量出来。利用迈克耳孙干涉仪可测量出试件长度的微小变化。实验装置如图 4-13-3 所示,待测固体试件的一端与迈克耳孙干涉仪的动镜连接,当待测固体试件受热膨胀时,推动迈克耳孙干涉仪的动镜移动,若此过程中干涉条纹发生 N 个环的变化,则

$$l - l_0 = N\frac{\lambda}{2} \tag{4-13-3}$$

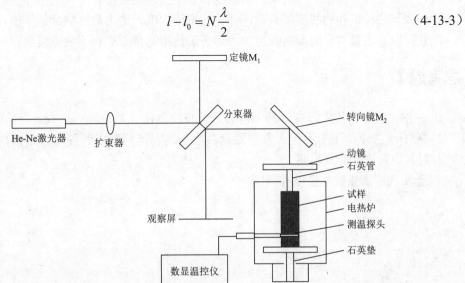

图 4-13-3　实验装置示意图

将式（4-13-3）代入式（4-13-2）可得试件的线膨胀系数

$$\alpha = \frac{N(l-l_0)\lambda}{l_0(t-t_0)}$$

（4-13-4）

式中：λ 为 He-Ne 激光器发出激光的波长，$\lambda = 632.8$ nm。

【实验内容】

1. 安放试件

选择一种试件，先用 M_4 长螺钉旋入试件一端的螺纹孔内，从试件架上提拉出来，横放在实验台上。然后用卡尺测量并记录试件长度 l_0，将数据记录到自行设计的记录表中，再按试件安放的方法将试件安放好。

2. 调节迈克耳孙干涉光路

调节迈克耳孙干涉光路，确保干涉环的环心在适中的位置并且观察屏上光照均匀。

3. 测量

用测量方法一（或方法二）测出试件的温度和长度变化量，将数据记录到自行设计的记录表中。

4. 重复测量

更换另外两种试件品种，重复以上步骤，测出另外两种试件的温度和长度变化量，将数据记录到自行设计的记录表中。

【数据处理】

（1）自行设计表格记录三种试件的温度和长度变化量数据。

（2）计算三种试件的线膨胀系数，计算其不确定度，给出最终测量结果的正确表述。

注意：以上测量结果的最终表述中，请正确使用测量结果和不确定度的有效数字位数。

【思考题】

1. 在本实验中，引入迈克耳孙干涉装置的目的是什么？

2. 除干涉法外，还能用什么方法测量微小长度？请列举出两种以上测量微小长度的方法，并对其原理进行简要说明。

3. 金属线膨胀系数与温度有关吗？

实验十四 热机效率综合实验

热机效率综合实验仪可以作为热机或热泵使用，当它作为一个热机使用时，从高温热源发出来的热量通过电流流过一个负载电阻来做功，可以测出热机的实际效率，而且可以与理论最大效率相比。当它作为一个热泵时，将热量从低温热源传递到高温热源时，可以测出热泵的实际制冷系数并与理论上的制冷系数比较。

1821 年，德国物理学家泽贝克（Seebeck）发现，当给连接在一起的不同金属加热时，就会产生电流，这一现象称为泽贝克效应，这也是热电偶的基本原理。之后，在 1834 年，法国物理学家佩尔捷（Peltier）发现泽贝克效应的逆效应，根据电流的流向，连接在一起的金属会引起吸热或放热。这种热电转换器称为佩尔捷片。本热效率实验仪是以佩尔捷片为核心构建的。

佩尔捷片由 P 型和 N 型半导体构成。当 P-N 对的两端存在温差时，N 型半导体中的电子由热端向冷端扩散，使 N 型半导体的冷端带负电而热端带正电；同时 P 型半导体中的空穴也由热端向冷端扩散，使 P 型半导体的冷端带正电而热端带负电。通过金属片将 P 型半导体与 N 型半导体的热端连接起来形成 P-N 对，则在 P 型半导体的冷端和 N 型半导体的冷端输出直流电压，将多个 P-N 对串联起来就可以得到较大的输出电压，从而实现"温差发电"。当给佩尔捷片通直流电流时，根据电流方向的不同，将在一端吸热，在另一端放热，从而实现"制冷"。

佩尔捷片虽然效率低，但可靠性高，不需要循环流体或移动部件。典型的应用如卫星电源、远程无人气象站等。

【实验目的】

学生完成本实验后将具备以下能力：

（1）阐述并测量热机效率和卡诺（Carnot）效率。

（2）阐述并测量热泵制冷系数的概念。

（3）用科学的方法分析处理实验数据。

情感目标：培养仔细认真的学习态度，物理理论与实践结合的能力获得提升。

【实验仪器】

（1）GCAHEM 空气热机模型 1 台；

（2）X-LAB 温控仪 1 台；

（3）X-LAB 数控直流稳压电源 1 台；

（4）4 号选插头对（红色）3 根；

（5）4 号选插头对（黑色）3 根；

（6）电源线 2 根；

（7）PS2 连接线（6 芯）1 根。

【注意事项】

（1）不应在超过 75 ℃时连续运行 5 min 以上。

（2）电源的正负极性请勿接反。

（3）接线检查无误后再通电。

（4）实验结束前先关闭直流稳压电源，再关闭主机电源。

【实验原理】

1. 热机

热机利用一个高温热源和一个低温热源的温差来做功。对于热效率实验仪，热机利用电流通过一个负载电阻来做功，做功最终产生的热量，被负载电阻所消耗（焦耳热）。

热机原理如图 4-14-1 所示，根据能量守恒定律（热力学第一定律）得出

$$Q_H = W + Q_C \tag{4-14-1}$$

即热机的热输入等于热机所做的功加上向低温热源的排热量。

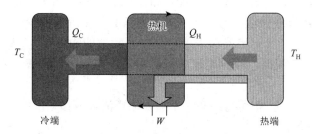

图 4-14-1 热机原理图

2. 实际效率

热机的效率定义为

$$\ell = \frac{W}{Q_H} \tag{4-14-2}$$

如果把所有的热输入转换成有用功，热机的效率就会为 1，因此它的效率总是小于 1 的。注意：用热机效率仪测量热量转化率，测量的是功率而不是能量。

由 $P_H = \dfrac{dQ_H}{dt}$，方程 $Q_H = W + Q_C$ 变成 $P_H = P_W + P_C$，效率为 $\ell = \dfrac{P_W}{P_H}$。

3. 卡诺效率

卡诺指出，热机的最大效率仅与热源的温差有关，而与热机的型号无关：

$$\ell_{Carnot} = \frac{T_H - T_C}{T_H} \tag{4-14-3}$$

式（4-14-3）中，温度必须为绝对温度，效率能够达到 100% 的只是运作在 T_H 与绝对零度之间的热机。假设没有由于摩擦、热传导、热辐射，以及装置内部电阻的焦耳热而引起的能量损失，卡诺效率是对于给定的两个温度下热机所能达到的最高效率。

4. 调整效率

利用热效率创新实验平台，可以将损失的能量添加回功率 P_W 和 P_H，最终的调整效率接近卡诺效率。

5. 热泵（制冷机）

热泵是热机的逆向运行。作为热泵工作时，是将热量从低温热源抽到高温热源。就像一个冰箱将热量从冷藏室抽到温室，或者像冬天里，将热量从寒冷的户外抽到温暖的室内。

热泵的原理图相比热机箭头是逆向的，能量守恒 $W + Q_C = Q_H$ 或者功率守恒 $P_W + P_C = P_H$。

6. 实际制冷系数

制冷系数是从低温热源抽出的热量与消耗的功率之比：

$$\kappa = \mathrm{COP} = \frac{P_C}{P_W} \tag{4-14-4}$$

这类似于热机效率，但是热机效率总是小于 1，而制冷系数在一般情况下是大于 1 的。

7. 最大制冷系数

热泵的最大制冷系数只取决于温度，即

$$\kappa_{\max} = \frac{T_C}{T_H - T_C} \tag{4-14-5}$$

这里的温度是指绝对温度。

8. 调整制冷系数

如果所有的损失都是摩擦、热传导、热辐射、焦耳热导致的，实际的制冷系数是可以调整的，调整后它接近最大制冷系数。

9. 实验测量

1）直接测量

能够通过热效率实验仪直接测量的值有温度、高温热源的功率、负载电阻所消耗的功率。

（1）温度。冷、热源的温度由 X-LAB 温控仪液晶屏直接显示出来。

（2）高温热源的功率（P_H）。高温热源是利用电流通过电阻使其保持在一个恒定的温度，由于电阻随温度变化，必须测量电流和电压来获得输入功率，$P_H = I_H V_H$。

（3）负载电阻消耗的功率（P_W）。负载电阻消耗的功率通过测量已知负载电阻的电压求得，$P_W = \dfrac{V_W^2}{R}$。负载电阻有一个 1% 的允许误差。

注意：因为电阻随温度的变化不明显，所以可以使用 $P_W = \dfrac{V_W^2}{R}$ 求出负载电阻的功率。

当热效率实验仪作为一个热泵而不是一个热机来操作时，不能使用负载电阻。外加电源可显示电流和电压，输入功率可用公式 $P_W = I_W V_W$ 计算得出。

2）间接测量

间接测量的量有热机的内阻、热传导和热辐射的热量、从低温热源抽走的热量。

（1）热机的内阻。按照图 4-14-2 接线，电源输入端接入直流电源输出端。在有负载电阻的情况下，其等效电路如图 4-14-3 所示。

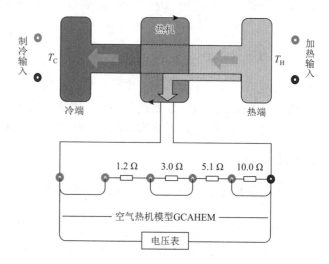

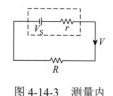

图 4-14-3 测量内阻等效电路图

图 4-14-2 有负载时的热机接线图

由基尔霍夫定律，有 $V_S - I_r - I_R = 0$。

在没有负载的情况下，有

$$V_S - \left(\frac{V_W}{R}\right)r - V_W = 0 \qquad (4\text{-}14\text{-}6)$$

得出内阻

$$r = \left(\frac{V_S - V_W}{V_W}\right)R \qquad (4\text{-}14\text{-}7)$$

（2）热传导和热辐射的热量。高温热源的热量一部分被热机所利用做功，而其他部分从高温热源辐射掉，或者通过热机传到冷端。假设热辐射与热传导在工作与不工作时一样，即没有负载时，高温热源保持在相同温度下，通过加热电阻输入到高温热源的热量等于从高温热源中辐射和传导的能量，即 P_H（开路）。

（3）从低温热源抽走的热量。当热效率实验仪作为一个热泵工作时，从低温热源被抽走的热量 P_C 等于传递到高温热源的热量 P_H 减去做的功 P_W。

注意：当热泵工作时，如果高温热源的温度保持不变，根据能量守恒，传递到高温热源的热量等于热传导和热辐射的热总量。可以通过测量无负载时的热源输入功率求得此温差下的散热，如图 4-14-4 所示。

【实验内容】

1. 热机与温差测量实验

（1）接通 X-LAB 温控仪，如图 4-14-5 所示，并接通 X-LAB 数控直流稳压电源，如图 4-14-6 所示。

热机效率综合实验
操作视频

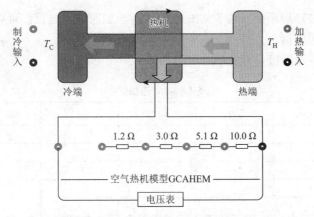

图 4-14-4　无外加负载时的热机接线图

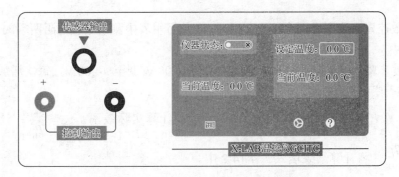

图 4-14-5　X-LAB 温控仪面板示意图

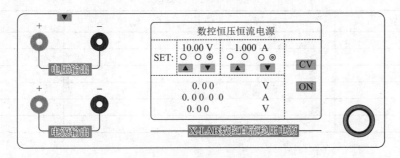

图 4-14-6　X-LAB 数控直流稳压电源面板示意图

（2）X-LAB 温控仪控制输出接口按照对应颜色用导线接到空气热机模型制冷输入端。传感器输入端用 DIN8 连接线连接到空气热机模型右侧 CTRL 接口。显示屏上设定温度为冷端温度控制，实验时设置为 0 ℃（触屏电极设定温度框弹出键盘直接输入温度值后点击"确定"即可），当前温度为当前冷端温度。热端温度为当前热端温度，仪器状态用来控制温控开关。

（3）X-LAB 数控直流稳压电源电源输出接口按照对应颜色用导线接到空气热机模型加热输入接口。SET 窗口用来设置输出电压电流值，通过触摸上下箭头可以实现电压电流调节，白色圆形区域用来设置调节的位数，红色点代表当前调节位数，轻触即可切换调节位数。下面三行显示当前实时输出电压电流和功率。ON/OFF 为输出开关，轻触控制电源输出状态。

（4）调节 X-LAB 数控直流稳压电源输出电压，使热端温度达到实验要求。

注意：不应在超过 75 ℃时连续运行 5 min 以上。

（5）任选下方一个负载电阻（假设为 6.3 Ω），用导线插接。

（6）等待冷端与热端平衡（约 5～10 min）。若想加速这一过程，可以先逐步增大电压，等热端升温后再调回原值。

（7）记录热、冷端温度，填在表 4-14-1 中。

表 4-14-1　热机数据

R/Ω	T_H/K	T_C/K	$\Delta T/\mathrm{K}$	V_H/V	I_H/A	V_W/V

（8）在数控直流稳压电源上读出 V_H 和 I_H，从万用表中测出负载电阻两端的电压 V_W，记入表 4-14-1 中。

（9）重复步骤（4）、（5）、（6），电源电压从 4.00 V 调至 14.00 V，每次增加 2.00 V，在表 4-14-1 中记录下 6 组数据。

（10）计算 P_H 和 P_W；计算温差 $\Delta T = T_\mathrm{H} - T_\mathrm{C}$；计算实际效率 $\ell_\mathrm{actual} = \dfrac{P_W}{P_\mathrm{H}}$；计算卡诺效率 $\ell_\mathrm{Carnot} = \dfrac{T_\mathrm{H} - T_\mathrm{C}}{T_\mathrm{H}}$。将计算结果填入表 4-14-2 中。

表 4-14-2　计算值

P_H/W	P_W/W	ℓ_actual	ℓ_Carnot

（11）分析及问题。

为比较实际效率与卡诺效率，可采用作图法。在同一张图上作出 ℓ_actual-ΔT 图与 ℓ_Carnot-ΔT 图，并作比较。

注意：在此假定 T_C 为定值或近似不变。

卡诺效率是实际热机在给定温差下工作时的最大效率，图上的实际效率是否低于卡诺效率呢？

温差增加时，卡诺效率与实际效率是增加还是减少？

实际效率占理想效率一定比例，所以实际效率综合反映了使用可用能量的本领。你能算出本热机使用可用能量的本领吗？

2. 热机效率研究实验（选做）

两种工作状态：闭路态（热机工作）和开路态（热机不工作）。闭路态为正常工作状态，开路态用来测量热源的热散。

1）闭路态

同前一实验。

2）开路态

（1）断开负载电阻。

（2）降低热源电压，使其在原温度平衡，在表 4-14-3 中记录 T_H 和 T_C。

表 4-14-3　测量数据

R/Ω	T_H / K	T_C / K	$\Delta T / K$	V_H / V	I_H / A	V_W / V	V_S / V

（3）记录 V_H、I_H、V_P（即开路电压 V_S）。

（4）实际效率：$\ell = \dfrac{P_W}{P_H}$，$P_W = \dfrac{V_W^2}{R}$，$P_H = I_H V_H$。

（5）最高效率：$\ell_{Carnot} = \dfrac{T_H - T_C}{T_H}$。

（6）调整效率。

① 实际做功 $P_W^1 = P_W + I_W^2 r = \dfrac{V_W^2}{R} + \left(\dfrac{V_W}{R}\right)^2 r$，而原来 $P_W = \dfrac{V_W^2}{R}$ 只是有用功。

② 实际高温热源提供热量为 $P_H^1 = P_H - P_{H(开路)}$，因为 $P_{H(开路)}$ 为热散失在任何情况下均存在。

③ 调整效率 $\ell_C = \dfrac{P_W^1}{P_H^1} = \dfrac{P_W + I_W^2 R}{P_H - P_{H(开路)}}$，其中 $r = \dfrac{V_S - V_W}{V_W} R$。

④ 调整后百分误差 $D\% = \dfrac{\ell_{max} - \ell_{调整}}{\ell_{max}} \times 100\%$。

将计算结果填入表 4-14-4 中。

表 4-14-4　计算数据及结果

P_H / W	P_W / W	I_W / A	r/Ω	ℓ_{actual}	ℓ_{Carnot}	$\ell_{adjusted}$	$D\%$

3. 热泵制冷效率研究实验（选做）

实验内容参见在线学习小程序。

【思考题】

1. 温差减小，三种效率如何变化？

2. 计算熵变，对每一热源 $\dfrac{\Delta s}{\Delta t} = \dfrac{\Delta Q / \Delta t}{T} = \dfrac{P}{T}$，总熵变时正还是负？为什么？

实验十五　电位差计的校准与使用

补偿法是电磁测量的一种基本方法。电位差计就是利用补偿原理来精确测量电动势或电位差的一种精密仪器，其测量精度可以达到 0.001%。其突出优点是，在测量电学量时，在补偿平衡的情况下，不从被测电路中吸取能量，也不影响被测电路的状态及参数，所以在计量工作和高精度测量中被广泛利用。

补偿式电位差计不但可以用来精确测量电动势、电压，与标准电阻配合还可以精确测量电流、电阻、功率等，还可以用来校准精密电表和直流电桥等直读式仪表，电学计量部门还用它来确定产品的准确度和定标，在非电参量（如温度、压力、位移、速度等）的电测法中也占有极其重要的地位。它不仅被用于直流电路，也用于交流电路。因此，在工业测量自动控制系统的电路中得到普遍的应用。1988 年，我国物理学名词审定委员会把电位差计审定为电势差计（potentiometer），由于我国企业界长期使用电位差计这一名称，本书仍沿用这一名称。

虽然随着科学技术的进步，高内阻、高灵敏度的仪表不断出现，在许多测量场合逐步由新型仪表所取代，但是电位差计这一经典的精密测量仪器，其补偿法测量原理是一种十分经典的测量手段和实验方法，其测量原理有着十分重要的意义，至今仍然值得学习借鉴。

【实验目的】

学生完成本实验后将具有以下能力：

（1）阐述电位差计补偿式工作原理及结构特点。

（2）使用电位差计测量电源的电动势和内阻。

（3）阐述应用电位差计测量电阻、电流、电压的原理。

（4）运用电位差计校准与改装电流表和电压表。

（5）正确连接电学实验线路，分析线路，排除实验过程中故障。

情感目标：

（1）形成积极向上、团结协作的学习氛围，学会与同伴合作交流。

（2）具备科学的方法分析、处理实验数据的能力。

【实验仪器】

DH6502 电位差计设计与应用综合实验仪实验配套仪器：

（1）DH325 新型十一线电位差计 1 台；

（2）DHBC-5 标准电势与待测电势 1 台；

（3）AZ19 型直流检流计 1 台；

（4）DH6502 直流恒压源 1 台；

（5）ZX21 系列电阻箱 1 台；

（6）干电池 1 节。

DH6502 电位差计设计与应用综合实验仪主要由 DH325 新型十一线电位差计、DHBC-5 标准电势与待测电势、AZ19 型直流检流计三部分组成，如图 4-15-1～图 4-15-3 所示。

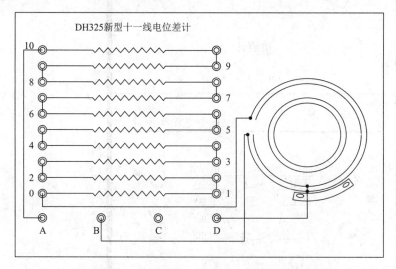

图 4-15-1　DH325 新型十一线电位差计面板示意图

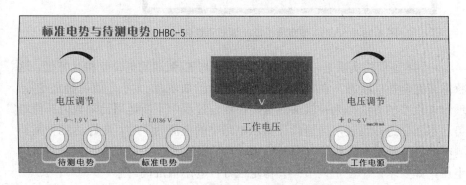

图 4-15-2　DHBC-5 标准电势与待测电势面板示意图

电位差计实验
仪器图片

【实验原理】

1. 补偿法原理

在直流电路中，电源电动势在数值上等于电源开路时两电极的端电压。因此，在测量时要求没有电流通过电源，此时测得电源的端电压即为电源的电动势。但是，如果直接用伏特表去测量电源的端电压，由于伏特表总要有电流通过，而电源具有内阻，不能得到准确的电动势数值，所测得的电位差值总是小于电动势值。为了准确地测量电动势，必须使分流到测量支路上的电流等于零，直流电位差计就是为了满足这个要求而设计的。

补偿原理就是利用一个补偿电压去抵消另一个电压或电动势，其原理如图 4-15-4 所示。设 E_0 为一连续可调的标准的示值准确的补偿电压，E_X 为待测电动势（或电压），两个电源 E_0 和 E_X 正极对正极，负极对负极，中间串联一个检流计 G 接成闭合回路。调节 E_0 使检流计 G 示零（即回路电

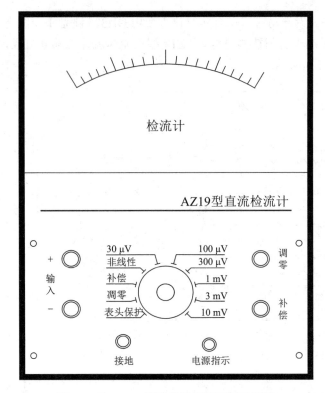

图 4-15-3　AZ19 型直流检流计面板示意图

流 $I = 0$），则 $E_X = E_0$。上述过程的实质是，E_X 两端的电位差与 E_0 两端的电位差相互补偿，这时电路处于平衡状态或完全补偿状态。在完全补偿状态下，已知 E_0 的大小，就可确定 E_X，这种利用补偿原理测电位差的方法称为补偿法测量。在测定过程中不断地用已知数值补偿电压与待测的电动势（电压）进行比较，当检流计指示电路中的电流为零时，电路达到平衡补偿状态，此时被测电动势与补偿电压相等。由上可知，为了测量 E_X，关键在于如何获得可调节的标准的补偿电压，并要求：①便于调节；②稳定性好；③示值准确。

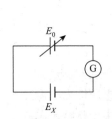

图 4-15-4　补偿法原理图

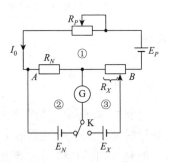

图 4-15-5　电位差计原理图

　　这就与用一把标准的尺与被测物体（长度）进行比较来测出其长度的基本思想一样。但其比较判别的手段有所不同，补偿法用示值为零来判定。

2. 电位差计电路原理

　　图 4-15-5 是一种简单的直流电位差计的原理图。它由三个基本回路构成：

（1）工作电流调节回路，由工作电源 E_P、限流电阻 R_P、标准电阻 R_N 和 R_X 组成；

（2）校准回路，由标准电源 E_N、检流计 G、标准电阻 R_N 组成；

（3）测量回路，由待测电动势 E_X，检流计 G，标准电阻 R_X 组成。

通过下述的两个操作步骤，可以清楚地了解电位差计的原理。

1）"校准"

图中开关 K 拨向标准电动势 E_N 侧，取 R_N 为一预定值（对应标准电势值 $E_N = R_N \times I_0 = 1.018\,6$ V），调节限流电阻 R_P 使检流计 G 的示值为零，使工作电流回路内的 R_X 中流过一个已知的"标准"电流 I_0，且 $I_0 = \dfrac{E_N}{R_N}$。利用标准电源 E_N 高精度的特点，使得工作回路中的电路 I 能准确地达到某一标定工作电流 I_0，这一调整过程称为电位差计的"对标准"。

2）"测量"

将开关 K 拨向未知电动势 E_X 一侧，保持 R_P 和 E_P 值不变，调节滑动触头 B，使检流计 G 示值为零，则 $E_X = I_0 \cdot R_X = \dfrac{R_X}{R_N}E_N$。被测电压与补偿电压极性相抵且大小相等，因而互相补偿（平衡）。这种测 E_X 的方法称为补偿法。

补偿法具有以下优点：

（1）电位差计是一电阻分压装置，它将被测电动势 E_X 与一标准电动势直接比较。E_X 的值仅取决于 $\dfrac{R_X}{R_N}$ 和 E_N，因而测量准确度较高。

（2）在上述的"校准"和"测量"两个步骤中，检流计 G 两次示零，表明测量时既不从校准回路内的标准电动势源中吸取电流，也不从测量回路中吸取电流。因此，不改变被测回路的原有状态及电压等参量，同时可避免测量回路导线电阻和标准电势的内阻等对测量准确度的影响，这是补偿法测量准确度较高的另一个原因。

3. DH6502 电位差计设计与应用综合实验仪的工作原理

DH6502 电位差计设计与应用综合实验仪是一种教学用电位差计，由于它是解剖式结构，十分有利于学习与掌握电位差计的工作原理，培养看图接线、排除故障的能力。如图 4-15-6 所示，E_X 为待测电动势，E_N 为标准电势。可调稳压电源 E 与长度为 L 的电阻丝 AB 为一串联电路，工作电流 I_0 在电阻丝 AB 上产生电位差。触点 D 为滑线盘的刻度值对应得阻值，C 可在电阻丝上 0～10 的电阻插孔任意选取所需阻值，因此可得到随之改变的补偿电压。实物连接电路图如图 4-15-6 所示。

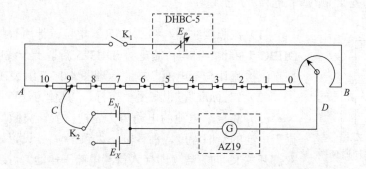

图 4-15-6　DH6502 电位差计设计与应用综合实验仪连接电路图

1）"对标准"

合上 K_1，K_2 向上合到 E_N 处，调节可调工作电源 E，改变工作电流 I_0 或改变触点 D、C 位置，可使检流计 G 指零，此时 U_{DC} 与 E_N 达到完全补偿状态，即

$$E_N = U_{DC1} = I_0 \cdot r_0 \cdot L_{DC} = I_0 R_{DC} = I_0 \frac{\rho}{S} L_{DC} = V_0 \cdot L_S \tag{4-15-1}$$

式中：r_0 为单位长度电阻丝的电阻值（Ω）；L_S 为电阻丝 DC 段的长度 L_{DC}；V_0 为单位长度电阻丝上的电压降，称为工作电流标准化系数（V/m）。在实际操作中，只要确定了 V_0，也就完成了"对标准"过程。将式（4-15-1）化简为一般测量式为

$$E_S = V_0 \cdot L_{CD} \tag{4-15-2}$$

式中：E_S 为 L_{CD} 上的压降（L_{CD} 为电阻丝 DC 段的长度）。当 V_0 保持不变（即工作回路中的电流保持不变）时，可以用电阻丝 CD 两端点间的长度 L_{CD}（力学量）反映待测电动势 E_X（电学量）的大小。为此，必须确定 V_0 的数值。为使读数方便起见，取 V_0 为 0.1，0.2，$\cdots$，1.0 等数值（V/m）。由于 $V_0 = \frac{\rho}{S} I_0$，而且电阻丝阻值稳定，只有调节 $ABCD$ 中工作电流 I_0 的大小，才能得到所需的 V_0 值，这一过程通常称为"工作电流标准化"。

2）测量 E_X

工作电路中电流 I_0 保持不变，K_2 向下合到 E_X 处，即用 E_X 代替 E_N，调节触点 D、C 的位置，使电路再次达到补偿，此时若流过电阻丝长度为 L'_{CD}，则

$$E_X = I_0 \cdot r_0 \cdot L_X = V_0 \cdot L'_{CD} \tag{4-15-3}$$

下面用例子说明定标和测量过程，标准电源 $E_n = 1.018\,60$ V，取 $V_0 = 0.200\,00$ V/m。

（1）定标。为了保证 R_{AB} 单位长度上的电压降 $V_0 = 0.200\,00$ V/m，要使电位差计平衡的电阻丝长度 $L_{CD} = \dfrac{E_n}{V_0} = 5.093\,0$ m，调节限流电阻 R 使 $V_{CD} = E_n$，即检流计 G 的电流为零，此时 R_{AB} 上的单位长度电压降就是 $0.200\,00$ V/m。

（2）测量。经过定标的电位差计就可用来测量待测电位差，调节 L_{CD}，使 V_{CD} 和 E_X 达到补偿，即

$$E_X = V_{CD} = V_0 \cdot L_{CD} \tag{4-15-4}$$

若 $L_{CD} = 10.040$ m，则 $E_X = 0.200\,00 \times 10.040$ V $= 2.008\,0$ V。

【实验内容】

1. 用电位差计测量干电池的电动势

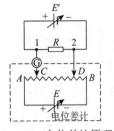

图 4-15-7　电位差计原理图

（1）按照接线图，将 DH6502 电位差计所有的实验装置——DHBC-5 标准电势与待测电势、DH325 新型十一线电位差计、AZ19 型直流检流计与干电池，按照原理图 4-15-7 组装在一起。

（2）"对标准"，也就是"定标"，具体方法前面已叙。

（3）测量干电池的电动势。先把检流计灵敏度调到低档，根据干电池的新旧程度，估计一下大致把 L_{CD} 设置好。然后把双刀双掷开关 K_2 向下合（即接入待测电势干电池），接到待测电势上，通过调节 L_{CD} 的长度，反复使检流计指零。最后根据 L_{CD} 的长度，得到待测电动势的值 E_X，即

$$E_X = 0.2(\text{V}/\text{m}) \cdot L_{CD}(\text{m}) \tag{4-15-5}$$

（4）重复步骤（2）、（3）共 5 次。

2. 用电位差计测干电池的内阻

由图 4-15-6 可知，$u = E - Ir$，为了测定电池电阻 r，必须使该电池有一定的放电电流，但电阻 r 随温度的改变较明显，故 I 要较小，将内阻 r 近似看成常数，为控制回路中 I 的大小，把电阻箱 R 调到不同阻值，如取 $R' = 100\ \Omega$，闭合 K_3（即接入电阻箱），再次测定电动势值 E'（这时候测得的已经不是干电池的电动势，而是端电压 E'），根据公式可计算出干电池的内阻

$$r = \frac{E_X - E'}{I} = \frac{E_X - E'}{E'}R' = \frac{E_X}{E'} - R' \tag{4-15-6}$$

3. 测量电流

如图 4-15-8 所示，当 R 为标准电阻时，测出其两端的电压 U_{12}，则

$$I = \frac{U_{12}}{R} = \frac{U_{CD}}{R} \tag{4-15-7}$$

式中：R 为标准电阻箱。

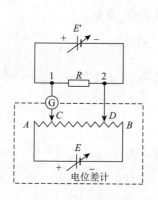

图 4-15-8　测量电流电路图

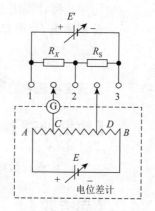

图 4-15-9　测量电阻电路图

4. 测量电阻

如图 4-15-9 所示，将待测电阻 R_X 和标准电阻 R_S 串联在一电路中，在回路中电流保持一定，则

$$\frac{U_{12}}{R_X} = \frac{U_{23}}{R_S} \Rightarrow R_X = \frac{U_{12}}{U_{23}}R_S \tag{4-15-8}$$

5. 校正电流表

如图 4-15-10 所示电路，R 为标准电阻，测出其两端电压 U_{12}，可得 $I = \dfrac{U_{12}}{R}$，电流表的读数为 I_A，在电流表的全量程中选取从小到大 $10 \sim 15$ 测量点，分析测出 I 与 I_A。

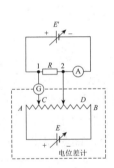

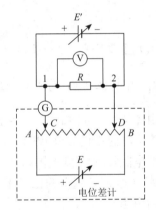

图 4-15-10　校正电流表电路图　　　　图 4-15-11　校正电压表电路图

找出 $I - I_A$ 的最大值，根据

$$a\% \geqslant \frac{\Delta I_{max}}{I_{max}} \times 100\% \qquad (4\text{-}15\text{-}9)$$

来确定电流表的等级 a。式中：$\Delta I_{max} = |I - I_A|$；$I_{max}$ 为该仪表的上限值。

6. 校正电压表

根据如图 4-15-11 所示的电路图，R 为标准电阻，用电压表测出 U_0，用电位势计测出 U_{12}。在电压表的全量程中选取从小到大 10～15 测量点，分别测出 U_0 和 U_{12}。找出 $U_0 \sim U_{12}$ 的最大值，根据

$$a\% \geqslant \frac{\Delta V_{max}}{V_{max}} \times 100\% \qquad (4\text{-}15\text{-}10)$$

来确定电流表的等级 a。式中：$\Delta V_{max} = |U_0 - U_{12}|$；$V_{max}$ 为该仪表的上限值。

【数据处理】

自行设计数据表格记录数据，计算误差。

【思考题】

1. 在图 4-15-7 所示的线路中，如果工作电源、标准电池、待测电池三者之中的任一个极接反，会发生什么现象？

2. 若取电阻丝 AB 上单位长度的电位降落为 0.100 0 V/m，能否测量出干电池的电动势（E_x 大约为 1.5 V）？

3. 实验中若发现检流计指针始终向一边偏，无法实现补偿，可能由哪些原因造成？

4. 用电位差计为什么可以准确地测量电动势？

5. 用电位差计测量时，标准电池起什么作用？

6. 为什么使用电位差计进行测量前，必须先进行校准？

定标方法演示讲解视频

实验十六　静电场的模拟

　　带电电极产生的静电场原则上可以用理论方法进行计算，但实际工作中遇到的电极形状及电位分布极为复杂，很难或无法得到其静电场分布的解析解。目前可以通过计算机数值计算的手段来获得其电场分布情况的数值解，然而计算结果的可靠性尚需验证，所以通过实验方法来研究静电场的分布特性就成为主要方法。但是直接测量静电场存在较大困难。首先，静电场中没有电流，不能使用简单的电学仪表来测量，要使用的仪器设备很复杂；其次，与仪器相接的探测头本身就是导体或电介质，探测头一旦放入静电场中，将会产生感应电荷，使原电场发生畸变，影响测量结果的准确性。所以人们常常用稳恒电流场来模拟静电场。这是模拟法的典型例子。

　　模拟法，就是在实验中用容易测量的、便于观察的量来替代一些难以直接测量的物理量，并找到它们之间的对应关系。模拟法在科学实验、工程技术中有广泛的应用。

【实验目的】

　　学生完成本实验后将具备以下能力：

　　（1）阐述应用稳恒电流场来模拟描绘静电场的原理。

　　（2）使用稳恒电流场模拟描绘静电场的分布。

　　（3）用科学方法分析、处理实验数据。

　　情感目标：培养实事求是、认真严谨的学习态度，物理思维方法论在实践中应用的能力获得提升。

【实验仪器】

　　GCJDM-A 型静电场描绘实验仪（包括主机和标准电极模块盒），描绘支架采用辅助塑料进行标注，标注完成后移植到白纸上，可重复使用。电极已直接制作在导电微晶上，并将电极引线接出到外接线柱上，电极间制作有导电率远小于电极且各向均匀的导电介质。接通直流电源（电源可调节且数字显示）就可以进行实验。图 4-16-1 所示为描绘实验仪及配套仪器外观图。

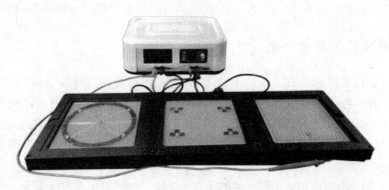

图 4-16-1　GCJDM-A 型静电场描绘实验仪及配套仪器外观图

使用方法：

（1）接线。专用稳压电源的正极接线柱（红）、负极接线柱（黑）分别用红色和黑色的选插对线连接描绘架的正极接线柱（红）、负极接线柱（黑）。专用数字电压表正极（红）接探针。将探针放好，打开电源开关，先调节电源到需要的电压值，即可测量。

（2）测量。先将探针移动到 0 V 测试点，电压表数字显字为 0 V，移动探针至另一电极上，数字显示电压值与设置电源电压值一致，一般常用 10 V。然后移动探针，则显示电压读数随着运动而变化。如要测 0～10 V 的任何一条等势（位）线，一般选某一电压数值相同的 8～10 个点，再将这些点连成光滑的曲线即可得到此等势线。实验前需在描绘支架上先铺好橡胶垫，橡胶垫有对应的限位，放到位后可仿真移动，当显示读数认为需要记录时，用记号笔在橡胶垫上做好标记，为实验清晰快捷，每等势线测量并记录 8～10 点。最后将橡胶垫放置到白纸上描绘出标记点，连接即可形成某电位的等势线。

【注意事项】

正确使用导轨电源插座，防止触电。

【实验原理】

以模拟长同轴圆柱形电缆的静电场为例。

稳恒电流场与静电场是两种不同性质的场，但是两者在一定条件下具有相似的空间分布，即两种场遵守的规律在形式上相似，都可以引入电位 U，电场强度 $E = -\nabla U$，都遵守高斯定理。

对于静电场，电场强度在无源区域内满足积分关系：

$$\oint_S E \cdot \mathrm{d}s = 0, \qquad \oint_C E \cdot \mathrm{d}l = 0 \qquad (4\text{-}16\text{-}1)$$

对于稳恒电流场，电流密度矢量 j 在无源区域内也满足类似的积分关系：

$$\oint_S j \cdot \mathrm{d}s = 0, \qquad \oint_l j \cdot \mathrm{d}l = 0 \qquad (4\text{-}16\text{-}2)$$

由此可见，E 和 j 在各自区域中满足同样的数学规律，在相同边界条件下，具有相同的解析解。因此，可以用稳恒电流场来模拟静电场。

在模拟的条件上，要保证电极形状一定，电极电位不变，空间介质均匀，在任何一个考察点，均应有 $U_{稳恒} = U_{静电}$ 或 $E_{稳恒} = E_{静电}$。下面从本实验来具体讨论这种等效性。

1. 同轴电缆及其静电场分布

如图 4-16-2（a）所示，在真空中有一半径为 r_a 的长圆柱形导体 A 和一内半径为 r_b 的长圆筒形导体 B，它们同轴放置，分别带等量异号电荷。由高斯定理知，在垂直于轴线的任一截面 S 内，都有均匀分布的辐射状电场线，这是一个与坐标 z 无关的二维场。在二维场中，电场强度 E 平行于 xy 平面，其等势面为一簇同轴圆柱面。因此只要研究 S 面上的电场分布即可。

由静电场中的高斯定理可知，到轴线的距离为 r 处，如图 4-16-2（b）所示，各点电场强度

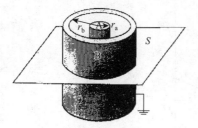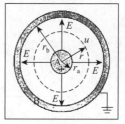

（a）同轴电缆模型　　　　　　（b）同轴电缆静电场分布

图 4-16-2　同轴电缆模型及其静电场分布

$$E = \frac{\lambda}{2\pi\varepsilon_0 r} \tag{4-16-3}$$

式中：λ 为柱面每单位长度的电荷量，其电位

$$U_r = U_a - \int_{r_a}^{r} \boldsymbol{E} \cdot \mathrm{d}\boldsymbol{r} = U_a - \frac{\lambda}{2\pi\varepsilon_0} \ln\frac{r}{r_a} \tag{4-16-4}$$

设 $r = r_b$，$U_b = 0$，则有

$$\frac{\lambda}{2\pi\varepsilon_0} = \frac{U_a}{\ln\dfrac{r_b}{r_a}} \tag{4-16-5}$$

代入式（4-16-4），得

$$U_r = U_a \frac{\ln\dfrac{r_b}{r}}{\ln\dfrac{r_b}{r_a}} \tag{4-16-6}$$

得到

$$r = r_b \left(\frac{r_b}{r_a}\right)^{-U_r/U_a} \tag{4-16-7}$$

$$E_r = -\frac{\mathrm{d}U_r}{\mathrm{d}r} = \frac{U_a}{\ln\dfrac{r_b}{r_a}} \cdot \frac{1}{r} \tag{4-16-8}$$

同轴圆柱面电极间的电流分布参见在线学习小程序。

2. 带等量异号电荷的无限长平行细导线间的静电场分布

设两导线上的电荷均匀分布，线电荷密度为 λ。建立如图 4-16-3 所示的坐标系，则不难证明，在与两导线正交的任一点 $P(x,y)$ 处的电位

$$U_P = \frac{\lambda}{2\pi\varepsilon_0} \ln\frac{r_2}{r_1} \tag{4-16-9}$$

式（4-16-9）中，r_1、r_2 分别为点 P 至两导线的垂直距离，并假设无穷远处电势为零。由于 $\dfrac{\lambda}{2\pi\varepsilon_0}$ 为常数，只要 $\dfrac{r_2}{r_1}$ 的值相同的点，必然具有相同的电势。因此称

$$\frac{r_2}{r_1} = 常数 = k \tag{4-16-10}$$

为等势面方程。不同的 k 值对应于不同的等势面，其横剖面就是等势线。式（4-16-10）还可以写为

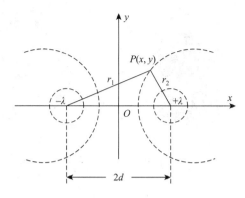

图 4-16-3　无限长平行带电直导线电势分布

$$y^2 + (x - x_0)^2 = r^2 \qquad (4\text{-}16\text{-}11)$$

式中：

$$r = \frac{2dk}{k^2 - 1}, \qquad x_0 = \frac{(k^2 + 1)d}{k^2 - 1} \qquad (4\text{-}16\text{-}12)$$

由此可见，等势线是一组圆，且圆心在 x 轴上不重叠。当 $k = 1$ 时，$r \to \infty$，$x_0 \to \infty$，即 $r_1 = r_2$ 的等势线是一条直线。

几种典型静电场的模拟电极形状及相应的电场分布参见在线学习小程序。

【实验内容】

场强 E 在数值上等于电位梯度，方向指向电位降落的方向。考虑到 E 是矢量，而电位 U 是标量，从实验测量来讲，测定电位比测定场强容易实现，所以可先测绘等势线，然后根据电场线与等势线正交的原理，画出电场线。

1. 描绘同轴电缆的静电场的等势线和电场线

（1）按要求连接好电路，检查无误后接通电源。

（2）将橡胶垫放到待测电极模块盒上，探针的针头放入电极内。

（3）调节输出电源电压到 10.00 V（或想要测试的电压值）。

（4）以电极中心点为中心等角度地作八条辐射线，用探针沿着八条辐射线从里向外移动找到电势分别为 1.00 V、2.00 V、4.00 V、6.00 V、8.00 V 的点并做标记。

（5）取下橡胶垫，在白纸上描绘标记点，用尺测出 r_a 和 r_b 的值及各等势点的半径记入表 4-16-1 中。

（6）描画出同轴电缆等势线及电场线。

先以每条等势线上各点到原点的平均距离 r 为半径画出等势线的同心圆簇。然后根据电场线与等势线正交原理，画出电场线，并指出电场强度方向，得到一张完整的电场分布图。

2. 描绘长直平行导线间的静电场分布的等势线和电场线

（1）用同样方法测绘平行输出线的等势线，输出电压仍然调节为 10.00 V。

（2）用探针找到电势分别为 1.00 V、3.00 V、5.00 V、7.00 V、9.00 V 的点并做标记，同一电势在两电极之间找 10 个点以上，找到两电极中心压印并标出。

（3）描画出平行输出线的等势线和电场线。

3. 描绘一个聚焦电极和一个条形电极形成的静电场分布（选做）

先将电源电压调到 6 V，将记录纸铺在上层平板上，从 1 V 开始，平移同步探针，用导电微晶上方的探针找到等势点后，按一下记录纸上方的探针，测出一系列等势点，共测 5 条等势线（电势分别为 1.00 V、2.00 V、3.00 V、4.00 V、5.00 V），每条等势线上找 10 个以上的点，在电极端点附近应多找几个等势点，压印并绘出两电极。然后画出等势线，作出电场线。作电场线时要注意：电场线与等势线正交，导体表面是等势面，电场线垂直于导体表面，电场线发自正电荷而中止于负电荷，疏密要表示出场强的大小，根据电极正、负画出电场线方向。

【数据处理】

1. 同轴电缆

（1）取下前面实验中所用的橡胶垫，在白纸上描绘标记点，用尺测出 r_a 和 r_b 的值及各等势点的半径记入表 4-16-1 中。根据表 4-16-1 数据计算各等势点的平均半径，有公式、有步骤地计算各等势点的理论半径，半径实验值的相对偏差，并填入表 4-16-2，分析误差产生的原因。

表 4-16-1 同轴电缆的电位分布

$r_a =$ _____ cm　$r_b =$ _____ cm　$U_a = 10$ V

U_r/V	r_i/cm						$\overline{r_i}$ /cm 实验值
	1	2	3	4	5	6	
8.00							
6.00							
4.00							
2.00							

表 4-16-2 同轴电缆等势线半径的计算

数据		电势 U_r/V			
		2.00	4.00	6.00	8.00
半径/cm	实验值				
	理论值				
标准偏差/%					

（2）根据实验所测得的大圆电极和小圆电极的位置，在白纸上用圆规找出其圆心。再用圆规找出各条等势线的半径，画出等势线来，使实验中所测得的标记点均匀分布在等势线上或等势线两侧。在每条等势线上标出其电位。

（3）根据电场线与等势线正交原理，绘出相应的电场线及其方向。

注意：根据公式（4-16-7），计算 U_r 对应的半径理论值 r 以及半径实验值的相对偏差。

2. 无限长平行直导线

（1）用曲线板把各等势点连接成光滑的等势线，并标明每一等势线所对应的电势值。

（2）根据电场线与等势线正交的原理，绘出相应的电场线及其方向。

（3）建立如图 4-16-3 所示的坐标系，选取一条等势线，在上面取 6 个等位点，仔细测量出各点至 A、B 两电极间的距离 r_1、r_2，并填入表 4-16-3 中。求出该等势线的 k 值，并计算该等势线的圆心和半径，据此用圆规画出该等势线，看其是否与用曲线板描出的等势线重合，分析产生偏离的原因。

表 4-16-3　无限长平行导线电势分布

电极直径 $b =$ _____cm，电极间距 $2d =$ _____cm，电极间电压_____V，所选等势线电压_____V

数据	i					
	1	2	3	4	5	6
r_{1i}						
r_{2i}						
$k = r_{2i}/r_{1i}$						
$\bar{k}$						
等势线圆心坐标	$x_0 =$ _____ cm			$y_0 =$ _____ cm		
等势线半径	$r =$ _____ cm					

【思考题】

1. 根据测绘所获得的等势线和电场线的分布，分析哪些地方场强较强，哪些地方场强较弱？

2. 平行导线电极是否可以模拟等量异号点电荷间的静电场分布？为什么？

3. 本实验采用的交流电源产生的是变化的电流场，用它模拟稳恒电场合适吗？为什么？

4. 检查一下你所绘制的电场线，它们的"边缘效应"明显吗？为什么？

实验十七　RLC 振荡电路特性研究

　　RLC 电路是一种由电阻（R）、电感（L）、电容（C）组成的电路，它分为一阶、二阶、多阶电路。电路的具体阶数取决于独立储能元件的个数。生活中应用较多的是一阶、二阶电路。

　　因为电路中电压或电流通常是某个由电路结构决定的微分方程的解。电路元件都被视为线性元件的时候，RLC 电路可以被视为电子谐波振荡器。电容、电感元件在交流电路中的阻抗是随着电源频率的改变而变化的。

　　RLC 电路的特性通常分为稳态特性和瞬态（亦称暂态）特性。将正弦交流信号加到 RLC 电路中时，各元件上的电压及相位会随之变化。当电路达到稳态时，电路呈现的特性为正弦稳态特性；将一个阶跃信号加到 RLC 电路中时，电路的状态会由一个平衡状态转变到另一个平衡状态，各元件上的电压会出现有规律的变化，这称为电路的暂态特性。

【实验目的】

　　（1）观察并了解一阶 RC 和 RL 串联电路的幅频特性和相频特性。

　　（2）观察并研究 RLC 电路的串联谐振和并联谐振现象。

　　（3）观察 RC 和 RL 电路的暂态过程，理解时间常数 τ 的意义。

　　（4）观察 RLC 串联电路的暂态过程及其阻尼振荡规律。

　　情感目标：结合生活实例，分析电路特性，排查电路故障，解决生活实际问题。将学习应用于生活，实现自我价值的升华。

【实验仪器】

　　DH4503 型 RLC 电路实验仪、双踪示波器、数字存储示波器（选用）。

　　DH4503 型 RLC 电路实验仪采用开放式设计，由学生自己连线来完成 RC、RL、RLC 电路的稳态和暂态特性的研究，从而掌握一阶电路、二阶电路的正弦输入和阶跃输入的响应过程，并理解积分电路、微分电路、整流电路的工作原理。

　　RLC 电路实验仪由功率信号发生器、频率计、电阻箱、电感箱、电容箱、整流滤波电路等组成，如图 4-17-1 所示。

　　仪器主要技术参数如下。

　　（1）供电：单相 220 V，50 Hz。

　　（2）工作温度范围：5～35 ℃，相对湿度 25%～85%。

　　（3）信号源：正弦波分 50 Hz～1 kHz，1～10 kHz，10～100 kHz 三个波段；方波为 50 Hz～1 kHz，信号幅度均 0～10 Vpp 可调；直流 2～15 V 可调。

　　（4）频率计工作范围：0～99.999 kHz，5 位数显，分辨率 1 Hz。

　　（5）十进式电阻箱：（10 kΩ + 1 kΩ + 100 Ω + 10 Ω）×10，精度 0.5%。

　　（6）十进式电感箱：（10 mH + 1 mH）×10，精度 2%。

　　（7）十进式电容箱：（0.1 μF + 0.01 μF + 0.001 μF + 0.000 1 μF）×10，精度 1%。

　　（8）仪器外形尺寸：400 mm×250 mm×120 mm。

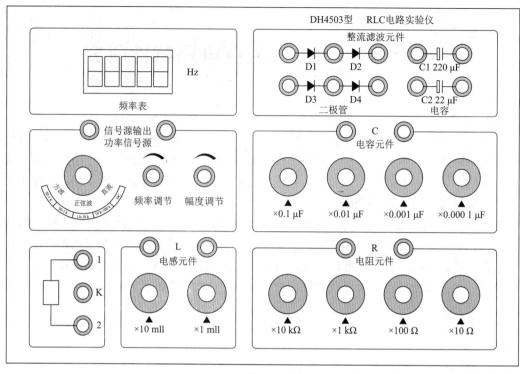

图 4-17-1　DH4503 型 RLC 电路实验仪面板图

【注意事项】

（1）仪器使用前应预热 10～15 min，并避免周围有强磁场源或磁性物质。

（2）仪器采用开放式设计，使用时要正确接线，不要短路信号源，以防损坏。

【实验原理】

1. RC 串联电路的稳态特性

在电路中，如果同时存在电感和电容元件，那么在一定条件下会产生某种特殊状态，能量会在电容和电感元件中产生交换，这种现象称为谐振现象。

1）RLC 串联谐振

在如图 4-17-2 所示电路中，电路的总阻抗 $|Z|$、回路电流 $i(t)$ 的有效值 I、输入信号 $U_i(t)$、回路电流 $i(t)$ 的相位差 φ 分别为

$$\begin{cases} |Z| = \sqrt{R^2 + \left(\omega L - \dfrac{1}{\omega C} \right)^2} \\[2mm] \varphi = \arctan \dfrac{\omega L - \dfrac{1}{\omega C}}{R} \\[2mm] I = \dfrac{U_i}{\sqrt{R^2 + \left(\omega L - \dfrac{1}{\omega C} \right)^2}} \end{cases} \quad (4\text{-}17\text{-}1)$$

式中：ω 为角频率；U_i 为输入信号 $U_i(t)$ 的有效值。上述参数均与 ω 有关，它们与频率的关系称为频响特性，如图 4-17-3～图 4-17-5 所示。

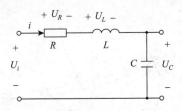

图 4-17-2　RLC 串联电路图

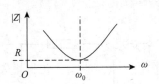

图 4-17-3　RLC 串联电路的阻抗特性

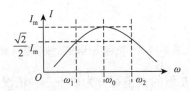

图 4-17-4　RLC 串联电路的幅频特性

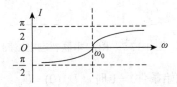

图 4-17-5　RLC 串联电路的相频特性

由图 4-17-3～4-17-5 可知，在频率 $\omega = \omega_0 = \dfrac{1}{\sqrt{LC}}$ 处，阻抗 $|Z|$ 最小，且整个电路呈纯阻性，而电流 $i(t)$ 达到最大值，ω_0 为 RLC 串联电路的谐振频率（$\omega_0 = 2\pi f_0$ 为谐振角）。在 ω_0 频率附近 $i(t)$ 值较大。当 $\omega = \omega_0 = \dfrac{1}{\sqrt{LC}}$ 时，$|Z| = R$，$\varphi = 0$，$I = \dfrac{U_i}{R}$，$U_L = \dfrac{L\omega_0 U_i}{R}$，$U_C = \dfrac{U_i}{R\omega_0 C}$。

U_C 或 U_L 与 U_i 的比值称为品质因数 $Q = \dfrac{U_L}{U_i} = \dfrac{U_C}{U_i} = \dfrac{\omega_0 L}{R} = \dfrac{1}{R\omega_0 C}$。

2）RLC 并联谐振

在图 4-17-6 所示的 RLC 并联电路中，阻抗 Z 的模、输入信号 $u_i(t)$ 与回路电流 $i(t)$ 的相位差 φ 分别为

$$\begin{cases} |Z| = \sqrt{\dfrac{R^2 + (\omega L)^2}{(1 - \omega^2 LC)^2 + (\omega RC)^2}} \\ \varphi = \arctan \dfrac{\omega L - \omega C [R^2 + (\omega L)^2]}{R} \end{cases} \qquad (4\text{-}17\text{-}2)$$

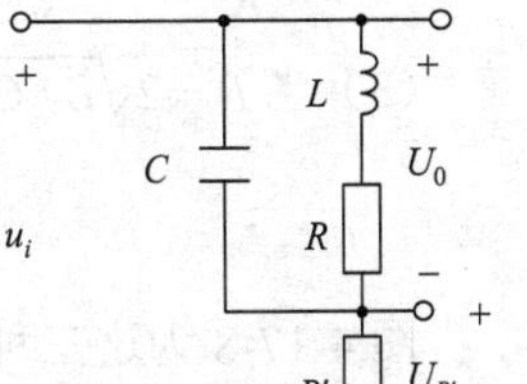

当 $\varphi = 0$ 时，可以求得并联谐振角频率 $\omega_0 = 2\pi f_0 = \sqrt{\dfrac{1}{LC} - \left(\dfrac{R}{L}\right)^2}$。

图 4-17-6　RLC 并联电路图

可见并联谐振频率与串联谐振频率不相等。当品质因数 $Q = \dfrac{U_L}{U_i} = \dfrac{U_C}{U_i} = \dfrac{\omega_0 L}{R} = \dfrac{1}{R\omega_0 C}$ 值较大时，才近似相等。

由以上分析可知 RLC 串联、并联电路对交流信号具有选频特性，在谐振频率点附近，有较大的信号输出，其他频率的信号被衰减。这在通信领域、高频电路中得到了非常广泛的应用。

2. RLC 串联电路的暂态过程

RLC 串联暂态电路如图 4-17-7 所示。先将 K 打向"1"，待稳定后再将 K 打向"2"，这称为 RLC 串联电路的放电过程，这时的电路方程为

$$LC\frac{\mathrm{d}^2}{\mathrm{d}t^2}U_C(t) + RC\frac{\mathrm{d}}{\mathrm{d}t}U_C(t) + U_C(t) = U_0 \tag{4-17-3}$$

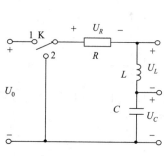

图 4-17-7　RLC 串联暂态电路图

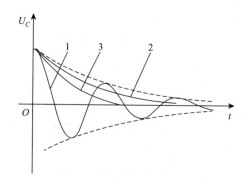

图 4-17-8　电容电压的三种放电示意

初始条件 $t=0$ 时，$U_C(0)=U_0$。这样方程的解按 R 值的大小可分为以下三种情况。

（1）当 $R<2\sqrt{L/C}$ 时，为欠阻尼：

$$U_C(t) = \frac{1}{\sqrt{1-\dfrac{C}{4L}R^2}}U_0\mathrm{e}^{-\frac{t}{\tau}}\cos(\omega t+\varphi) \tag{4-17-4}$$

式中：$\tau=\dfrac{2L}{R}$；$\omega=\dfrac{1}{\sqrt{LC}}\sqrt{1-\dfrac{C}{4L}R^2}$。

（2）当 $R>2\sqrt{L/C}$ 时，为过阻尼：

$$U_C(t) = \frac{1}{\sqrt{\dfrac{C}{4L}R^2-1}}U_0\mathrm{e}^{-\frac{t}{\tau}}\sin(\omega t+\varphi) \tag{4-17-5}$$

式中：$\tau=\dfrac{2L}{R}$；$\omega=\dfrac{1}{\sqrt{LC}}\sqrt{\dfrac{C}{4L}R^2-1}$。

（3）当 $R=2\sqrt{L/C}$ 时，为临界阻尼：

$$U_C(t) = \left(1+\frac{t}{\tau}\right)U_0\mathrm{e}^{-\frac{t}{\tau}} \tag{4-17-6}$$

图 4-17-8 为这三种情况下的 U_C 变化曲线，其中 1 为欠阻尼，2 为过阻尼，3 为临界阻尼。当 $R\ll2\sqrt{L/C}$ 时，曲线 1 的振幅衰减很慢，能量的损耗较小，能够在 L、C 之间不断交换，可近似为 LC 电路的自由振荡，这时 $\omega\approx\dfrac{1}{\sqrt{LC}}=\omega_0$，$\omega$ 为 $R=0$ 时 LC 电路的固有频率。

对于充电过程，与放电过程相类似，只是初始条件和最后平衡的位置不同。

3. RLC 电路的稳态特性

1）RLC 串联电路的稳态特性

按图 4-17-2 接好线路，自选合适的 L、R、C 值，用双通道示波器观测输入输出信号。

保持信号源电压 U_i 不变（通常取 5 V），根据所选的 L、C 值，估算谐振频率，以选择合适的正弦波频率范围。从低到高调节频率，记录下不同频率时 U_R 的大小，当 U_R 最大时的频率即为该串联电路的谐振频率。

用示波器的双通道观测 $U_i(t)$ 与 $U_R(t)$ 的相位差，观测在不同频率下的相位变化，记录 U_R 为最大所对应频率时 $U_i(t)$ 与 $U_R(t)$ 相位差值。

2）RLC 并联电路的稳态特性

按图 4-17-6 接好线路，注意此时 R 为电感的内阻，随不同的电感取值而不同，可用直流电阻表测量。选取 $L=10$ mH，$C=0.1$ μF，$R'=10$ kΩ（注意 R' 的取值不能过小，否则会由于电路中的总电流变化大而影响 $U_{R'}$ 的大小）。也可自行设计选定参数。

保持信号源的 U_i 值幅度不变，测量 U_i 与 $U_{R'}$ 的变化情况。

用示波器的双通道观测 $U_i(t)$ 与 $U_{R'}(t)$ 相位差变化的情况。

4. RLC 串联电路的暂态特性

按图 4-17-7 接好线路。先选择合适的 L、C 值，调节 R 值大小，观察三种阻尼振荡的波形。若欠阻尼时振荡的周期数较少，则应重新调整 L、C 值。再用示波器测量欠阻尼时的振荡周期 T 和时间常数 τ。它反映了振荡幅度的衰减速度，从最大幅度衰减到最大幅度的 0.368 倍处的时间即为 τ 值。

【数据处理】

上述所有实验内容，自行设计表格记录数据，根据所记录数据绘制相应的幅频和相频特性曲线。

【思考题】

1. 如何判别电路是否发生谐振？测试谐振点的方案有哪些？
2. 电路发生串联谐振时，为什么输入电压不能太大？如果输入信号源给出 3 V 的电压，电路谐振时，用交流毫伏表测 U_L 和 U_C，应该选择用多大的量程？
3. 要提高 RLC 串联电路的品质因数，电路参数应如何改变？

实验十八 密立根油滴实验

美国物理学家密立根（Millikan）在 1907 年到 1913 年期间所做的测量微小油滴上所带电荷的工作，即油滴实验，是物理学发展史上具有重要意义的实验。该实验的设计思想简明巧妙，方法简单，而结论却具有不容置疑的说服力。密立根在这一实验工作上花费了 6 年的心血，取得了具有重大意义的结果：①证明了电荷的不连续性；②测量并得到了元电荷即电子电荷，其值为 1.60×10^{19} C。现公认 e 是最小电荷单位，对其值的测量精度不断提高，目前给出最好的结果为

$$e = 1.602\ 176\ 620\ 8 \times 10^{-19}\ \text{C} \tag{4-18-1}$$

正是由于这一实验的巨大成就，他荣获了 1923 年的诺贝尔物理学奖，该实验也被美国《物理学》杂志评为 20 世纪十大最美物理实验之一。

【实验目的】

（1）通过实验，验证电荷的不连续性以及测量基本电荷电量。

（2）掌握用钟表油喷壶形成和选择合适油滴的方法，能够用静电场控制油滴的平衡和匀速运动。

（3）了解 CCD 传感器、光学系统成像原理，以及视频信号处理技术的工程应用等。

（4）能够用计算机编程处理本次实验的数据。

【实验仪器】

密立根油滴实验仪由主机、CCD 成像系统、油滴盒、监视器等部件组成。其中主机包括可控高压电源、计时装置、A/D 采样、视频处理等单元模块；CCD 成像系统包括 CCD 传感器、光学成像部件等；油滴盒包括高压电极、照明装置、防风罩等部件；监视器是视频信号输出设备。实验仪部件如图 4-18-1 所示。

CCD 模块及光学成像系统用来捕捉暗室中油滴的像，同时将图像信息传给主机的视频处理模块。实验过程中可以通过调焦旋钮来改变物距，使油滴的像清晰地呈现在 CCD 传感器的窗口内。

电压调节旋钮可以调整极板之间的电压，用来控制油滴的平衡、下落及提升；定时开始、结束按键用来计时；0 V、工作按键用来切换仪器的工作状态；平衡、提升按键可以切换油滴平衡或提升状态；确认按键可以将测量数据显示在屏幕上，从而省去了每次测量完成后手工记录数据的过程，使操作者把更多的注意力集中到实验本身上来。

油滴盒是一个关键部件，具体构成如图 4-18-2 所示。

上、下极板之间通过胶木圆环支撑，三者之间的接触面经过机械精加工后可以将极板间的不平行度、间距误差控制在 0.01 mm 以下。这种结构基本上消除了极板间的"势垒效应"和"边缘效应"，较好地保证了油滴室处在匀强电场之中，从而有效地减小了实验误差。

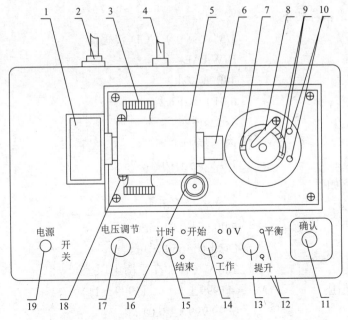

图 4-18-1　实验仪部件示意图

1. CCD 盒；2. 电源插座；3. 调焦旋钮；4. Q9 视频接口；5. 光学系统；6. 镜头；7. 观察孔；8. 上极压簧；9. 进光孔；
10. 光源；11. 确认键；12. 状态指示灯；13. 平衡、提升切换键；14. 0 V、工作切换键；15. 定时开始、结束切换键；
16. 水准泡；17. 电压调节旋钮；18. 紧定螺钉；19. 电源开关

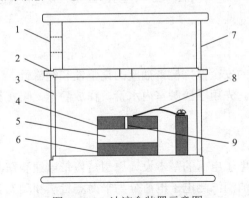

图 4-18-2　油滴盒装置示意图

1. 喷雾口；2. 进油量开关；3. 防风罩；4. 上极板；5. 油滴室；6. 下极板；7. 油雾杯；8. 上极板压簧；9. 落油孔

　　胶木圆环上开有两个进光孔和一个观察孔，光源通过进光孔给油滴室提供照明，而成像系统则通过观察孔捕捉油滴的像。

　　照明由带聚光的高亮发光二极管提供，其使用寿命长、不易损坏；油雾杯可以暂存油雾，使油雾不至于过早地散逸；进油量开关可以控制落油量；防风罩可以避免外界空气流动对油滴的影响。

　　油滴盒的特点如下。

　　（1）采用电子分化刻度板，视频打点地址固定，不受输出设备的影响，不受监视器大小的限制。

　　（2）图像稳定，格线清晰、细致；CCD 模块分辨率高，在低照度环境中成像清晰，信噪比指标好。

　　（3）可以将实验结果显示在监视屏幕上，省去了手工记录测量结果的烦琐过程，使操作者更好地专注于实验本身。

CCD 模块技术指标如下。

成像器件	1/3″（英寸）CCD 传感器
TV 制式标准	B/W PAL
水平解析度	480 线以上
最低照度	0.01 Lux/F1.2
信噪比	＞52 dB
同步方式	内同步
视频输出幅度	1.0 Vp-p±10%，75 Ω

主要技术指标如下。

平均相对误差	＜3%
平行极板间距	5.00 m±0.01 mm
极板电压	DC±0～650 V 可调
提升电压	200 V（叠加在平衡电压上）
电压表测量范围	−(1999±1)～＋(1999±1) V
计时范围	0～9 999 s±0.01 s
光学镜头	放大倍数×60
电子格线	10×3 格式，垂直视场分 10 格，每格 0.2 mm
电源	AC 220 V±10%、50 Hz、保险丝 1.25 A

【注意事项】

（1）注意交流电插座的安全性，检查插座的完整性和绝缘性。

（2）防止静电的影响。先用手接触室内水管，释放静电，再接触仪器。

【实验原理】

密立根油滴实验测定电子电荷的基本设计思想是使带电油滴在测量范围内处于受力平衡状态。按运动方式分类，油滴法测电子电荷分为平衡测量法和动态测量法。

1. 平衡测量法

平衡测量法的出发点是使油滴在均匀电场中静止在某一位置，或者在重力场中做匀速运动。当油滴在电场中平衡时，油滴在两极板间受到的电场力 qE、重力 m_1g、浮力 m_2g 达到平衡，从而静止在某一位置，即

$$qE = (m_1 - m_2)g \tag{4-18-2}$$

油滴在重力场中匀速运动时，情形同动态测量法，将式（4-18-7）、式（4-18-13）和 $\eta' = \dfrac{\eta}{1+\dfrac{b}{pr}}$ 代入式（4-18-2），并注意到 $\dfrac{1}{t_r} = 0$，则有

$$q = 9\sqrt{2}\pi d \left[\frac{(\eta s)^3}{(\rho_1 - \rho_2)g}\right]^{1/2} \frac{1}{U}\left(\frac{1}{t_f}\right)^{3/2}\left(\frac{1}{1+\dfrac{b}{pr_0}}\right)^{3/2} \tag{4-18-3}$$

测量油滴上所带的电荷的目的是找出电荷的最小单位 e，为此可以对不同的油滴分别测出其所带的电荷值 q_i，它们应近似为某一最小单位的整数倍，即油滴电荷量的最大公约数，或油滴带电量之差的最大公约数，即为元电荷。

2. 动态测量法（选做）

考虑没有加外电场，重力场中一个足够小油滴的运动，设此油滴半径为 r，质量为 m_1，空气是黏性流体，则此运动油滴除受重力和浮力外还受黏性阻力的作用。由斯托克斯（Stokes）定律，黏性阻力与物体的运动速度成正比。设油滴以速度 v_f 匀速下落，则有

$$m_1g - m_2g = Kv_f \tag{4-18-4}$$

式中：m_2 为与油滴同体积的空气质量；K 为比例系数；g 为重力加速度。油滴在空气和重力场中的受力情况如图 4-18-3 所示。

图 4-18-3　重力场中油滴受力示意图　　　　图 4-18-4　重力场中油滴受力示意图
（平衡时，无外电场）　　　　　　　　　　（平衡时，有外电场）

若此油滴带电荷 q，并处在场强为 E 的均匀电场中，设电场力 qE 方向与重力方向相反，如图 4-18-4 所示。若油滴以速度 v_r 匀速上升，则有

$$qE = (m_1 - m_2)g + Kv_r \tag{4-18-5}$$

由式（4-18-4）和式（4-18-5）消去 K，可解出

$$q = \frac{(m_1 - m_2)g}{Ev_f}(v_f + v_r) \tag{4-18-6}$$

由式（4-18-6）可以看出，要测量油滴上携带的电荷 q，需要分别测出 m_1、m_2、E、v_r 等物理量。

由喷雾器喷出的小油滴半径 r 是微米数量级，直接测量其质量 m_1 也是困难的，为此希望消去 m_1，而代之以容易测量的量。设油和空气的密度分别为 ρ_1 和 ρ_2，于是半径为 r 的油滴的视重为

$$m_1g - m_2g = \frac{4}{3}\pi r^3(\rho_1 - \rho_2)g \tag{4-18-7}$$

由斯托克斯定律知，黏性流体对球形运动物体的阻力与物体速度成正比，其比例系数 K 为 $6\pi\eta r$，此处 η 为黏性系数，r 为物体半径。于是可将式（4-18-7）代入式（4-18-4），有

$$v_f = \frac{2gr^2}{9\eta}(\rho_1 - \rho_2) \tag{4-18-8}$$

因此

$$r = \left[\frac{9\eta v_f}{2g(\rho_1 - \rho_2)} \right]^{1/2} \qquad (4\text{-}18\text{-}9)$$

将式（4-18-7）和式（4-18-9）代入式（4-18-6），并整理得到

$$q = 9\sqrt{2}\pi \left[\frac{\eta^3}{(\rho_1 - \rho_2)g} \right]^{1/2} \frac{1}{E} \left(1 + \frac{v_r}{v_f} \right) v_f^{3/2} \qquad (4\text{-}18\text{-}10)$$

考虑到油滴的直径与空气分子的间隙相当，空气已不能看成是连续介质，其黏性系数 η 需作相应的修正：

$$\eta' = \frac{\eta}{1 + \dfrac{b}{pr}} \qquad (4\text{-}18\text{-}11)$$

式中：p 为空气压强；b 为修正常数，$b = 8.1 \times 10^{-4}$ m·Pa。因此

$$v_f = \frac{2gr^2}{9\eta} (\rho_1 - \rho_2) \left(1 + \frac{b}{pr} \right) \qquad (4\text{-}18\text{-}12)$$

当精度要求不是太高时，常采用近似计算方法先将 v_f 值代入式（4-18-9）计算得

$$r_0 = \left[\frac{9\eta v_f}{2g(\rho_1 - \rho_2)} \right]^{1/2} \qquad (4\text{-}18\text{-}13)$$

再将 r_0 值代入 η 中，并以 η 代入式（4-18-10），得

$$q = 9\sqrt{2}\pi \left[\frac{\eta^3}{(\rho_1 - \rho_2)g} \right]^{1/2} \frac{1}{E} \left(1 + \frac{v_r}{v_f} \right) v_f^{3/2} \left(\frac{1}{1 + \dfrac{b}{pr_0}} \right)^{3/2} \qquad (4\text{-}18\text{-}14)$$

实验中常常固定油滴运动的距离，通过测量油滴在距离 s 内所需要的运动时间来求得其运动速度，且电场强度 $E = \dfrac{U_r}{d}$（d 为平行板间的距离，U_r 为所加的电压）。因此，式（4-18-14）可写成

$$q = 9\sqrt{2}\pi d \left[\frac{(\eta s)^3}{(\rho_1 - \rho_2)g} \right]^{1/2} \frac{1}{U_r} \left(\frac{1}{t_f} + \frac{1}{t_r} \right) \left(\frac{1}{t_f} \right)^{1/2} \left(\frac{1}{1 + \dfrac{b}{pr_0}} \right)^{3/2} \qquad (4\text{-}18\text{-}15)$$

式中有些量和实验仪器以及条件有关，选定之后在实验过程中不变，如 d、s、$\rho_1 - \rho_2$、η 等，将这些量与常数一起用 C 代表，称为仪器常数，于是式（4-18-15）可简化成

$$q = C \frac{1}{U_r} \left(\frac{1}{t_f} + \frac{1}{t_r} \right) \left(\frac{1}{t_f} \right)^{1/2} \left(\frac{1}{1 + \dfrac{b}{pr_0}} \right)^{3/2} \qquad (4\text{-}18\text{-}16)$$

由此可知，测量油滴上的电荷，只体现在 U_r、t_f、t_r 上不同。对同一油滴，t_f 相同，U_r 与 t_r 不同，标志着电荷的不同。

【实验内容】

学习控制油滴在电场中的运动，并选择合适的油滴测量元电荷。要求至少测量 5 个不同的油滴，每个油滴应测量 5 次。

1. 调整油滴实验仪

1）水平调整

调整实验仪底部的旋钮（顺时针仪器升高，逆时针仪器下降），通过水准仪将实验平台调平，使平衡电场方向与重力方向平行以免引起实验误差。极板平面是否水平决定了油滴在下落或提升过程中是否发生前后、左右的漂移。

2）喷雾器调整

将少量钟表油缓慢地倒入喷雾器的储油腔内，使钟表油湮没提油管下方，油不要太多，以免实验过程中不慎将油倾倒至油滴盒内堵塞落油孔。将喷雾器竖起，用手挤压气囊，使得提油管内充满钟表油。

3）仪器硬件接口连接

主机接线：电源线接交流 220 V/50 Hz，Q9 视频输出接监视器视频输入（IN）。

监视器：输入阻抗开关拨至 75 Ω，Q9 视频线缆接 IN 输入插座。电源线接 220 V/50 Hz 交流电压。前面板调整旋钮自左至右依次为左右调整、上下调整、亮度调整、对比度调整。

4）实验仪联机使用

（1）打开实验仪电源及监视器电源，监视器出现欢迎界面。

（2）按任意键，监视器出现参数设置界面，先设置实验方法，然后根据该地的环境适当设置重力加速度、油密度、大气压强、油滴下落距离。

"←"表示左移键，"→"表示右移键，"＋"表示数据设置键。

（3）按确认键出现实验界面，将工作状态切换至"工作"，红色指示灯亮，将平衡、提升按键设置为"平衡"。

5）CCD 成像系统调整

从喷雾口喷入油雾，此时监视器上应该出现大量运动油滴的像，若没有看到油滴的像，则需调整调焦旋钮或检查喷雾器是否有油雾喷出，直至得到油滴清晰的图像。

2. 熟悉实验界面

在完成参数设置后，按"确认"键，监视器显示实验界面。不同的实验方法的实验界面有一定差异。

极板电压：实际加到极板的电压，显示范围 0～638 V。

经历时间：定时开始到定时结束所经历的时间，显示范围 0～99.99 s。

电压保存提示：将要作为结果保存的电压，每次完整的实验后显示。当保存实验结果后（即按下"确认"键）自动清零。显示范围同极板电压。

保存结果显示：显示每次保存的实验结果，共 5 次，显示格式与实验方法有关，如图 4-18-5 所示。

图 4-18-5　保存结果显示图

当需要删除当前保存的实验结果时，按下"确认"2 s 以上，当前结果被清除。

下落距离设置：显示当前设置的油滴下落距离。当需要更改下落距离的时候，按住"平衡、提升"键 2 s 以上，此时距离设置栏被激活（动态法 1 步骤和 2 步骤之间不能更改），通过"+"键（即"平衡、提升"键）修改油滴下落距离，然后按"确认"键确认修改，距离标志相应变化。

距离标志：显示当前设置的油滴下落距离，在相应的格线上做数字标记，显示范围 0.2～1.8 mm。

实验方法：显示当前的实验方法（平衡法或动态法），在参数设置画面一次设定。要改变实验方法，只有重新启动仪器（关、开仪器电源）。对于平衡法，实验方法栏仅显示"平衡法"字样；对于动态法，实验方法栏除了显示"动态法"以外还显示即将开始的动态法步骤。如将要开始动态法第一步（油滴下落），实验方法栏显示"1 动态法"。同样，当做完动态第一步骤，即将开始第二步骤时，实验方法栏显示"2 动态法"。

3. 选择适当的油滴并练习控制油滴

1）平衡电压的确认

仔细调整平衡电压旋钮使油滴平衡在某一格线上，等待一段时间，观察油滴是否漂离格线，若其向同一方向漂动，则需重新调整，若其基本稳定在格线或只在格线上下做轻微的布朗（Brown）运动，则可以认为其基本达到了力学平衡。由于油滴在实验过程中处于挥发状态，在对同一油滴进行多次测量时，每次测量前都需要重新调整平衡电压，以免引起较大的实验误差。事实证明，同一油滴的平衡电压将随着时间的推移有规律地递减，且其对实验误差的贡献很大。

2）控制油滴的运动

选择适当的油滴，调整平衡电压，使油滴平衡在某一格线上，将工作状态按键切换至"0 V"，绿色指示灯点亮，此时上、下极板同时接地，电场力为零，油滴将在重力、浮力及空气阻力下做下落运动，当油滴下落到有"0"标记的刻度线时，立刻按下定时开始键，同时计时器开始记录油滴下落的时间，待油滴下落至有距离标志（如 1.6）的格线时，立即按下"定时结束"键，同时计时器停止计时。经历一小段时间后 0 V、工作按键自动切换至"工作"（"平衡、提升"按键处于平衡），此时油滴将停止下落，可以通过"确认"键将此次测量数据记录到字幕上。

将工作状态按键切换至"工作"，红色指示灯点亮，此时仪器根据平衡或提升状态分两种情形：若置于"平衡"，则可以通过平衡电压调节旋钮调整平衡电压；若置于"提升"，则极板电压将在原平衡电压的基础上再增加 210 V 左右的电压，用来向上提升油滴。

3）选择适当的油滴

要做好油滴实验，所选的油滴体积要适中，建议选择平衡电压在 160 V、下落时间在 20 s（当下落距离为 2 mm 时）左右的油滴进行测量。选择油滴时，观察油滴随电压升降而上下运动的情况。通常把随电压升降上下运动的油滴作为观测对象。

具体操作：将定时器置为"结束"，工作状态置为"工作"，"平衡、提升"置为"平衡"，通过调节电压平衡旋钮将电压调至 160 V 以上，喷入油雾，此时监视器出现大量运动的油滴，观察上升较慢且明亮的油滴，然后降低电压，使之达到平衡状态。随后将工作状态置为"0 V"，油滴下落，在监视器上选择下落一格的时间约 2 s 的油滴进行测量。确认键用来实时记录屏幕上的电压值及计时值。当记录 5 组数据后，按下"确认"键，在界面的左面将出现 $\overline{V}$（表示 5 组电压的平均值）、$\overline{t}$（表示 5 组下落时间的平均值）、$\overline{Q}$（表示该油滴的 5 次测量的平均电荷量）的数值，若需继续实验，按"确认"键。

4. 正式测量

实验可选用平衡测量法（推荐使用）、动态测量法（选做）、改变电荷法（第三种方法所用射线源须用户自备，本实验室不具备条件）。实验前仪器必须水平调整。

1）平衡测量法

（1）开启电源，进入实验界面，将工作状态按键切换至"工作"，红色指示灯亮；将"平衡、提升"按键置于"平衡"。

（2）通过喷雾口向油滴盒内喷入油雾，此时监视器上将出现大量运动的油滴。选取适当的油滴，仔细调整平衡电压，使其平衡在某一起始格线上，如图 4-18-6 所示。

0	○（开始下落的位置） ●（开始计时的位置）	
↑ 油滴下落距离 ↓ 1.6	⋮ ●（结束计时的位置）	
	○（停止下落的位置）	

图 4-18-6　平衡测量法示意图

（3）将工作状态按键切换至"0 V"，此时油滴开始下落，当油滴下落到有"0"标记的格线时，立即按下"定时开始"键，同时计时器启动，开始记录油滴的下落时间。

（4）当油滴下落至有距离标记的格线时（如 1.6），立即按下"定时结束"键，同时计时器停止计（此时工作状态按键自动切换至"工作"，油滴将停止移动），此时可以通过"确认"按键将测量结果记录在屏幕上。

（5）旋转电压旋钮加电压，油滴将被向上提升，当回到高于"0"标记格线时，将"平衡、提升"键置回"平衡"状态，使其静止。

（6）重新调整平衡电压，重复步骤（3）～（5），并将数据记录到屏幕上（平衡电压 U 及下落时间 t）。当达到 5 次记录后，按"确认"键，界面的左面出现实验结果。

（7）重复步骤（2）～（6），测出油滴的平均电荷量。

至少测 5 个油滴，并根据所测得的电荷量 Q 求出它们的最大公约数，即为基本电荷 e 值（需要足够的数据统计量）。根据 e 的理论值，计算出 e 的相对误差。

2）动态测量法

（1）动态测量法分两步完成，第一步骤是油滴下落过程，其操作同平衡测量法。完成第一步骤后，若对本次测量结果满意，则可以按下"确认"键保存这个步骤的测量结果；若不满意，则可以删除（删除方法见前面所述）。

（2）第一步骤完成后，油滴处于距离标记格线以下，先通过"0 V""工作""平衡、提升"键配合使油滴下偏距离标记格线一定距离（见动态法第二步示意图）。然后调节电压调节旋钮加大电压，使油滴上升。当油滴到达标记格线时，立即按下"定时开始"键，此时计时器开始计时。当油滴上升到"0"标记格线时，立即按下"定时结束"键，此时计时器停止计时，但油滴继续上移。最后调节电压调节旋钮再次使油滴平衡于"0"格线以上。若对本次实验结果满意则按下"确认"键保存本次实验结果。

（3）重复以上步骤完成 5 次完整实验，按下"确认"键，出现实验结果画面，动态法没有提供计算，需要自己记录数据，利用计算软件计算。

动态测量法分别测出下落时间 t_f、提升时间 t_r、提升电压 U_r，代入式（4-18-15）即可求得油滴带电量 q。

密立根油滴实验视频

5. 注意事项

（1）CCD 盒、紧定螺钉、摄像头的机械位置不能变更，否则会对像距及成像角度造成影响。

（2）仪器使用环境：温度为 0～40 ℃的静态空气中。

（3）注意调整进油量开关，应避免外界空气流动对油滴测量造成影响。

（4）仪器内有高压，实验人员避免用手接触电极。

（5）实验前应对仪器油滴盒内部进行清洁，防止异物堵塞落油孔。

（6）注意仪器的防尘保护。

【数据处理】

平衡法依据的公式为

$$q = 9\sqrt{2}\pi d \left[\frac{(\eta s)^3}{(\rho_1 - \rho_2)g}\right]^{1/2} \frac{1}{U}\left(\frac{1}{t_f}\right)^{3/2}\left(\frac{1}{1+\dfrac{b}{pr_0}}\right)^{3/2} \tag{4-18-17}$$

式中：

$$r_0 = \left[\frac{9\eta s}{2g(\rho_1 - \rho_2)t_f}\right]^{1/2} \tag{4-18-18}$$

d 为极板间距，$d = 5.00 \times 10^{-3}$ m；η 为空气黏性系数，$\eta = 1.83 \times 10^{-5}$ kg/(m·s)；s 为下落距离，依设置，默认 1.6 mm；ρ_1 为油的密度，$\rho_1 = 9.81$ kg/m³（标准状况下，20 ℃）；ρ_2 为空气的密度，$\rho_2 = 1.2928$ kg/m³（标准状况下）；g 为重力加速度，$g = 9.80$ m/s²；p 为标准大气压强，$p = 101\,325$ Pa（76.0 cmHg）；U 为平衡电压；t_f 为油滴的下落时间。

注意：（1）由于油的密度远远大于空气的密度，即 $\rho_1 \gg \rho_2$，ρ_2 相对于 ρ_1 来讲可忽略不计（当然也可代入计算）。

（2）标准状况指大气压强 $p = 101\,325$ Pa，温度 $t = 20$ ℃，相对湿度 $\varphi = 50\%$ 的空气状态，实际大气压强可由气压表读出。

（3）油的密度随温度变化关系如表 4-18-1 所示。

表 4-18-1　油的密度随温度变化的关系表

$t / ℃$	0	10	20	30	40
$\rho / (\mathrm{kg/m^3})$	9.91	9.86	9.81	9.76	9.71

计算出各油滴的电荷后，求它们的最大公约数即为基本电荷 e 值（需要足够的数据统计量）。

有条件的同学，建议使用计算机编程计算。

【思考题】

1. 如何调节控制电压，使油滴处于平衡状态？
2. 如何判断油滴处于匀速运动状态？
3. 如何选择合适的油滴进行测量？
4. 判断在实验过程中，油滴是否有倾斜方向运动？分析其原因并提出解决办法。
5. 在实验中能否测量出分数电荷？为什么？
6. 为什么经过比较长时间测量，油滴会逐渐变小？

实验十九　霍尔效应综合实验

置于磁场中的载流体，如果电流方向与磁场垂直，那么在垂直于电流和磁场的方向会产生一个附加的横向电势差，这个现象是霍普金斯大学研究生霍尔（Hall）于 1879 年发现的，后被称为霍尔效应。如今霍尔效应不但是测定半导体材料电学参数的主要手段，而且利用该效应制成的霍尔器件已广泛用于非电量的电测量、自动控制和信息处理等方面。在工业生产要求自动检测和控制的今天，作为敏感元件之一的霍尔器件，将有更广泛的应用前景。

【实验目的】

学生完成本实验后将具备以下能力：
（1）描述霍尔效应的现象，解释其原理；阐述材料中电流、磁场与霍尔电压之间的关系。
（2）通过实验方法确定半导体类型、载流子浓度，以及迁移率。
（3）使用对称测量法消除负效应的影响。
（4）使用软件或手机应用对实验数据进行线性拟合并分析。
情感目标：学生完成本实验后合作交流能力应获得提升。

【实验仪器】

BEX-8508B 型霍尔效应实验仪、特斯拉计（teslameter）。
图 4-19-1 为实验仪的面板示意图。

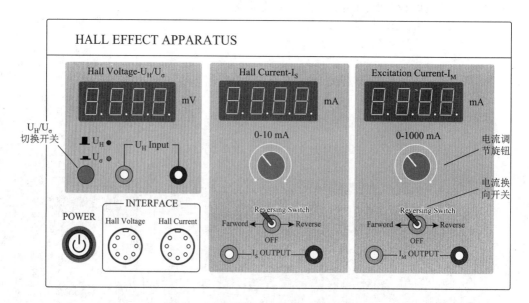

图 4-19-1　霍尔效应实验仪面板示意图

【注意事项】

（1）注意保护特斯拉计探头和霍尔效应探测单元探头，请勿用手或其他工具直接接触特斯拉计探头和霍尔效应探测单元探头。

（2）打开电源前，请将所有的电压（电流）调节旋钮都逆时针旋到底。

（3）实验完成后一定记得关闭所有电源，尤其是特斯拉计电源。

【实验原理】

1. 霍尔效应

霍尔效应从本质上讲是运动的带电粒子在磁场中受洛伦兹（Lorentz）力作用而引起的偏转。当带电粒子（电子或空穴）被约束在固体材料中，这种偏转就会导致在垂直电流和磁场方向上产生正负电荷的聚积，从而形成附加的横向电场，即霍尔电场 E_H。如图 4-19-2 所示的半导体样品，若在 x 方向通以电流 I_S，在 z 方向加磁场 $\boldsymbol{B}$，则在 y 方向即试样 A-A' 电极两侧就开始聚集异号电荷，并产生相应的附加电场 $\boldsymbol{E}_H$。电场的指向取决于试样的导电类型。对图 4-19-2（a）所示的 N 型样品，霍尔电场 E_H 逆 y 方向，图 4-19-2（b）的 P 型样品则沿 y 方向。

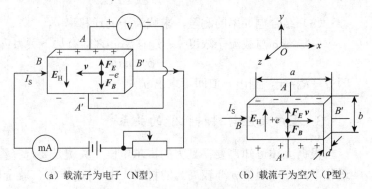

（a）载流子为电子（N型）　　　　（b）载流子为空穴（P型）

图 4-19-2　霍尔效应实验原理示意图

显然，霍尔电场 E_H 阻止载流子继续向侧面偏移。但是开始阶段 A-A' 电极聚集的电荷密度较小，霍尔电场 E_H 也较小，载流子会继续发生偏转并在 A-A' 电极聚集，电荷密度持续增加。直到聚集的电荷密度足够大，即霍尔电场 E_H 足够大的时候，载流子所受的横向电场力 eE_H 与洛伦兹力 evB 相等，此时载流子不再发生偏转，样品两侧电荷的积累就达到动态平衡，故有

$$eE_H = evB \tag{4-19-1}$$

式中：v 为载流子在电流方向上的平均漂移速度。

设样品的长为 w，宽为 b，厚度为 d，载流子浓度为 n，则

$$I_S = nevbd \tag{4-19-2}$$

由式（4-19-1）和式（4-19-2）可得，霍尔电压

$$U_H = E_H b = \frac{1}{ne}\frac{I_S B}{d} = R_H \frac{I_S B}{d} \tag{4-19-3}$$

式（4-19-3）表明，霍尔电压 U_H（A、A' 电极之间的电压）与 $I_S B$ 乘积成正比，与试样厚度 d 成反比。比例系数 $R_H = \dfrac{1}{ne}$ 称为霍尔系数，它是反映材料霍尔效应强弱的重要参数。

只要测出 U_H(V)，并知道 I_S(A)、B(T)、d(m)，就可计算

$$R_H = \frac{U_H d}{I_S B} \ (\mathrm{m^3/C})$$ （4-19-4）

2. 霍尔系数 R_H 与其他参数间的关系

根据 R_H 可进一步确定以下参数。

（1）由 R_H 的符号（或霍尔电压的正负）判断样品的导电类型。

判别的方法是按图 4-19-2 所示的 I_S 和 $\boldsymbol{B}$ 的方向，若测得的 $U_H = V_{A'A} < 0$，即点 A 电位高于点 A' 电位，则 R_H 为负，样品属 N 型；反之则为 P 型。

（2）由 R_H 求载流子浓度 n。

$$n = \frac{B}{ed} \frac{I_S}{U_H}$$ （4-19-5）

应该指出，关系式（4-19-5）是假定所有载流子都具有相同的漂移速度得到的。严格来说，如果考虑载流子的速度统计分布，需引入 $\frac{3}{8\pi}$ 的修正因子（可参阅黄昆、谢希德所著《半导体物理学》），即

$$n = \frac{3}{8\pi} \frac{B}{ed} \frac{I_S}{U_H}$$ （4-19-6）

（3）结合电导率的测量，求载流子的迁移率 μ。

电导率 σ 与载流子浓度 n、迁移率 μ 之间有如下关系：

$$\sigma = ne\mu$$ （4-19-7）

即 $\mu = |R_H| \sigma$，测出 σ 值即可求出 μ。

3. 霍尔效应与材料性能的关系

根据上述可知，要得到大的霍尔电压，关键是要选择霍尔系数大（即迁移率高、电阻率 ρ 亦较高）的材料。由于 $|R_H| = \mu\rho$，就金属导体而言，μ 和 ρ 均很低，而不良导体 ρ 虽高，但 μ 极小，上述两种材料的霍尔系数都很小，不能用来制造霍尔器件。半导体 μ 高，ρ 适中，是制造霍尔元件较理想的材料，因为电子的迁移率比空穴迁移率大，所以霍尔元件多采用 N 型材料；霍尔电压的大小与材料的厚度成反比，因此薄膜型的霍尔元件的输出电压较片状要高得多。就霍尔器件而言，其厚度是一定的，所以实际上采用

$$K_H = \frac{1}{ned}$$ （4-19-8）

来表示器件的灵敏度。式中：K_H 称为霍尔灵敏度（mV/(mA·T)）。

霍尔效应仪器实物照片

实验 1 测量霍尔电压 U_H 与电流 I_S 的关系

1. 对称测量法

值得注意的是，在产生霍尔效应的同时，因伴随着各种负效应，以致实验测得的 A、A' 两极间的电压并不等于真实的霍尔电压 U_H 值，而是包含

着各种负效应所引起的附加电压，因此必须设法消除。根据负效应产生的机理可知，采用电流与磁场换向的对称测量法，基本上能把负效应的影响从测量结果中消除。即在规定了电流和磁场正、反方向后，分别测量由下列四组不同方向的 I_S 和 B 组合的 $V_{A'A}$（A'、A 两点的电位差）即

$$+B, +I_S \qquad\qquad V_{A'A} = V_1$$
$$-B, +I_S \qquad\qquad V_{A'A} = V_2$$
$$-B, -I_S \qquad\qquad V_{A'A} = V_3$$
$$+B, -I_S \qquad\qquad V_{A'A} = V_4$$

然后求 V_1、V_2、V_3、V_4 的代数平均值，得到

$$U_H = \frac{V_1 - V_2 + V_3 - V_4}{4} \tag{4-19-9}$$

2. 实验步骤

（1）按要求连接导线。

（2）电流 I_S 和励磁电流 I_M 全部调到零，两个电流换向开关均置于"正向（Forward）"。

（3）打开所有电源开关。U_H/U_σ 切换开关设置为霍尔电压 U_H 测量。

（4）设置励磁电流 I_M（$0\sim 1\,000$ mA）到某个值（如 500 mA），并且记录下此时磁场 B 的大小。

（5）慢慢地增大霍尔电流 I_S，记录霍尔电压到表 4-19-1 的 V_1 中。

（6）使用对称测量法完成 V_2、V_3、V_4 的测量。I_S 的电流反向开关置于"正向（Forward）"对应 $+I_S$；I_S 的电流反向开关置于"反向（Reverse）"对应 $-I_S$；I_M 的电流反向开关置于"正向（Forward）"对应 $+B$；I_M 的电流反向开关置于"反向（Reverse）"对应 $-B$。

3. 数据处理

（1）完成数据记录，计算 U_H。

（2）使用计算机对数据进行线性拟合，给出拟合曲线图，横轴为 I_S，纵轴为 U_H。要求在图上标注出坐标轴对应物理量和拟合得到的方程。

（3）根据拟合结果给出斜率 k。

（4）写出斜率 k 与霍尔系数 R_H 之间的关系式，并由此计算出霍尔系数。

（5）根据计算的霍尔系数判断实验中用的材料是 P 型还是 N 型。

表 4-19-1　测绘 U_H-I_S 实验曲线数据记录表

$I_M = $ _____ mA　　　　磁场强度 $B = $ _____ mT

I_S/mA	V_1/mV	V_2/mV	V_3/mV	V_4/mV	$U_H = \dfrac{V_1 - V_2 + V_3 - V_4}{4}$ /mV
	$+B, +I_S$	$-B, +I_S$	$-B, -I_S$	$+B, -I_S$	
1.00					
1.50					
2.00					
2.50					
3.00					

续表

I_S/mA	V_1/mV	V_2/mV	V_3/mV	V_4/mV	$U_H = \dfrac{V_1 - V_2 + V_3 - V_4}{4}$/mV
	$+B, +I_S$	$-B, +I_S$	$-B, -I_S$	$+B, -I_S$	
3.50					
4.00					
4.50					
5.00					

斜率 $k =$ _____ V/A，霍尔系数 R_H 与斜率 k 之间的关系式为 $R_H =$ _____。

若厚度 $d = 1.2$ mm，将斜率等其他测量数据代入上面推导的关系式得出霍尔系数 $R_H =$ _____（此空填代入数字步骤）$=$ _____（此空填结果，要求带单位）。

可判断该样品为_____型（填 P 或 N），因为_____
_____。

实验 2　测量霍尔电压 U_H 与磁场 B 的关系

1. 实验步骤

（1）按要求连接导线。

（2）电流 I_S 和励磁电流 I_M 全部调到零，两个电流换向开关均置于"正向（Forward）"。

（3）打开所有电源开关，U_H/U_σ 切换开关设置为霍尔电压 U_H 测量。

（4）设置霍尔电流 I_S（0~10 mA）到某个固定的值（如 5 mA）。

（5）慢慢增大励磁电流 I_M（0~1 000 mA），记录下霍尔电压和磁场强度 B（特斯拉计测得或者查表获得）的关系到表 14-19-2。使用对称测量法完成 V_1、V_2、V_3、V_4 的测量。I_S 的电流反向开关置于"正向（Forward）"对应 $+I_S$；I_S 的电流反向开关置于"反向（Reverse）"对应 $-I_S$；I_M 的电流反向开关置于"正向（Forward）"对应 $+B$；I_M 的电流反向开关置于"反向（Reverse）"对应 $-B$。

2. 数据处理

（1）完成数据记录，计算 U_H。

（2）使用计算机对数据进行线性拟合，给出拟合曲线图，横轴为 B，纵轴为 U_H。要求在图上标注出坐标轴对应物理量和拟合得到的方程。

（3）根据拟合结果给出斜率 k。

表 14-19-2　测绘 U_H-B 实验曲线数据记录表

$I_S = 5.00$ mA

I_M/mA	B/mT	V_1/mV	V_2/mV	V_3/mV	V_4/mV	$U_H = \dfrac{V_1 - V_2 + V_3 - V_4}{4}$/mV
		$+B, +I_S$	$-B, +I_S$	$-B, -I_S$	$+B, -I_S$	
100						
200						

续表

I_M/mA	B/mT	V_1/mV	V_2/mV	V_3/mV	V_4/mV	$U_H = \dfrac{V_1 - V_2 + V_3 - V_4}{4}$ /mV
		$+B, +I_S$	$-B, +I_S$	$-B, -I_S$	$+B, -I_S$	
300						
400						
500						
600						

斜率 $k = $ _____ V/T

实验 3　测量霍尔元件电导率 σ

1. 实验原理

设图 4-19-2 中 B、B' 间的距离为 l，样品的横截面积为 $S = bd$，流经样品的电流为 I_S，在零磁场下，若测得 B、B' 间的电势差为 U_σ，则样品电导率为

$$\sigma = \frac{I_S l}{U_\sigma S} \qquad (4\text{-}19\text{-}10)$$

2. 实验步骤

（1）按要求连接导线。
（2）电流 I_S 和励磁电流 I_M 全部调到零，两个电流换向开关均置于"正向（Forward）"。
（3）打开所有电源开关。U_H/U_σ 切换开关设置为电压 U_σ 测量。
（4）调节电流 I_S，记录电压表显示的电压 U_σ。
注意：选择合适的 I_S 取值，使得 U_σ 不超过 1 999 mV。

3. 数据处理

（1）完成数据记录，计算 σ。
（2）计算 σ 的平均值和标准偏差。
（3）正确给出测量结果（注意正确使用有效数字和小数位数）。

表 4-19-3　霍尔元件电导率数据记录表

序号	I_S/mA	U_σ/mV	σ/(S/m)	σ 平均值/(S/m)	σ 标准偏差/(S/m)
1					
2					
3					
4					
5					
6					

电导率 $\sigma = $ _____ $\pm$ _____ （S/m）

【思考题】

1. 实验 1 是通过什么方法和原理实现磁场方向反转的？

2. 请推导出实验 1 中，拟合得到的斜率 k 与载流子浓度 n 之间的关系式。

3. 请推导出实验 2 中，拟合得到的斜率 k 与载流子浓度 n 之间的关系式。

4. 请推导出实验 2 中，拟合得到的斜率 k 与霍尔系数 R_H 之间的关系式。

5. 实验 3 可以用线性拟合法处理数据得出结果吗？结合实验 3 具体情况，设计一种基于线性拟合的方法处理测得的数据，并得出电导率。

6. 结合实验 1 计算的斜率 k 和实验 3 测量的电导率结果 σ，如何得出样品的载流子迁移率？请基于式（4-19-7）给出用 k 和 σ 表述的载流子迁移率的公式。

实验二十　光栅的衍射

衍射光栅是一种常用的分光元件，常用来精确测定光波波长及进行光谱分析。

物理学家托马斯·杨最早利用一块刻有一系列平行线的玻璃测微尺作为光栅，对阳光进行了观测。后续的夫琅禾费则使用细金属丝制成了一种细丝光栅，并利用他改制的带有角坐标的分光计来进行衍射角测量与研究。19 世纪的实验物理学家罗兰（Loran）发明了凹面光栅，利用它拍摄的太阳光谱，精度大大超过了以往。随着高性能激光器和光刻技术的发展，今天更能制造出高精度、高质量的光栅。衍射光栅性能稳定，分辨率高，广泛应用在各种光谱仪器中，在天文、工业等领域都有着不可替代的作用。

【实验目的】

学生完成本实验后将具备以下能力：

（1）理解和利用光栅方程解决实际问题。

（2）进一步熟悉分光计的使用。

（3）整理分析复杂的数据。

情感目标：形成小心细致、观察仔细的实验习惯；独立思考、分析问题的能力得到提升。

【注意事项】

（1）分光计调整好后，载物台和望远镜下的螺丝不要乱拧。

（2）严禁用手触摸光栅表面，极易造成观察困难。

【实验仪器】

分光计、钠光灯、衍射光栅、平行平面反射镜。

（1）衍射光栅分为透射光栅和反射光栅，本实验用平面透射光栅。透射式平面光栅是在光学玻璃上，通过光刻技术，刻画大量互相平行、宽度和间距相等的刻痕制作而成的。

光栅的衍射

（2）分光计，通过分光计来观察衍射现象，并对衍射角进行测量。

（3）钠光灯，光源，形成单色光射到光栅上，产生衍射现象。

【实验原理】

以单色平行光垂直照射到光栅上，通过每条狭缝的光都将发生衍射，所有的衍射光经过透镜后便相互干涉，并在透镜焦平面上形成一系列衍射条纹，条纹位置由光栅衍射公式（即光栅方程）确定：

$$d \sin \varphi_k = \pm k\lambda \quad (k = 0, 1, 2, \cdots) \qquad (4\text{-}20\text{-}1)$$

式中：d 为相邻狭缝间的距离，称为光栅常数；λ 为入射光的波长；k 为明条纹的级次；φ_k 为第 k 级明条对应的衍射角，即衍射光线与光栅平面法线之间的夹角。光栅衍射如图 4-20-1 所示。

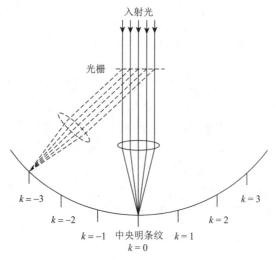

图 4-20-1　光栅衍射

根据光栅方程，$k = 0$ 的亮条纹称为中央条纹或零级条纹，$k = \pm 1$ 为左右对称分布的一级条纹，$k = \pm 2$ 为左右对称分布的二级条纹，余类推。

根据光栅方程，若已知入射光的波长，并测出第 k 级明纹的衍射角 φ_k，就可求出所用光栅的光栅常数 d；反之，若已知所用光栅的光栅常数 d，并测出第 k 级明纹的衍射角 φ_k，即可求出入射光的波长。

【实验内容】

1. 调节分光计

（1）使望远镜适合观察平行光。

（2）平行光管发射出平行光。

（3）望远镜轴线与平行光管轴线都垂直于分光仪主轴线（分光计调整方法和要求见实验七分光计的结构与调整）。

2. 调节光栅

要求达到：①光栅平面与平行光管的光轴垂直；②光栅条纹与分光计转轴平行。

具体调整步骤：光栅在小平台上最佳放置位置，如图 4-20-2 所示。以光栅面作反射面，用自准法调节光栅面与望远镜光轴垂直。调节小平台下螺丝 b、c，到能观察到图 4-20-3 所示情况，则说明光栅平面已严禁格垂直于自准直望远镜的光轴，同时平行光管光轴也基本垂直于光栅面。此时同一级明条纹在中央明纹两边的衍射角应相等。

3. 测量衍射角

（1）左右旋转望远镜，观察各级衍射条纹。若正负极条纹不等高，即叉丝的交点不在各级条纹的中央，则应调节小平台下螺钉 a，直到中央明纹两侧的衍射条纹基本上等高为止。

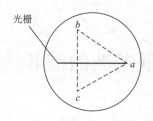

图 4-20-2　光栅的最佳放置位置

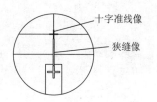

图 4-20-3　正确的分划板图像

（2）测定各级明纹的衍射角 φ_k。

由于衍射条纹对中央明纹是对称的，为了提高测量准确度，测量第 k 级明纹时，采取测出 $+k$ 和 $-k$ 级明纹的位置，两角度之和乘以二分之一即为衍射角 φ_k。

测量时，将望远镜称至最左（右）端，从左（右）到右（左），记录各对应明纹的位置读数到表 4-20-1，以免漏测数据，重复测量多次。

【数据处理】

表 4-20-1　衍射条纹的记录

次数	0 级条纹		+1 级条纹		–1 级条纹		+2 级条纹		–2 级条纹		+3 级条纹		–3 级条纹	
	θ_0	θ_0'	θ_{+1}	θ_{+1}'	θ_{-1}	θ_{-1}'	θ_{+2}	θ_{+2}'	θ_{-2}	θ_{-2}'	θ_{+3}	θ_{+3}'	θ_{-3}	θ_{-3}'
1														
2														
3														
4														
5														

表 4-20-2　衍射角的计算

次数	+1 级 φ_{+1}	+2 级 φ_{+2}	+3 级 φ_{+3}	–1 级 φ_{-1}	–2 级 φ_{-2}	–3 级 φ_{-3}	1 级衍射角 $\varphi_1=\frac{1}{2}(\varphi_{+1}+\varphi_{-1})$	2 级衍射角 $\varphi_2=\frac{1}{2}(\varphi_{+2}+\varphi_{-2})$	3 级衍射角 $\varphi_3=\frac{1}{2}(\varphi_{+3}+\varphi_{-3})$
1									
2									
3									
4									
5									
平均值									

表 4-20-2 中，$\varphi_k=\frac{1}{2}(|\theta_k-\theta_0|+|\theta_k'-\theta_0'|)$ $(k=+1,-1,+2,-2,-3,+3)$。

已知钠光的波长为 589.3 nm，根据公式 $d\sin\varphi_k=k\lambda$ $(k=1,2,3)$，即可求出光栅常数 d。

【思考题】

1. 钠光灯射到 1 mm 内有 500 条刻痕的平行透射光栅上时，最多能看到第几条明纹？

2. 在观察光栅衍射时，如果分光计的狭缝打开得太宽或太窄，会出现什么现象？为什么会出现这种现象？

实验二十一　　用双棱镜测量光波的波长

　　自 1801 年起，托马斯·杨在英国皇家学会连续宣读了数篇关于光的波动说分析干涉现象的论文。他所进行的著名的双孔干涉实验被后人称为杨氏双缝实验。杨氏双缝实验利用分波面法获得相干光，通过对干涉条纹特性的分析得出了许多具有重要理论及实际意义的结论，大大深化了人们对干涉原理及相干光的认识，在物理学史上具有重要的地位。

　　双棱镜干涉实验是法国科学家菲涅耳（Fresnel）在杨氏双缝实验的基础上改进而来的。它利用双棱镜分波面获得两束相干光，使之叠加形成干涉，并根据干涉条纹的空间分布以及条纹与相干光源的相对位置关系测出光波波长。该实验增加了相干波面的有效照明面积，从而增强了入射光强，使干涉现象明显，易于测量。

　　双棱镜干涉实验验证了光的波动特性，为推动波动光学的发展奠定了基础。目前国内外已将双棱镜干涉实验应用在许多领域，如相衬成像、全息显微技术等。双棱镜干涉实验也为光波的波长测量提供了一种直观、简捷、准确的方法。

【实验目的】

　　学生完成本实验后将具备以下能力：

　　（1）掌握利用双棱镜分波面获得双光束干涉的方法。

　　（2）观察双棱镜干涉现象，加深对光的波动特性和干涉知识的理解。

　　（3）学会利用双棱镜测量光波波长的方法。

　　（4）掌握干涉装置的光路调节技术，熟悉多元件同轴等高的调节方法。

　　情感目标：

　　（1）培养基于客观事实的思辨能力，养成对客观现象背后本质的敏感性。

　　（2）培养团队协作、沟通交流的能力。

【实验仪器】

　　光学平台 1 台；

　　钠光灯 1 个；

　　可调单缝 1 个；

　　双棱镜 1 个；

　　凸透镜 1 个；

　　测微目镜 1 个；

　　白屏 1 个。

【实验原理】

　　双棱镜亦称菲涅尔双棱镜，它是在一块玻璃薄板上，将上表面加工成两块楔形板，楔角很小（约 1°），如图 4-21-l 所示。

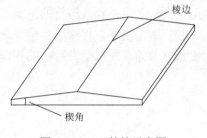

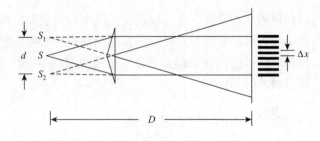

图 4-21-1　双棱镜示意图　　　　图 4-21-2　双棱镜干涉实验的光路图

双棱镜干涉实验的光路如图 4-21-2 所示。用单色光源照亮狭缝 S，由狭缝射出的光投射到双棱镜的棱脊上，经折射后形成两束光。这两束光相当于由两个符合相干条件的虚光源 S_1 和 S_2 发出，于是在它们的重叠区域内产生干涉。

设 S_1 与 S_2 之间的距离为 d，S_1 和 S_2 所在平面到观察屏的距离为 D，任何两相邻明（或暗）条纹之间的距离为 Δx，则入射光波长

$$\lambda = \Delta x \frac{a}{D} \qquad\qquad (4\text{-}21\text{-}1)$$

从实验中测得 D、d、Δx，即可算出波长 λ。

【实验内容】

本实验在光学平台上进行，实验装置示意图如图 4-21-3 所示。

图 4-21-3　双棱镜实验装置示意图

1. 调节同轴、等高

为了使光源（钠光灯）、狭缝 S、双棱镜 B、凸透镜 L、测微目镜 M 同轴等高，应先粗调（目视粗调）后细调，分几步进行调整。

（1）调光源与狭缝同轴等高，使白屏上形成一个尽可能均匀明亮的光斑。

将光源 N 摆放在光学平台的一端，狭缝 S 紧贴着光源放置以减少杂散光的进入，白屏放在狭缝的后面。调整狭缝 S 的高度和位置，使狭缝 S 与光源 N 的中心处于同一直线上且同一水平高度，之后将狭缝 S 的底座旋到"ON"状态锁紧其位置。稍微调大狭缝 S 的单缝，使经过单缝的光照到白屏上，调整光源的高度、出光孔的方向，使白屏上呈现一个尽可能均匀和明亮的方形光斑。当白屏在光学平台上前后移动时，光斑中心在屏上位置保持不变。

（2）调双棱镜 B、狭缝 S、测微目镜 M 同轴等高，使白斑中的竖直亮线从测微目镜中央进入。将双棱镜 B 放入狭缝 S 与白屏之间，双棱镜 B 处于狭缝 S 约 9～10 cm 的位置，保证双棱镜、狭缝、白屏同轴等高。这时可以观察到白屏上的光斑中出现一条亮而窄的线。微调

双棱镜的左右位置，使亮线居于光斑中均匀明亮区域的正中央，之后锁紧双棱镜的位置。如果亮线歪斜，就调节双棱镜顶部的螺丝使其回复到竖直状态。移走白屏，将测微目镜等高度地摆放在双棱镜 B 后面，距离双棱镜约 50～60 cm 远，使光斑中的亮线从测微目镜的物镜正中央射入。

2. 调出清晰的干涉条纹

将狭缝 S 完全关闭后再开大一点，保证能从测微目镜 M 中看到黄颜色的光场即可。微调狭缝的方向，先往一个方向调节，调节的角度要尽可能小，当调至狭缝与双棱镜棱脊的方向严格平行时，就可以在测微目镜的视场中看到清晰的干涉条纹，反之则看不到。如果在一个方向上调节始终看不到干涉条纹，那么就反方向对狭缝方向进行缓慢调节，直到能看到条纹为止。

3. 测量光波波长

调节单缝、双棱镜以及测微目镜的位置，固定各元件位置，使测微目镜的视场中出现 8 条以上干涉条纹，用物距相距法测量两虚光源之间的距离 d。

（1）测量条纹间隔 Δx（相邻条纹的间隔）。

为避免引入空程误差，调节十字叉丝时应使其从干涉区域一端逐条移向另一端，并记录相应的读数 $x_1, x_2, \cdots, x_8$。为提高测量精度可用逐差法处理数据。

逐差法是针对自变量和因变量都做等量变化时，将所测得的有序数据做等间隔相减后再取其差的平均值得到的结果，其优点是充分利用了测量数据，可及时纠正差错，总结数据分布规律，减小误差。逐差法是物理实验中常用的一种数据处理方法。本实验中每相邻两条条纹的间隔 Δx 相等。当测得 8 条条纹的中心坐标分别为 $x_1, x_2, \cdots, x_8$ 时，先把数据按顺序分为两组进行对应项相减，得到 $x_5 - x_1, x_6 - x_2, x_7 - x_3, x_8 - x_4$，然后分别除以 4 得到 $\Delta x_1,$ $\Delta x_2, \Delta x_3, \Delta x_4$，则 $\Delta x = (\Delta x_1 + \Delta x_2 + \Delta x_3 + \Delta x_4) / 4$。这就是运用逐差法计算得到条纹间隔 Δx 的过程。

（2）测量 D（单缝 S 与测微目镜 M 的间距）。

用卷尺直接测出单缝 S 与测微目镜 M 之间的距离 D，注意卷尺的最小刻度为毫米，读数时保留一位小数。

（3）测量 d（两虚光源之间的距离）。

S_1 和 S_2 既然是虚光源，所以无法直接度量其间距，可借助于凸透镜形成实像用物距像距法进行测量。注意，在测量 d 的过程中，不得改变狭缝与双棱镜的相对位置，凸透镜的焦距约为 9 cm。用物距相距法测量两虚光源之间的距离 d，必须保证单缝 S 与测微目镜 M 之间的距离显著大于 $4f$，并且能用测微目镜测出两个虚像所成的实像的间距 d'。

在双棱镜 B 与测微目镜 M 之间放入焦距为 f 的凸透镜 L，调节透镜 L，使其与其他元件同轴等高，移动透镜 L 的位置，使两虚光源 S_1 和 S_2 在目镜上形成清晰的实像即左右两明纹，用测微目镜测出两明纹中心之间的间距 d'，若用 u 表示物距，v 表示像距，d' 为用测微目镜测出的实像的间距，则

$$d = \frac{u}{v} d' \tag{4-21-2}$$

【数据处理】

1. 测量 Δx

表 4-21-1　Δx 的测量数据

数据	干涉条纹序号 i			
	1	2	3	4
干涉条纹位置 x_i /mm				
干涉条纹位置 x_{i+4} /mm				
$4\Delta x_i = x_{i+4} - x_i$				
条纹间隔 $\Delta x_i = \dfrac{x_{i+4} - x_i}{4}$				

$$\overline{\Delta x} = \frac{1}{4}\sum \Delta x_i = \underline{\hspace{2cm}}\text{mm}$$

2. 测量 D

$$D = \underline{\hspace{2cm}}\text{mm}$$

3. 测量 d

表 4-21-2　d 的测量数据

次数	物距 u/mm	相距 v/mm	左明纹中心 l_1/mm	右明纹中心 l_2/mm	测微目镜测得的实像间距 $d' = l_2 - l_1$/mm	两虚光源的间距 d/mm
1						
2						
3						

$$\overline{d} = \underline{\hspace{2cm}}\text{mm}$$

$$\lambda = \overline{\Delta x}\frac{\overline{d}}{D} = \underline{\hspace{2cm}}\text{mm}$$

【思考题】

1. 双棱镜干涉的基本原理和方法是什么？
2. 干涉条纹的间距与哪些因素有关？其变化规律是什么？
3. 本实验中获得清晰的干涉条纹的关键是什么？
4. 如何利用测微目镜读数？

用双棱镜测量光波
波长视频讲解

实验二十二　用牛顿环测透镜的曲率半径

英国科学家牛顿于 1675 年在制作天文望远镜时，偶然发现了牛顿环现象。他用一个曲率半径大的凸透镜与一个平面玻璃相接触，用白光照射时，其接触点出现明暗相间的同心彩色圆环，用单色光照射，则出现明暗相间的单色圆环。这一干涉现象称为牛顿环。

对于光元件球面曲率半径的测量，一般常用的方法有机械法和光学法，本实验介绍的牛顿环法是光学法中的一种，适于测量大的曲率半径。牛顿环是一种振幅分割的干涉器件，实验装置简单，但测量精度很高，而且透镜的球面可以呈凸面或凹面。

【实验目的】

学生完成本实验后将具备以下能力：

（1）阐述等厚干涉现象、特征及原理。

（2）正确调节读数显微镜及观察到干涉条纹。

（3）使用牛顿环干涉方法测量透镜的曲率半径。

情感目标：培养实事求是、一丝不苟的学习态度，实践创新功能开发的能力获得提升。

【实验仪器】

SGH-1 型牛顿环实验装置实物如图 4-22-1 所示。

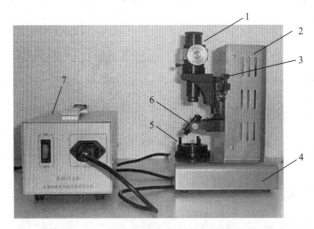

图 4-22-1　SGH-1 型牛顿环实验装置实物图

1. 显微镜；2. 钠灯；3. 调焦旋钮；4. 底座；5. 牛顿环；6. 半透半反镜；7. 与钠灯适配的镇流器

主要技术参数如下。

（1）显微镜放大率：15 倍；

（2）分划板测量范围：8 mm；

（3）测量精度：0.01 mm；

（4）牛顿环平凸透镜曲率半径：868.5 mm；

（5）钠灯功率：20 W；

（6）电源：220 V，50 Hz。

【注意事项】

严禁用手擦拭读数显微镜的物镜和目镜表面，严禁用手擦拭牛顿环套件的光学玻璃表面。牛顿环金属圆框上的三个螺丝不可用力锁紧，以免平凸透镜破裂或严重变形，影响测量的准确度。恰到好处的调节是让面积最小的环心稳定在镜框中央。

【实验原理】

将一束光线一分为二，经历不同光程后再合在一起，就会产生干涉现象。在一块精磨的平面玻璃片 B 上放置一个曲率半径 R 很大的平凸透镜 A，透镜凸面与玻片相切于点 C。因此，在 A 与 B 之间会形成一层以点 C 为中心，向四周厚度逐渐增加的空气薄膜。若用平行单色光垂直照射透镜，从反射光的方向观察，可以看到以切点为中心的一系列明暗相间的、中心较疏外圈较密的同心圆环，如图 4-22-2 所示。

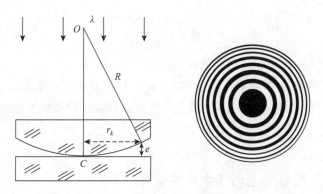

图 4-22-2　牛顿环的形成（平凸透镜）

设透镜球面的球心为 O，半径为 R，距切点 C 为 r_k 处的空气薄膜厚度为 e，由几何关系可得

$$(R-e)^2 + r_k^2 = R^2 \tag{4-22-1}$$

通常 $R \gg e$，故 e^2 可忽略，则有

$$e = \frac{r_k^2}{2R} \tag{4-22-2}$$

当光线垂直射到平面玻片 B 并反射产生干涉时，空气薄膜上下两面的反射光程差

$$\Delta = 2e + \frac{\lambda}{2} \tag{4-22-3}$$

式中：$\frac{\lambda}{2}$ 为半波损失。

由光波干涉理论，形成牛顿环的空气薄膜厚度 e，满足条件

$$2e + \frac{\lambda}{2} = \begin{cases} k\lambda & (k=1,2,3,\cdots) \quad \text{明环} \\ (2k+1) & (k=0,1,2,\cdots) \quad \text{暗环} \end{cases} \tag{4-22-4}$$

将式（4-22-2）代入式（4-22-4），有明环和暗环半径分别为

$$r_k = \begin{cases} \sqrt{\dfrac{2k-1}{2} \cdot R\lambda} & (k=1,2,3,\cdots) \quad \text{明环} \\ \sqrt{kR\lambda} & (k=0,1,2,\cdots) \quad \text{暗环} \end{cases} \tag{4-22-5}$$

由式（4-22-5）可知，只要知道单色光的波长，并测定第 k 级条纹（无论明纹、暗纹）的半径 r_k，就可以计算出透镜的曲率半径。

实际上，由于两镜面接触点之间难免存在细微的尘埃或缺陷等，使光程差产生难以确定的变化，中央暗点可变为亮点或若明若暗；再者，接触压力引起的玻璃形变会使接触点扩大成一个接触面，以致接近圆心处的干涉条纹可能不是一个理想的圆，而是一个不太规则的圆形斑，这就给牛顿环的级数 k 和环的中心带来某种程度的不确定性。因此，在实际的测量中经常采用测量环直径的办法，以避免干涉环半径测量的不便。

在实际测量中，一般采用测量两个不同的环直径相减的办法来计算 R。

设有两个远离切点中心的序数分别为 m 和 n（注意不是级数）的环，半径分别为 r_m 和 r_n，则

$$R = \frac{r_m^2 - r_n^2}{(m-n)\lambda} \tag{4-22-6}$$

折算为直径则有

$$\acute{R} = \frac{D_m^2 - D_n^2}{4(m-n)\lambda} \tag{4-22-7}$$

式中：D_m 和 D_n 分别为序数为 m 和 n 的环直径。

由于 m 和 n 有着相同的不确定程度，利用 $m-n$ 这一相对性测量恰好消除了由绝对测量的不确定性带来的误差。另外，为了尽量避免形变等误差，应尽量使 n 和 $m-n$ 的值取大一些。

【实验内容】

1. 利用日光灯或自然光调节牛顿环套件

将牛顿环套件拿在手中，注意不要用手接触光学表面。对着日光灯或自然光找到干涉图样，轻轻拧动套件框架边上的三个调节手钮，使牛顿环中心干涉条纹大概处于透镜正中，无畸变且较小。

2. 光路调节

将读数显微镜装在架上，先接通钠灯电源后经过大约 5 min 灯泡发出较强的钠黄光，然后转动半透半反镜的镜框，使镜面与显微镜光轴成 45°角，钠黄光被反射到牛顿环套件上，显微镜视场即出现一系列明暗相间的同心环。再用手钮锁紧 45°镜子后，利用牛顿环套件上的左前、右前、中后三个调节手钮配合调节，使干涉环的环心与显微镜分划板中心的十字叉丝的交点重合。最后转动目镜，对分划板聚焦，转动调焦手钮，直到视场内干涉环普遍清晰，并且与叉丝之间无视差。消视差调节必须耐心地配合目镜调焦仔细操作。

3. 测量

转动显微镜读数鼓轮，先将分划板叉丝从中心向左侧移动，同时数出叉丝扫过的环数。要求叉丝越过第 45 环，然后退回 40 环开始读数，并沿同一方向依次读完全部数据，以避免空程误差。

同向测量时，先从左侧第 40 环依次计数到左侧第 31 环，然后从第 20 环依次计到第 11 环。再继续同向移动叉丝越过环心，依次测出记录从右侧第 11 环到第 20 环和从右侧第 31 环到第 40 环的所有数据。注意同向测量时读数鼓轮绝对不允许倒转，注意不要数错条纹序数。

【数据处理】

表 4-22-1　牛顿环测量数据

钠光灯光波波长 $\lambda = 589.3 \, \text{nm}$

环的序数	m	40	39	38	37	36	35	34	33	32	31	30	平均值
环的位置读数/mm	左												
	右												
环的直径 $D_m = \vert$左−右$\vert$	D_m												
环的序数	n	20	19	18	17	16	15	14	13	12	11	10	—
环的位置读数/mm	左												
	右												
环的直径 $D_n = \vert$左−右$\vert$	D_n												
D_m^2													
D_n^2													
$D_m^2 - D_n^2$													
$\Delta(D_m^2 - D_n^2)$													

曲率半径 $R = \dfrac{\overline{(D_m^2 - D_n^2)}}{4(m-n)\lambda} = \underline{\hspace{3cm}}$ （m）

相对误差 $\dfrac{\Delta R}{R} = \dfrac{\overline{\Delta(D_m^2 - D_n^2)}}{D_m^2 - D_n^2} = \underline{\hspace{3cm}}$

绝对误差 $\Delta R = \dfrac{\Delta R}{R} \cdot R = \underline{\hspace{3cm}}$ （m）

结果 $R = (\underline{\hspace{1.5cm}} \pm \underline{\hspace{1.5cm}})$ （m）

【思考题】

1. 为什么相邻两暗条纹（或明条纹）之间的距离靠近中心的要比边缘的大？

2. 为什么在实测中不测量干涉条纹的半径，而测量它的直径？

3. 本实验中，如果所测的不是牛顿环的直径，而是测定弦长是否可以？试作图推证你的结论？

4. 如何用等厚干涉原理检验光学平面的表面质量？

5. 试推证平凹透镜形成牛顿环的半径计算公式（类似于式 14-22-7），并作图辅助分析。

实验二十三　用迈克耳孙干涉仪测光波波长

迈克耳孙干涉仪是 1881 年美籍德裔物理学家迈克耳孙为研究以太漂移而设计制造的精密光学仪器，它利用分振幅法产生双光束以实现干涉。自 1881 年问世以来，迈克耳孙曾用它完成了三个著名的实验：否定以太的迈克耳孙-莫雷（Morley）实验、光谱精细结构、利用光波波长标定长度单位。迈克耳孙-莫雷实验结果否定了以太的存在，正是这次实验的否定结论催生了爱因斯坦（Einstein）于 1905 年提出的狭义相对论。

迈克耳孙干涉仪原理简单，构思巧妙，堪称精密光学仪器的典范。

【实验目的】

（1）了解迈克耳孙干涉仪的结构、原理及调整方法。
（2）观察等倾干涉条纹的特点，了解其形成条件。
（3）测量 He-Ne 激光的波长。

【实验仪器】

迈克耳孙干涉仪实物图

SGM-1 型迈克耳孙干涉仪是一种分振幅双光束干涉仪，其结构示意如图 4-23-1 所示。G_1 和 G_2 是两块厚度和折射率都相同的平行玻璃板，它们彼此严格平行。G_1 是分光板，G_2 是补偿板。M_1 和 M_2 是两个平面反射镜，M_1 与 M_2 垂直，分光板 G_1、补偿板 G_2，以及两个平面镜 M_1、M_2 及其调节架安装在平台式的基座上。利用镜架背后的螺丝可以调节镜面的倾角。M_2 是可移动镜，它的移动量由螺旋测微器读出，经过传动比为 20∶1 的机构，从读数头上读出的最小分度值相当于动镜 0.000 5 mm 的移动。

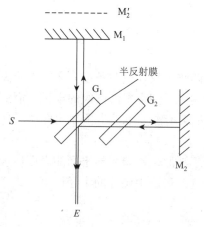

图 4-23-1　迈克耳孙干涉仪结构示意图

主要技术参数和规格如下。

分光板和补偿板平面度：不大于 $\dfrac{1}{20}\lambda$。

微动测量分度值：相当于 0.000 5 mm。

移动镜行程：1.25 mm。

He-Ne 激光器功率：0.7～1 mW。

波长测量准确度：当条纹计数 100 时，相对误差小于 2%。

【注意事项】

使用 He-Ne 激光器做光源时，眼睛不可以直接面对激光光束传播方向凝视、接收、观察干涉条纹，应使用毛玻璃屏，不要用肉眼直接观察，以免伤害视网膜。

【实验原理】

1. 迈克耳孙干涉仪的光路

反射镜 M_1 与 M_2 相互垂直，分光板 G_1 和补偿板 G_2 均与 M_1、M_2 成 45°角。从单色光源 S 发出的光线射到分光板 G_1 上，G_1 前后两个面严格平行，后表面是镀有铝或银的半反膜，光线被半反膜分解为相互垂直的两束光。反射束 1 经 M_1 反射后，沿原光路返回，并由 M_1 透射到达光屏 E 处。透射束 2 经 M_2 反射后，沿原光路返回，再由 G_1 的反射膜反射到达光屏 E 处。由于光束 1 和光束 2 来自同一束光，在重叠的区域相互干涉，在 E 处就能观察到干涉条纹。

设 M_2' 是由 G_1 的半反射膜反射所构成的虚像，显然光束 2 经 M_2' 反射到达点 E 的光程与它经 M_2 反射到达点 E 的光程严格相等。观察者从点 E 看来，光束 2 好像是从 M_2' 反射来的，所以在屏上所观察到的干涉条纹是由 M_1 和 M_2' 所构成的薄空气层两个表面的反射光叠加所形成的。

2. 迈克耳孙干涉仪的干涉条纹

调节仪器，使 M_1 与 M_2 严格垂直，入射角为 θ 的一束光经 M_1 和 M_2' 反射后成为相互平行的两束光，如图 4-23-2 所示。

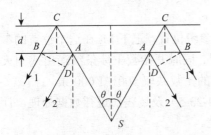

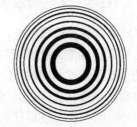

图 4-23-2　迈克耳孙干涉仪的干涉光路图　　　图 4-23-3　迈克耳孙干涉仪的等倾干涉条纹

光束 1 和光束 2 的光程差

$$\delta = AC + BC - AD = \frac{2d}{\cos\theta} - 2d\tan\theta\sin\theta = 2d\left(\frac{1}{\cos\theta} - \frac{\sin^2\theta}{\cos\theta}\right) = 2d\cos\theta \tag{4-23-1}$$

显然，当 d 一定时，光程差只随入射角 θ 改变，同一入射角的光线有相同的光程差。若用透镜把光束会聚，入射角相同的光线在透镜的焦平面上将形成干涉条纹，这种条纹是以透镜的光轴为圆心的一组明暗相间的同心圆。这种干涉条纹称等倾干涉条纹，如图 4-23-3 所示。

第 k 级明条纹的方程为

$$2d\cos\theta = k\lambda \tag{4-23-2}$$

在等倾干涉条纹中，干涉级别以圆心为最高，此时

$$2d = k\lambda, \qquad k = \frac{2d}{\lambda} \tag{4-23-3}$$

从圆心到边缘，条纹级次逐渐降低。当 d 增加时，圆环从中心涌出，条纹变细，变密；当 d 减小时，圆环在中心湮灭，条纹变粗，变疏。

每涌出或湮灭一个圆环，相当于 M_1 与 M_2' 光程差改变一个波长 λ。设移动的距离为 Δd，相应涌出或湮灭的圆环数为 n，则由式（4-23-3）可知

$$2\Delta d = \Delta k\lambda = n\lambda \tag{4-23-4}$$

故有

$$\lambda = \frac{2\Delta d}{n} \tag{4-23-5}$$

由此可见，只要从仪器上读出相应的 Δd 及相应的 n，就可以算出光波的波长。

【实验内容】

1. 迈克耳孙干涉仪的调整及等倾干涉图样的观察

（1）先将扩束器转移到光路以外，毛玻璃屏安置在图 4-23-1 点 E 处。调节 He-Ne 激光器支架，使光束平行于仪器的台面，从分束器平面的中心入射，使各光学镜面的入射和出射点至台面的距离约为 70 mm，并以此为准，调节平面镜 M_1 与 M_2 的倾角，使毛玻璃屏中央两组光点重合。然后将扩束器置入光路，即可在毛玻璃屏上获得干涉条纹。这时 M_1 与 M_2 大致是垂直的，即 M_1 与 M_2' 大致是相互平行的。

（2）面对毛玻璃屏上的激光干涉条纹，只要仔细调节平面镜，逐步把干涉环的圆心调到视场中央，即可认为获得了等倾干涉图样。

（3）转动螺旋测微器手轮，使 M_2 前后移动，观察条纹的变化，从条纹的涌出和湮灭说明 M_1 与 M_2 之间的距离 d 是变大还是变小，并解释条纹的粗细、疏密与 d 的关系。

2. 测量 He-Ne 激光的波长

（1）先转动螺旋测微器手轮，使 M_2 移动至一个参考位置，记下 M_2 在这个位置的参考读数。然后继续旋转螺旋测微器手轮，改变 M_2 的位置，同时开始数干涉条纹涌出或湮灭的条数，每移动 100 条记下相应的 M_2 位置的读数，移动的条数共取 500～1 000 条。

（2）将数据记录在表 4-23-1 中，并利用公式（4-23-5）及逐差法进行数据处理，计算出 He-Ne 激光光源的波长，最后计算出波长的相对误差。

【数据处理】

表 4-23-1　He-Ne 激光的波长

数据	次数									
	1	2	3	4	5	6	7	8	9	10
d/mm										
n/条										

【思考题】

1. 迈克耳孙干涉仪是如何提高波长的测量精度的？

2. 参考大学物理中相对论的章节，弄清楚迈克耳孙干涉仪是如何通过实验结果否定以太的存在，从而为狭义相对论奠定基础的？

3. 为什么在实验中，通过调节 M_1 镜座下面的螺旋测微器，可以看到等倾和等厚干涉条纹？这时 M_1 与 M_2 之间的几何关系是怎样的？

4. 处理数据的逐差法是什么？在什么情况下应用逐差法？本实验中为什么要用逐差法？

实验二十四　用单缝衍射测量光波波长

　　光在传播的过程中能绕过障碍物边缘，偏离直线传播，而进入几何阴影，并出现光强分布不均匀的现象，称为光的衍射。若障碍物为一单缝，后面紧贴着放置有一面凸透镜，并且单缝的宽带很窄，与光波的波长可以相比拟，用一束平行光入射到单缝上，在透镜焦平面上的接收屏上便可以看到一系列相互平行的明暗相间的条纹，此即单缝衍射现象。单缝衍射现象的明显程度与波长、缝、孔，以及障碍物的尺寸大小等因素密切相关，其原理主要基于惠更斯（Huygens）-菲涅尔原理，它揭示了单缝衍射现象的本质为子波干涉。单缝衍射具有精度高、结构简单、易于实现等优点，可以用来测量狭缝的宽度、细丝的直径、光波的波长等，国内外已有研究人员将其用于 DNA 结构、化合物成分、晶体结构、光谱等的分析，因此单缝衍射在生物、天文、考古、现代光学分析等领域具有很大的应用潜力。日常生活中的光线辐射、光晕等现象也可用单缝衍射现象来解释。单缝衍射在科学技术和日常生活中单缝衍射占据了极其重要的地位。

　　单缝衍射是一种典型的光的衍射现象，是光的波动特性之一，在光学实验中占有重要地位。通过单缝衍射的实验研究，测量出光波的波长和狭缝的宽度等，可以加深实验者对其衍射现象本质的理解，培养基本的光学测量能力。

【实验目的】

　　学生完成本实验后将具备以下能力：
　　（1）描述单缝夫琅禾费衍射原理。
　　（2）测定钠光谱的波长。
　　（3）在已知波长的情况下，测定狭缝的宽度。
　　情感目标：
　　（1）通过了解实验背景和实际动手操作，使学生立体地理解单缝衍射的实验本质与现象。
　　（2）通过实验激发学生研究单缝衍射及其他光衍射现象的兴趣，如圆孔衍射、光栅衍射等。

【注意事项】

　　（1）正确使用实验仪器，避免用手直接接触镜片，避免长时间直视光源。
　　（2）注意保护光源和镜片。

【实验仪器】

　　WDY-1 型单缝衍射仪包括光源、单缝帽套、测微望远镜三部分，结构示意图如图 4-24-1 所示。光源为钠光灯，罩上开有长方形的小缝，作为单色光源，$\lambda = 5.89 \times 10^{-7}$ m。

　　测微望远镜 4 固定在底座 12 上，方向可由倾斜角微调螺丝 7 进行调节。单缝帽套 1 在望远镜前紧靠物镜的位置，距光源约 1.5～2 m，这样入射到单缝上的光束可以视为平行光，满足夫琅禾费衍射条件。

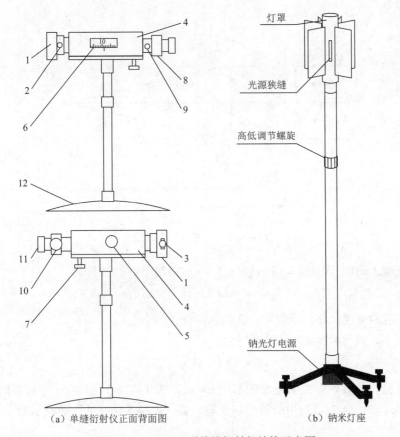

（a）单缝衍射仪正面背面图　　　　（b）钠米灯座

图 4-24-1　WDY-1 型单缝衍射仪结构示意图

1. 单缝帽套；2. 帽套固定手轮；3. 单缝缝宽调节；4. 微测望远镜；5. 望远镜调焦手轮；6. L 值读数窗口；
7. 望远镜倾斜角微调螺丝；8. 测微目镜头；9. 测微目镜固定螺丝；10. 测微目镜读数鼓轮；11. 测微目镜调焦旋钮；12. 底座

实验时可以按以下步骤进行调节。

（1）调节灯座位置，选择一条灯缝，并使灯缝和望远镜一样高。

（2）取下单缝帽套 1，使微测望远镜 4 对准灯罩上的开缝，在望远镜中可以看到单缝的像，调节倾斜角微调螺丝 7，使像落在测微目镜的中央。调节目镜调焦旋钮 11，使十字叉丝清晰。调节调焦手轮 5，使长方形开孔清晰。此时，物镜到屏的距离

$$L = 125.0 + 窗口6读数值 + 修正值 \qquad (4\text{-}24\text{-}1)$$

（3）套上单缝帽套 1，调节单缝的方向和长方形开口平行，能在测微目镜中看到清晰的衍射图样时旋紧帽套固定手轮 2，调节单缝宽度，能够在测微目镜中看到 10 级以上的衍射条纹，即可进行测量。

【实验原理】

单缝衍射光路如图 4-24-2 所示。以平行光垂直投射在单缝 a 上，单缝上的每个点向各个方向发射出光线，凡是在同一个方向的光线，都汇聚在透镜后焦平面的同一点上，在该平面上形成单缝的夫琅禾费衍射条纹，在焦平面上的光强分布为

$$I(\theta) = I_0 \left(\frac{\sin u}{u} \right)^2 \qquad (4\text{-}24\text{-}2)$$

$$u = \frac{\pi a \sin \theta}{\lambda} \qquad (4\text{-}24\text{-}3)$$

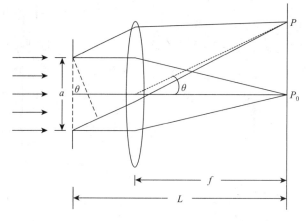

图 4-24-2　单缝衍射光路图

暗条纹光强 $I = 0$ ，因此 $u = \pm k\pi$ $(k = 1, 2, \cdots)$ ，故暗条纹的方程为

$$a\sin\theta = \pm k\lambda \quad (k = 1, 2, \cdots) \tag{4-24-4}$$

式中： a 为单缝的宽度； θ 为衍射角； λ 为入射光的波长。

因为 θ 很小，式（4-24-4）可以改写为

$$a\theta = \pm k\lambda \quad (k = 1, 2, \cdots) \tag{4-24-5}$$

如果单缝竖直放置，中央明条纹的右边 $k = m$ ，式（4-24-5）中的符号取正值；中央明条纹的左边 $k = n$ ，式（4-24-5）中的符号取负值。式（4-24-5）可以分别表示为

$$\begin{cases} a\theta_m = m\lambda \\ a\theta_n = -n\lambda \end{cases} \tag{4-24-6}$$

两式相减得

$$a(\theta_m - \theta_n) = (m + n)\lambda \tag{4-24-7}$$

设 m 级与 n 级暗条纹之间的距离为 l ，且透镜靠近单缝， $L \approx f$ ，则

$$\theta_m - \theta_n = \frac{l}{f} = \frac{l}{L} \tag{4-24-8}$$

所以

$$\lambda = \frac{al}{(m + n)L} \tag{4-24-9}$$

从式（4-24-9）可知，对一定波长的入射光，衍射角 θ 与缝宽 a 成反比， a 与 l 的乘积保持不变。实验时可以对这些现象进行观察，并测出 a 、 L 、 m 、 n 级条纹的距离 l ，即可算出入射光的波长。

【实验内容】

1. 测定单色光的波长

（1）按仪器简介中的描述调节单缝衍射仪，并读出 L 值。

（2）用测微目镜测出 n 级和 m 级暗条纹之间的距离 l 。为了减少误差，应对选定的条纹从左到右按顺序测量。反复测量，将数据填入表 4-24-1 中。

表 4-24-1　衍射条纹坐标

$a =$ _____　　$L =$ _____

$m+n$	条纹坐标	1	2	3	4	5	6	平均	$l = x_m - x_n$	λ_i
3 + 3	x_{-3}									
	x_{-3}									
6 + 6	x_6									
	x_{-6}									
9 + 9	x_9									
	x_{-9}									
12 + 12	x_{12}									
	x_{-12}									

$$\sigma_i = \sqrt{\frac{\sum_{i=1}^{4}(\lambda_i - \overline{\lambda})}{4}} = \underline{\qquad\qquad}$$

（3）取下帽套，注意不要使狭缝宽度改变，用读数显微镜测出缝宽 a。

（4）根据式（4-24-9）计算波长，并与标准值比较。

2. 验证单缝衍射公式

根据式（4-24-5）可知相邻暗条纹之间的衍射角的差值

$$\Delta\theta = \frac{\lambda}{a} \tag{4-24-10}$$

由式（4-24-9）知，对一定的 m、n，a 与 l 的乘积

$$al = (m+n)\lambda L \tag{4-24-11}$$

是不变的。

为了验证以上两个结论，可以选用不同的单缝宽度进行测量，并对数据进行比较。

3. 测单缝宽度 a

取 $\lambda = 5.89 \times 10^{-7}$ m，利用式（4-24-11）计算单缝宽度 a。

【思考题】

1. 实验中改变单缝宽度及单缝至屏的距离，观察衍射花样变化的规律，并从理论上加以说明。

2. 如果衍射光强左右不对称，应怎样调节实验装置来消除这种不对称性？

3. 在实验中如果不使用透镜，是夫琅禾费衍射还是菲涅尔衍射？

4. 试用数学软件如 Mathematica 解方程 $\tan u = u$，并画出单缝衍射光强 $I(\theta) = I_0 \left(\dfrac{\sin u}{u}\right)^2$

和光栅衍射光强 $I(\theta) = I_0 \left(\dfrac{\sin u}{u}\right)^2 \left(\dfrac{\sin Nv}{\sin v}\right)^2$，$N$ 取正整数。

实验二十五　微波光学综合实验

　　微波与光学是密切结合的边缘学科，微波是指频率为 300 MHz～3 000 GHz 的电磁波，也具有波粒二象性。微波的基本性质通常呈现为穿透、反射、吸收三个特性。对于玻璃、塑料、瓷器，微波几乎是穿透而不被吸收；对于水和食物等就会吸收微波而使自身发热；而对于金属类物品，则会反射微波。

　　虽然微波的产生、传输、接收，与长波长的广播、电视的无线电波有许多不同，与波长极短的光电磁波也迥然而异。但是，电磁波的衍射、干涉、偏振等波动特性在微波实验中同样可以清楚地观察到，这对了解微波的电磁波的性质是很有帮助的。微波的波长比光波的波长在数量级上大 1 000 倍左右，因此用微波进行波动实验将比光学方法更简便和直观。本实验装置正是利用微波的产生、传输、接收，以及一些附件来进行微波波动特性的研究。

【实验目的】

　　学生完成本实验后将具备以下能力：

　　（1）了解喇叭天线、微波的特点。

　　（2）学习、了解微波的反射、折射、偏振等现象，加深对波动理论的理解。

　　（3）正确按图调整微波光学实验光路，分析和排除过程中的故障。

　　（4）用科学的方法分析处理实验数据。

　　情感目标：形成积极向上的学习氛围，团结协作、合作交流能力获得提升。

【实验仪器】

　　微波光学综合实验仪如图 4-25-1 所示。

图 4-25-1　微波光学综合实验仪实物图

1. 微波信号发生器；2. 信号放大器；3. 实验平台；4. 微波信号发射器组件；5. 微波信号接收器组件；6. 可移动支架，固定发射器和接收器；7. 测试附件组（含反射板、透射板、偏振板、单缝、双缝和聚苯乙烯颗粒袋等）；8. 中心支架；9. 可移动支架及固定附件；10. 棱镜及棱镜座；11. 晶阵及晶阵座；12. 辅助臂；13. N-JJ 双阳电缆线，1 m；14. BNC-JJ 线，特氟龙镀银线材，1.5 m

1. 发射模块

组成部分：信号发生器，波导–同轴转换、可调衰减器，喇叭天线。配合可移动支架使用。其中微波信号源输出微波中心频率 10.5 GHz（波长 2.857 1 cm），频率设置范围不小于 300 MHz，功率不小于 10 mW，频率稳定度可达 5×10^{-6}，幅度稳定度为 10^{-2}；喇叭天线的增益不小于 15 dB，驻波比不大于 1.5。当发射喇叭口面的宽边与水平面平行时，发射信号电矢量的偏振方向是垂直的。

2. 接收模块

组成部分：喇叭天线、检波器和信号放大器。配合可移动支架使用。检波器将微波信号变为直流电压信号。放大器分六个挡位，分别为 $\times 10^{-3} \sim \times 10^{3}$ 挡，可根据实验需要来调节放大器倍数，以得到合适的电压表读数。在读数时，实际电压值等于读数值乘以所在挡位的系数。

3. 平台

组成部分：中心平台和两根支撑臂等。中心平台上刻有角度，直径为 20 cm，固定臂无法转动，用于固定微波发射器，活动臂可绕中心 ±160° 旋转，用于固定接收器。另外还配有两根辅助臂拓展实验使用。中心平台设计有专用的角度测量同步装置，用于升级为数字化实验时，配合无线转动传感器使用，可以在软件上读取角度值。传感器装卸简单快捷。

4. 支架

组成部分：一个中心支架和两个移动支架，不用时可以拆除。中心支架一般放置在中心平台上，移动支架一般固定在支撑臂上。

5. 其他配件

反射板、单缝板、双缝板、偏振板、棱镜及棱镜座、透射板、聚苯乙烯颗粒袋、模拟晶阵及晶阵座。

【注意事项】

（1）正确使用导轨电源插座，防止触电。

（2）发射器打开的时候不能近距离地对着喇叭口看，避免对眼睛造成损伤。

（3）需要拆卸或安装传感器、辅助臂等时，请先关闭信号源。每次切换实验附件时，请先关闭信号源的 RF 按键，再重新安装部件。避免近距离辐射微波，造成不良后果。

实验 1　认识微波天线（选做）

1. 实验目的

（1）了解微波的特点，学习微波器件的使用，掌握调整与使用微波信号源的方法。

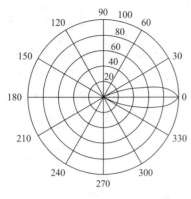

图 4-25-2 天线宽边水平方向图

（2）了解喇叭天线出射与接收微波的特性。

2．实验原理

微波信号通过天线向外发射，天线的作用首先在于辐射与接收无线电波。天线方向性是表示天线在指定方向接收外来辐射电磁波能量的能力；而天线方向图是天线随某个方向转动，其辐射特性的图形化表示，由一个或多个波瓣构成，形状像一朵花瓣，如图 4-25-2 所示。可以看出不同的位置或角度，接收到电磁波的强度也不同，说明喇叭天线辐射的电磁波是有一定规律的。

3．实验步骤

1）微波发射与接收

（1）打开信号源电源开关。

（2）调节频率调节按钮，将输出频率设置为 10.5 GHz。

FREQ：频率按钮，按下此键，"_"位于频率显示框，此时可修改频率。

MODE：模式按钮，可以 1 000 Hz（调制波）和 CW（连续波）切换，默认 1 000 Hz，本实验中需要设置为 1 000 Hz。

RF：信号输出按钮，按下此键指示灯亮，说明有信号输出；反之则无信号输出。

RF OUTPUT：信号输出接口，连接 N-JJ 双阳电缆线。

指向箭头：用以调节输出频率大小。

（3）打开信号放大器电源开关，将挡位开关设置在 $\times 10^2$ 挡，电位调节器旋钮右旋到底。

2）微波天线信号观察

注意：实验过程中距离的读数均以拖板前侧对应的导轨标尺读数来读取，个别实验为了读数方便会以拖板后侧对应的导轨标尺读数来读取。

（1）将发射器和接收器的喇叭口正对，宽边与桌面平行，活动臂刻线与 180°对齐。

（2）调节发射器和接收器之间的距离，间距初始值设置为 70 cm（建议发射器和接收器到中心的距离各 35 cm）。将信号放大器上的挡位开关置于 $\times 10^2$ 挡，调节发射器上的衰减器强弱旋钮，使接收器上的电压表的指针在 1/4 到 1/3 量程之间。注意：所有实验中初始时增益调节尽量右旋到底。

（3）将接收器沿着活动臂缓慢向右移动，每隔 1 cm 观察并记录对应电压表上的数值，直至移动 30 cm，将数值记录在数据记录表中。（实验过程中电压表读数值过大、过小都可通过调节挡位来读数。）

（4）将接收器位置调回 35 cm，调节衰减器的强弱使电压表在 $\times 10^2$ 挡时的电压值接近满量程。

（5）松开接收器角度旋转盘上的拧紧螺钉，慢慢转动接收器，同时观察电压表上读数的变化，将对应的数据记录在表格中，并解释这一现象。

实验 2　微波的反射

1. 实验目的

学习、了解微波的反射现象，加深对波动理论的理解。

2. 实验原理

微波和光波都是电磁波，都具有波动这一共性，都能产生反射、折射、干涉、衍射等现象。电磁波在传播过程中若遇到障碍物则会发生反射，本实验用一块金属铝板作为障碍物来研究不同入射角对应的反射现象。本实验通过电压表的读数确定反射角的位置，电压读数最大处为反射角的位置。

如图 4-25-3 所示，发射轴线与反射板法线之间的夹角称为入射角，接收器轴线与法线之间的夹角称为反射角。

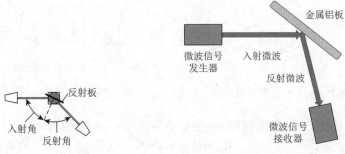

图 4-25-3　反射原理图　　　图 4-25-4　微波反射实验光路简图

3. 实验步骤

（1）将发射器和接收器分别安装在固定臂和活动臂上，喇叭宽边水平。发射器和接收器距离中心平台中心约 40 cm。将反射板固定在中心支架上，反射板法线方向对应的刻线与中心平台 90°对齐。

（2）电压表置于 $\times 10^2$ 挡，打开电源，调节衰减器，使电压表的读数适中。

（3）如图 4-25-4 所示，转动刻度盘，将入射角分别设定为 20°、30°、40°、50°、60°，转动活动臂，观察电压表读数，读数最大处即为反射角的位置，记录于表 4-25-1 中。比较入射角与反射角之间的关系。

表 4-25-1　反射实验数据记录表格

入射角/(°)	反射角/(°)	误差度数/(°)	误差百分比/%

微波反射实验实物图

实验 3　微波在棱镜中的折射

1. 实验目的

了解微波的折射现象，计算指定材料的折射率。

2. 实验原理

通常电磁波是以直线传播的，当波通过两种媒质的分界面时，传播方向就会改变，如图 4-25-5 所示，这称为波的折射。

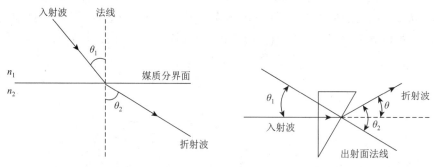

图 4-25-5　$n_1 > n_2$ 时折射原理图　　　图 4-25-6　棱镜折射原理图

波在不同媒质的界面间传播时遵循折射定律（亦称斯涅耳（Snell）定律）
$$n_1 \sin\theta_1 = n_2 \sin\theta_2 \tag{4-25-1}$$
式中：θ_1 为入射波与两媒质分界面法线的夹角，称为入射角；θ_2 为折射波与两媒质分界面法线的夹角，称为折射角。

本实验利用折射定律测量塑料棱镜（电磁波能够穿透塑料）的折射率，空气的折射率近似为 1。原理图如图 4-25-6 所示。

3. 实验步骤

**棱镜折射微波实验
实物图**

（1）将发射器和接收器分别安装在固定臂和活动臂上，喇叭宽边水平。发射器和接收器距离中心平台中心约 35 cm，如图 4-25-7 所示。

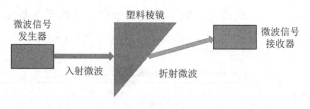

图 4-25-7　棱镜折射实验光路简图

（2）打开电源，电压表置于 $\times 10^2$ 挡，调节微波强弱，使电压表的读数适中。

（3）将棱镜一直角边正对发射器放置在中心平台上，绕中心轴缓慢转动活动臂，读出电压表读数最大时活动臂对应的角度，并通过微波折射路线计算折射角，将数值记录于表 4-25-2 中。

表 4-25-2 微波棱镜折射实验数据记录表格

次数	入射角 θ_1 /(°)	折射角 θ_2 /(°)	棱镜折射率 n_1	棱镜折射率 n_1 平均值
1	30			
2	30			
3	30			
4	30			
5	30			

（4）设空气的折射率为 1，根据公式（4-25-1）计算塑料棱镜的折射率。

（5）分析折射率计算值与理论折射率（1.557）不一致的原因（本实验中所用的棱镜两个锐角角度分别为 30° 和 60°）。

实验 4 微波的偏振

1. 实验目的

观察及了解微波经喇叭极化后的偏振现象。

2. 实验原理

平面电磁波是横波，它的电场强度矢量 $\boldsymbol{E}$ 的方向与波的传播方向垂直。在与传播方向垂直的二维平面内，电场强度矢量 $\boldsymbol{E}$ 可能具有各方向的振动。如果 $\boldsymbol{E}$ 在该平面内的振动只限于某一确定方向（偏振方向），这样的电磁波称为极化波，在光学中亦称偏振波。用来检测偏振状态的元件称为偏振器，它只允许沿某一方向振动的电场强度矢量 $\boldsymbol{E}$ 通过。强度为 I_0 的偏振波通过偏振器时，透射波的强度 I 随偏振器的偏振轴与偏振方向的夹角 θ 的变化而有规律地变化，遵循马吕斯（Malus）定律（图 4-25-8）：

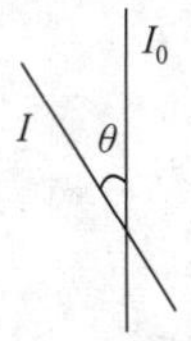

图 4-25-8 马吕斯定律

$$I = I_0 \cos^2 \theta \tag{4-25-2}$$

本信号源输出的电磁波经喇叭后电场矢量方向是与喇叭的宽边垂直的，相应磁场矢量方向是与喇叭的宽边平行的，垂直极化。而接收器由于其物理特性，它也只能收到与接收喇叭口宽边相垂直的电场矢量（对平行的电场矢量有很强的抑制，认为它接收为零）。所以当两喇叭的朝向（宽边）相差 θ 时，它只能接收一部分信号。

在本实验中将研究偏振现象，找出偏振板是如何改变微波偏振的规律。

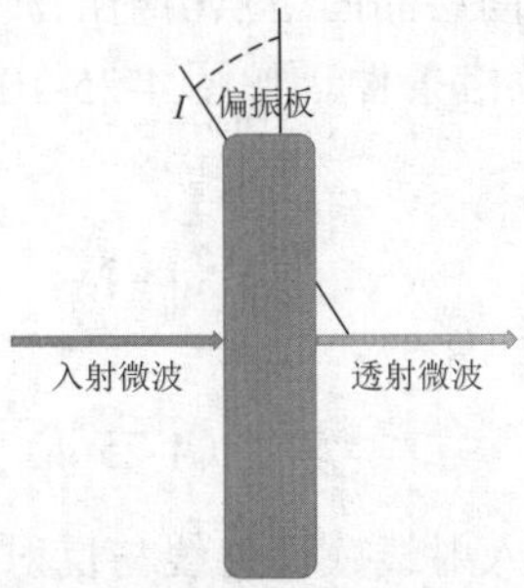

图 4-25-9 加偏振板微波光路简图

3. 实验步骤

（1）如图 4-25-9 调整实验仪器，将发射器和接收器分别安装在固定臂和活动臂上，喇叭宽边水平，刻度盘 0° 与固定臂刻线对齐，活动臂刻线与 180°对齐。发射器和接收器距离中心平台中心约 35 cm。

（2）打开电源，电压表置于×10² 挡，调节微波强弱，使电压表的读数接近满量程。

（3）松开接收器上的喇叭止动旋钮，以 10°（或其他角度）增量旋转接收器，记录每个位置电压表上的读数于数据记录表中。

（4）将偏振板安装在中心支架上（中心支架上的白色刻线与转盘的 0°刻线或 180°刻线对齐），偏振板的栅条方向与竖直方向分别为 45°、90°时，重复步骤（3）。

（5）将理论值、不加偏振板时的实验值及偏振板与竖直方向成 90°时的实验值做比较，分析比较各组数据。试分析若偏振板栅条方向与竖直方向成 0°时的实验结果。

加偏振板微波光路
实验实物图

实验 5　布拉格衍射

1. 实验目的

了解布拉格（Bragg）衍射实验原理，利用微波在模拟晶体上的衍射验证布拉格公式并测量立方晶阵晶面间距。

2. 实验原理

1913 年，英国物理学家布拉格父子在研究 X 射线在晶面上的反射时，得到了著名的布拉格公式。晶体内的离子、原子或分子占据着点阵的结构，两相邻结点的距离称为晶体的晶格常数。真实晶体的晶格常数约在 10 cm 的数量级。X 射线的波长与晶体的常数属于同一数量级。实际上晶体是起着衍射光栅的作用。因此可以利用 X 射线在晶体点阵上的衍射现象来研究晶体点阵的间距及相互位置的排列，以达到对晶体结构的了解。微波的波长比 X 射线长得多，如果用微波来仿真晶格衍射，发生明显衍射效应的晶格可以放大到宏观的尺度。

本实验是仿照 X 射线入射真实晶体发生衍射的基本原理，用一个面间距 5 cm、直径 1 cm 的金属球组成的模拟立方晶体，用微波代替 X 射线。设微波以掠射角（波线和晶面的交角）θ 入射，在同一层晶面上各格点衍射的波必然在以掠射角 θ 反射的方向相互加强；而不同层晶面格点衍射的波相互叠加，是否相互加强就要看角 θ 是否满足布拉格条件。如图 4-25-10 所示，相邻两层晶面衍射的波的波程差为

$$AE + BE = 2d \sin \theta \qquad (4\text{-}25\text{-}3)$$

故满足相长干涉条件时有

$$2d \sin \theta = n\lambda \quad (n = 1, 2, \cdots) \qquad (4\text{-}25\text{-}4)$$

即布拉格公式。式中：d 为晶面间距；θ 为掠射角（入射线或反射线与反射面之间的夹角称为掠射角）；n 为正整数；λ 为入射波波长。

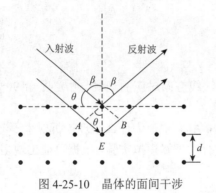

图 4-25-10　晶体的面间干涉

3. 实验步骤

（1）如图 4-25-11 安装实验仪器。发射器和接收器分别安装在固定臂和活动臂上，分别距离平台中心 50 cm，喇叭宽边水平，刻度盘 0° 与固定臂刻线对齐，活动臂刻线与 180° 对齐。先让晶体平行于微波光轴，晶阵座上的指示线与 90° 对齐，此时的掠射角 θ 为 0°。

（2）打开信号源和信号放大器电源开关。

（3）顺时针旋转刻度盘，使掠射角增大到 20°，反射方向的掠射角也对应改变为 20°。调节衰减器强弱及电压表的挡位开关，使电压表的显示电压值适中（1/2 量程，可自行调整），记下电压值。

（4）顺时针旋转刻度盘 1°（即掠射角增加 1°），接收器活动臂顺时针旋转 2°（使反射角等于入射角），记录掠射角角度和对应电压表读数。

（5）重复步骤（4），记录掠射角从 20° 到 70° 之间的数值于数据记录表中。

（6）画出接收信号强度对掠射角的函数曲线，根据曲线找出极大值对应的角度。根据布拉格方程计算模拟晶阵的晶面间距，并比较测出的晶面间距与实际间距之间的误差。

补充说明：同学们还可以参照相关说明书在本实验仪器上自行设计，进行微波单缝衍射、双缝干涉、驻波测量波长、劳埃德（Lloyd）镜、法布里-珀罗（Fabry-Perot）干涉、迈克耳孙干涉、布儒斯特（Brewster）角测量等实验。

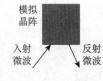

图 4-25-11　布拉格衍射实验光路简图

布拉格衍射微波实验实物图

【数据处理】

1. 自行设计表格记录实验 1 相关数据并处理，哪些数据必须记录，记录多少组自己确定，但是必须有充分的理由。

2. 将实验 2 所测原始数据填入表 4-25-1，并处理。

3. 将实验 3 所测原始数据填入表 4-25-2，并处理。

4. 自行设计表格记录实验 4 相关数据并处理，哪些数据必须记录，记录多少组自己确定，但是必须有充分的理由。

5. 自行设计表格记录实验 5 相关数据并处理，哪些数据必须记录，记录多少组自己确定，但是必须有充分的理由。

【思考题】

1. 微波反射实验中，如果反射板法线方向对应的刻线与中心平台 90°未对齐会出现什么现象？

2. 根据实验数据计算塑料棱镜的折射率 n_1，为什么跟理论折射率不一致？

3. 采用本实验仪器频段的微波进行布拉格模拟实验，数据可能出现多个强度峰值吗？为什么？

实验二十六　用光电效应测定普朗克常量

普朗克（Planck）常量 h 是普朗克于 1900 年在研究黑体辐射规律时引入的，是物理学中的重要常量之一。普朗克常量可以通过光电效应实验进行准确的测量。普朗克常量的公认值是 $h = 6.626\ 176 \times 10^{-34}$ J·s。

【实验目的】

（1）了解光电效应的规律，加深对光的量子性的理解。

（2）测量普朗克常量 h。

【实验仪器】

ZKY-GD-4 智能光电效应（普朗克常量）实验仪。

仪器由汞灯电源、滤色片、光阑、光电管，以及智能实验仪构成，仪器结构如图 4-26-1 所示，实验仪的调节面板如图 4-26-2 所示。实验仪有手动和自动两种工作模式，具有数据自动采集、存储、实时显示采集数据、动态显示采集曲线（连接普通示波器，可同时显示 5 个存储区中存储的曲线），以及采集完成后查询数据的功能。

实验仪器简介

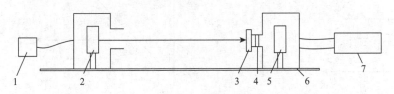

图 4-26-1　仪器结构图

1. 汞灯电源；2. 汞灯；3. 滤色片；4. 光阑；5. 光电管；6. 基座；7. 实验仪

图 4-26-2　实验仪的调节面板图

【实验原理】

光电效应的实验原理如图 4-26-3 所示。入射光照射到光电管阴极 K 上，产生的光电子在电场作用下向阳极 A 迁移构成光电流，改变外加电压 U_{AK}，测量出光电流 I 的大小，即可得出光电管的伏安特性曲线。

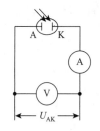

图 4-26-3　实验原理图

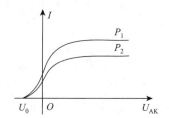

图 4-26-4　同一频率、不同光强时光电管的伏安特性曲线

光电效应的基本实验事实如下。

（1）对应于某一频率，光电效应的 I-U_{AK} 关系如图 4-26-4 所示。从图 4-26-4 可见，对一定的频率，有一电压 U_0，当 $U_{AK} \leqslant U_0$ 时，电流为零，这个相对于阴极的负值的阳极电压 U_{AK}，称为截止电压。

（2）当 $U_{AK} \geqslant U_0$ 时，I 迅速增加，然后趋于饱和，饱和光电流 I_M 的大小与入射光的强度 P 成正比。

（3）对于不同频率的光，其截止电压的值不同，如图 4-26-5 所示。

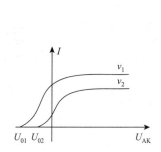

图 4-26-5　不同频率时光电管的伏安特性曲线

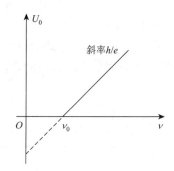

图 4-26-6　截止电压 U 与入射光频率 ν 关系图

（4）作截止电压 U_0 与频率 ν 的关系图，如图 4-26-6 所示，U_0 与 ν 成正比关系，当入射光频率低于某极限值 ν_0（ν_0 随不同金属而异）时，不论光的强度如何，照射时间多长，都没有光电流产生。

（5）光电效应是瞬时效应，即使入射光的强度非常微弱，只要频率大于 ν_0，在开始照射后立即有光电子产生，所经过的时间至多为 10^{-9} s 的数量级。

按照爱因斯坦的光量子理论，光能并不像电磁波理论所想象的那样，分布在波阵面上，而是集中在被称为光子的微粒上，但这种微粒仍然保持着频率（或波长）的概念，频率为 ν 的光子具有能量 $E = h\nu$（h 为普朗克常量）。当光子照射到金属表面上时，一次性被金属中的电子全部吸收，而无需积累能量的时间。电子把这能量的一部分用来克服金属对它的吸引力（逸出功），余下的就变为电子离开金属表面后的动能，按照能量守恒原理，爱因斯坦提出了著名的光电效应方程

$$h\nu = \frac{1}{2}mv_0^2 + A \tag{4-26-1}$$

式中：A 为金属的逸出功；$\dfrac{1}{2}mv_0^2$ 为光电子获得的初始动能。

由式（4-26-1）可见，入射到金属表面的光频率越高，逸出的电子动能越大，所以即使阳极电位比阴极电位低时也会有电子落入阳极形成光电流，直至阳极电位低于截止电压，光电流才为零，此时有关系

$$eU_0 = \frac{1}{2}mv_0^2 \tag{4-26-2}$$

阳极电位高于截止电压后，随着阳极电位的升高，阳极对阴极发射的电子的收集作用越强，光电流随之上升；当阳极电压高到一定程度，已把阴极发射的光电子几乎全收集到阳极，再增加 U_{AK} 时 I 不再变化，光电流出现饱和，饱和光电流 I_M 的大小与入射光的强度 P 成正比。

光子的能量 $hv_0 < A$ 时，电子不能脱离金属，因而没有光电流产生。产生光电效应的最低频率（截止频率）为

$$v_0 = A / h \tag{4-26-3}$$

将式（4-26-2）代入式（4-26-1）可得

$$eU_0 = hv - A \tag{4-26-4}$$

式（4-26-4）表明，截止电压 U_0 是频率 v 的线性函数，直线斜率 $k = h / e$，只要用实验方法得出不同的频率对应的截止电压，求出直线斜率，就可算出普朗克常量 h。

爱因斯坦的光量子理论成功地解释了光电效应规律。

【实验内容】

1. 测试前准备

将实验仪及汞灯电源接通（汞灯及光电管暗箱遮光盖盖上），预热 20 min。调整光电管与汞灯距离约为 40 cm 并保持不变。用专用连接线将光电管暗箱输入端与实验仪电压输出端（后面板上）连接起来（红接红，蓝接蓝）。

将"电流量程"选择开关置于所选挡位，进行测试前调零。实验仪在开机或改变电流量程后，都会自动进入调零状态。调零时应将光电管暗箱电流输出端 K 与实验仪微电流输入端（后面板上）断开，旋转"调零"旋钮使电流指示为"000.0"。调节好后，用高频匹配电缆将电流输入连接起来，按"调零确认/系统清零"键，系统进入测试状态。

若要动态显示采集曲线，需将实验仪的"信号输出"端口接至示波器的"Y"输入端，"同步输出"端口接至示波器的"外触发"输入端。示波器"触发源"开关拨至"外"，"Y 衰减"旋钮拨至约"1 V/格"，"扫描时间"旋钮拨至约"20 μs/格"。此时示波器将用轮流扫描的方式显示 5 个存储区中存储的曲线，横轴代表电压 U_{AK}，纵轴代表电流 I。

2. 测普朗克常量 h

理论上，测出各频率的光照射下阴极电流为零时对应的 U_{AK}，其绝对值即该频率的截止电压，然而实际上由于光电管的阳极反向电流、暗电流、本底电流及极间接触电位差的影响，实测电流并非阴极电流，实测电流为零时对应的 U_{AK} 也并非截止电压。

光电管制作过程中阳极往往被污染，沾上少许阴极材料，入射光照射阳极或入射光从阴极反射到阳极之后都会造成阳极光电子发射，U_{AK} 为负值时，阳极发射的电子向阴极迁移构成了阳极反向电流。

暗电流和本底电流是热激发产生的光电流与杂散光照射光电管产生的光电流，可以在光电管制作或测量过程中采取适当措施以减小它们的影响。

极间接触电位差与入射光频率无关，只影响 U_0 的准确性，不影响 U_0-ν 直线斜率，对测定 h 无大影响。

由于本实验的电流放大器灵敏度高，稳定性好，光电管阳极反向电流、暗电流水平也较低，在测量各谱线的截止电压 U_0 时，可采用零电流法，即直接将各谱线照射下测得的电流为零时对应的电压 U_{AK} 的绝对值作为截止电压 U_0。此法的前提是阳极反向电流、暗电流、本底电流都很小，用零电流法测得的截止电压与真实值相差较小，且各谱线的截止电压都相差 ΔU，对 U_0-ν 曲线的斜率无大的影响，因此对 h 的测量不会产生大的影响。

测量截止电压时，"伏安特性测试/截止电压测试"状态"电流量程"开关应处于 10^{-13} A 挡。

1）手动测量

使"手动/自动"模式键处于手动模式。

将直径 4 mm 的光栏及 365.0 nm 的滤色片装在光电管暗箱光输入口上，打开汞灯遮光盖。此时电压表显示 U_{AK} 的值，单位为伏；电流表显示与 U_{AK} 对应的电流值 I，单位为所选择的"电流量程"。用电压调节键→、←、↑、↓可调节 U_{AK} 的值，→、←用于选择调节位，↑、↓键用于调节值的大小。

从低到高调节电压（绝对值减小），观察电流值的变化，寻找电流为零时对应的 U_{AK}，以其绝对值作为该波长对应的 U_0 的值，并将数据记于表 4-26-1 中。为尽快找到 U_0 的值，调节时应从高位到低位，先确定高位的值，再顺次往低位调节。

依次换上 404.7 nm、435.8 nm、546.1 nm、577.0 nm 的滤色片，重复以上测量步骤。

2）自动测量

按"手动/自动"模式切换到自动模式。

此时电流表左边的指示灯闪烁，表示系统处于自动测量扫描范围，"设置状态/用电压调节"键可设置扫描起始和终止电压。

对各条谱线，建议扫描范围大致设置为 365 nm、$-1.90 \sim -1.50$ V，405 nm、$-1.60 \sim -1.20$ V，436 nm、$-1.35 \sim -0.95$ V，546 nm、$-0.80 \sim -0.40$ V，577 nm、$-0.65 \sim -0.25$ V。

实验仪设有 5 个数据存储区，每个存储区可存储 500 组数据，并有指示灯表示其状态。灯亮表示该存储区已存有数据，灯不亮为空存储区，灯闪烁表示系统预选的或正在存储数据的存储区。

设置好扫描区起始和终止电压后，按下相应存储区的按键，仪器将先清除存储区原有数据，等待约 30 s，然后按 4 mV 的步长自动扫描，并显示、存储相应的电压、电流值。

扫描完成后，仪器自动进入数据查询状态，此时查询指示灯亮，显示区显示扫描起始电压和相应的电流值。用电压调节键改变电压值，就可查阅到在测试过程中，扫描电压为当前显示值时相应的电流值。读取电流为零时对应的 U_{AK}，以其绝对值作为该波长对应的 U_0 值，并将数据记于表 4-26-1 中。

按"查询"键，查询指示灯灭，系统回复到扫描范围设置状态，可进行下一次测量。

在自动测量过程中或测量完成后，按"手动/自动"键，系统回复到手动测量模式，模式转换前工作的存储区内的数据将被清除。

若仪器与示波器连接，则可观察到 U_{AK} 为负值时各谱线在选定的扫描范围内的伏安特性曲线。

3. 测光电管的伏安特性曲线

此时，"伏安特性测试/截止电压测试"状态键应为伏安特性测试状态。"电流量程"开关应拨至 10^{-10} A 挡，并重新调零。

将直径 4 mm 的光阑及所选谱线的滤色片装在光电管暗箱光输入口上。

测伏安特性曲线可选用手动和自动两种模式之一，测量的最大范围为 $-1\sim50$ V，自动测量时步长为 1 V，仪器功能及使用方法如前所述。

（1）可同时观察 5 条谱线在同一光阑、同一距离下的伏安饱和特性曲线。

（2）可同时观察某条谱线在不同距离（即不同光强）、同一光阑下的伏安饱和特性曲线。

（3）可同时观察某条谱线在不同光阑（即不同光通量）、同一距离下的伏安饱和特性曲线。由此可见验证光电管饱和光电流与入射光强成正比。

记录所测 U_{AK} 和 I 的数据于表 4-26-2 中，在坐标纸上作对应于以上波长及光强的伏安特性曲线。

当 U_{AK} 为 50 V 时，将仪器设置为手动模式，测量并记录对同一谱线、同一入射距离，光阑分别为 2 mm、4 mm、8 mm 时对应的电流值于表 4-26-3 中，验证光电管的饱和光电流与入射光强成正比。

也可在 U_{AK} 为 50 V 时，将仪器设置为手动模式，测量并记录对同一谱线、同一光阑时，光电管与入射光在不同距离，如 300 mm、400 mm 等对应的电流值于表 4-26-4 中，同样验证光电管的饱和电流与入射光强成正比。

【数据处理】

表 4-26-1　U_0 - ν 关系

光阑孔径 $\phi=$ _____ nm

波长 λ_i /nm		365.0	404.7	435.8	546.1	577.0
频率 ν_i /($\times10^{14}$ Hz)		8.214	7.408	6.879	5.490	5.196
截止电压 U_{0i} /V	手动					
	自动					

由表 4-26-1 的实验数据，得出 U_0-ν 直线的斜率 k，即可用 $h=ek$ 求出普朗克常量，并与 h 的公认值 h_0 比较求出相对误差

$$E=\frac{h-h_0}{h_0}$$

式中：$e=1.602\times10^{-19}$ C，$h_0=6.626\times10^{-34}$ J·s。

表 4-26-2　I-U_{AK} 关系

U_{AK} /V									
I /($\times10^{-10}$ A)									
U_{AK} /V									
I /($\times10^{-10}$ A)									

表 4-26-3　　I_M - p 关系

$U_{AK} =$ _____ V，$\lambda =$ _____ nm，$L =$ _____ mm

光阑孔 ϕ			
$I / (\times 10^{-10}$ A$)$			

表 4-26-4　　I_M - p 关系

$U_{AK} =$ _____ V，$\lambda =$ _____ nm，$L =$ _____ mm

入射距离 L			
$I / (\times 10^{-10}$ A$)$			

【思考题】

1. 当工作电压 $U = 0$ 时，光电流 $I \neq 0$，为什么？

2. 改变光电管的照度对 I-U 曲线有何影响？

3. 当 U 逐渐升高时，I 变化趋势如何？

4. 本实验的结果证实了光的波动性，还是光的粒子性？思考微观粒子的波粒二象性的含义，讨论光电效应方程在量子力学建立过程中的地位。

5. 比较下列微弱物质通过小圆孔后，从开始到经过长时间在后面的观察屏上所观察到的现象的变化和差别：①子弹；②声波；③光子；④电子；⑤光子和电子的混合物。

6. 光电效应方程 $h\nu = \dfrac{1}{2}mv_0^2 + A$ 首次提出了光子概念，并认为在微观过程中能量守恒。结合从波动光学到光电效应方程的历史，谈谈你对科学创新的理解。

实验二十七　弗兰克-赫兹实验

1914 年，弗兰克（Franck）和赫兹用电子碰撞原子的方法，观察并测量了汞原子的激发电位和电离电位，为 1913 年玻尔（Bohr）提出的原子结构模型提供了实验证据。

弗兰克-赫兹（F-H）实验是现代物理实验中一个极为重要的实验，因为这一实验首次用实验证实了玻尔的氢原子理论中原子定态能级的存在。他们还因为这一杰出的实验获得了 1925 年的诺贝尔物理学奖。美国物理学家特里格（Trigg）在他写的《现代物理学中的关键性实验》一书中，写了 9 个关键性实验，其中有一个就是 F-H 实验，由此可知其重要地位。

【实验目的】

（1）测定氩原子的第一激发电位，证明原子能级的存在。

（2）分析温度、灯丝电流等因素对 F-H 实验曲线的影响。

（3）了解在微观世界中电子与原子的碰撞存在几率性。

【实验仪器】

1. F-H 实验仪前面板

F-H 实验仪前面板如图 4-27-1 所示，与图 4-27-5 所示的原理图对照，面板上的安培表指示灯丝电流的大小，指示值由稳流调节电位器的旋钮来控制，伏特表指示阴极和第一栅极间的电压 U_{G_1K}，指示值由调节弱加速电压的电位器旋钮来控制。板流经微电流放大器放大后由面板上的毫安表来指示其相对量。阴极与第二栅极之间的电压 U_{G_2K} 由 $1\sim99.9\ V$ 的数字电压表显示，其大小由面板上调节加速电压的电位器旋钮来控制。板极与第二栅极之间的负电压，由面板上带刻度盘的多圈电位器来控制和显示。另外，面板左右分别设置有低压管座、高压管座、高低压选择开关。

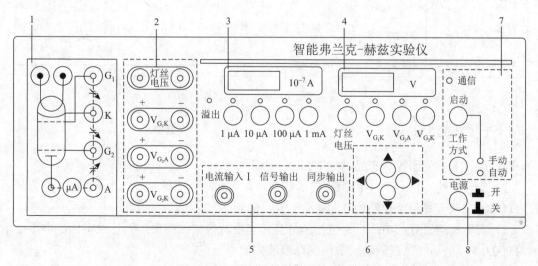

图 4-27-1　F-H 实验仪前面板示意图

图 4-27-1 中：

区 1 是 F-H 管各输入电压连接插孔和板极电流输出插座；

区 2 是 F-H 管所需激励电压的输出连接插孔，其中左侧输出孔为正极，右侧为负极；

区 3 是测试电流指示区，4 个电流量程挡位选择按键用于选择不同的最大电流量程挡；

区 4 是测试电压指示区，4 个电压量程挡位选择按键用于选择不同的最大电压量程挡；

区 5 是测试信号输入输出区，电流输入插座输入 F-H 管板极电流，信号输出和同步输出插座可将信号送示波器显示；

区 6 是调整按键区，用于改变当前电压源电压设定值，设置查询电压点；

区 7 是工作状态指示区，通信指示灯实验仪与计算机的通信状态，"启动" 按键与 "工作方式" 按键共同完成多种操作，详细说明见相关栏目；

区 8 是电源开关。

2. F-H 实验仪后面板

实验仪后面板上有交流电源，插座上自带有保险管座。

若实验仪已升级为微机型，则通信插座可连计算机；否则，该插座不可使用。

3. F-H 实验仪连线说明

在确定供电电网电压无误之后，将随机提供的电源连线插入后面板的电源插座中，连接面板上的连接线，连接线图如图 4-27-2 所示。

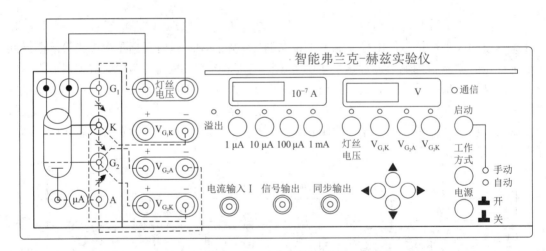

图 4-27-2 F-H 实验连线图

4. 开机后的初始状态

开机后，实验仪面板状态显示如下。

（1）实验仪的 "1 mA" 电流挡位指示灯亮，表明此时电流的量程为 1 mA 挡；电流显示值为 000.0 μA（若最后一位不为 0，属于正常现象）。

（2）实验仪的 "灯丝电压" 挡位指示灯亮，表明此时修改的电压为灯丝电压；电压显示值为 000.0 V；最后一位在闪动，表明现在修改为最后一位。

（3）"手动" 指示灯亮，表明此时实验操作方式为手动操作。

5. 变换电流量程

若改变电流量程，则按下区 3 中相应的"电流量程"按键，对应的量程指示灯点亮，同时电流指示的小数点位置随之改变，表明量程已变换。

6. 变换电压源

若想变换不同的电压，则按下区 4 中相应的"电压源"按键，对应的电压源指示灯随之点亮，表明电压源变换选择已完成，可以对选择的电压源进行电压值设定和修改。

7. 修改电压值

按下前面板区 6 上的"←/→"键，当前电压的修改位将进行循环移动，同时闪动位随之改变，以提示目前修改的电压位置。

按下面板的"↑/↓"键，电压值在当前修改位递增/递减一个增量单位。

注意：（1）如果当前电压值加入一个单位电压值的和值超过了容许输出的最大电压值，再按下"↑"键，电压值只能修改为最大电压值。

（2）如果当前电压值减去一个单位电压值的差值小于 0，再按下"↓"键，电压值只能修改为 0。

8. 建议工作参数

警告：F-H 管很容易因为电压设置不合适而遭到损害，所以一定要按照规定的实验步骤和适当的状态进行实验。

由于 F-H 管的离散性以及使用中的衰老过程，每一只 F-H 管的最佳工作状态是不同的，对具体的 F-H 管应在机箱上盖建议参数的基础上找出其较理想的工作状态。

注意：贴在机箱盖上的标牌参数是在出厂时"自动测试"工作方式下的设置参数（手动方式、自动方式都可参照），如果在使用过程中，波形不理想，可适当调节灯丝电压、U_{G_1K}、U_{G_2A}、灯丝电压的调整建议控制在标牌参数的 ±0.3 V 范围内，以获得较理想的波形，但灯丝电压不宜过高，否则会加快 F-H 管衰老；U_{G_2K} 不宜超过 85 V，否则 F-H 管容易击穿。

【实验原理】

根据玻尔提出的原子理论，原子只能较长久地停留在一些稳定状态（即定态），其中每一状态对应于一定的能量值，各定态的能量是分立的，原子只能吸收或辐射相当于两定态间能量差的能量。如果处于基态的原子要发生状态改变，所具备的能量不能少于原子从基态跃迁到第一激发态时所需要的能量。这个能量称为临界能量。为使原子从低能级 E_n 向高能级 E_m 跃迁，可以通过吸收一定频率的光子来实现，其光子的能量由下式决定：

$$h\nu = E_m - E_n \tag{4-27-1}$$

式中：普朗克常量 $h = 6.626 \times 10^{-34}$ J·s。

也可以通过与具有一定能量的电子碰撞来实现。当电子与原子碰撞时，若电子能量小于临界能量，则发生弹性碰撞（电子不损失能量）；若电子能量大于临界能量，则发生非弹性碰撞（电子把数值为 $\Delta E = E_2 - E_1$ 的能量交给氩原子，只保留余下的部分）。当电子与原子发生碰撞时，原子将从电子获取能量而从基态跃迁到第一激发态。相应的电位差就称为氩原子的第一激发电位。当电子的能量大于或等于第一激发能时，原子就开始发光。

本实验就是利用具有一定能量的电子与氩原子相碰撞而发生能量交换来实现氩原子状态的改变。

弗兰克擅长低压气体放电的实验研究。1913 年他与赫兹在柏林大学合作，研究电离电势与量子理论的关系，用的方法是莱纳德（Lenard）创造的反向电压法，弗兰克和赫兹改进了莱纳德的实验装置，得到了一系列气体，如氦、氖、氢、氧的电离电势。后来他们又特地研究了电子和惰性气体的碰撞特性。

这个经典实验的主要实验器具是一个类似真空管的管状容器，称为 F-H 管，内部充满温度在 140 ℃ 与 200 ℃ 之间低气压的水银气体。如图 4-27-3 所示，F 是电子源，用钨丝作成，由电流加热到白炽程度，N 为网状栅极，距 F 4 cm，P 与 N 之间的距离远小于 4 cm，仅为 1～2 mm，N、P 之间的电势差 V_2 与 F、N 之间的电势差 V_1 反向，数值只有 0.5 V 左右。电势差 V_1 可调至 10 V，用于加速 F 发射的电子，在稀薄气体情况下，电子将得到动能 $\frac{1}{2}mv^2 = ev_1$，而 V_2 起到减速的作用。

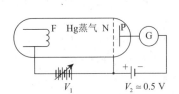

图 4-27-3　F-H 实验装置示意图

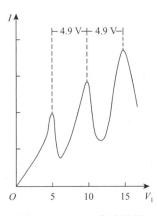

图 4-27-4　F-H 实验结果

整个放电管中气体的压强约为 1 mmHg，这就使得电子的平均自由程小于 F 到 N 的距离，但却大于或等于 N 到 P 的距离。

在实验时，弗兰克和赫兹逐步增大加速电压 V_1，同时仔细记录电流计 G 的读数。结果他们得到了如图 4-27-4 所示的集电极电流 I（纵坐标）与加速电压 V（横坐标）之间的变化曲线。开始时，由于加速电势差 V_1 小于 N、P 之间的减速电势差 V_2，集电极上电流 I 为零。随着加速电势差的增加，电流逐渐上升，直到 V 达到某一临界电压（实验测定的值为 4.9 V）时，电流突然急剧下降，几乎降至零。继续增加电压。再一次，同样地，电流也跟随着平稳地增加，直到电压达到 9.80 V。当电压在 9.8 V 时，又观察到类似的电流猛烈降低。

电压每增加 4.9 V，电流就会猛烈降低。这样系列的行为最少继续维持至 100 V 电压。

使用弹性碰撞和非弹性碰撞的理论，弗兰克和赫兹给予了这个实验合理的解释。当电压很低时，被加速的电子只能获得一点能量，它们只能与 Hg 原子进行纯弹性碰撞。这是因为量子力学不允许一个原子吸收任何能量，除非碰撞能量大于将电子跃迁至较高的能量量子态所需的能量。

由于是纯弹性碰撞，系统内的总动能大约不变。又由于电子的质量超小于 Hg 原子的质量，电子能够获取大部分的动能。增加电压会使电场强度增加，刚从阴极发射出来的电子，感受到的静电力也会加大。电子的速度会加快，更有能量地冲向栅极。所以，更多的电子会冲过栅极，抵达阳极。因此安培计读到的电流也会单调递增。

Hg 原子的电子的最低激发能量是 4.9 eV。当加速电压升到 4.9 V 时，每一个移动至栅极的自由电子拥有至少 4.9 eV 动能（外加电子在那温度的静能）。自由电子与 Hg 原子可能会发生非弹性碰撞。自由电子的动能可能被用来使 Hg 原子的束缚电子从一个能量量子态跃迁至另一个能量量子态，从而增加束缚电子的能级，称这过程为 Hg 原子被激发。但是，经过这非弹性碰撞，自由电子失去了 4.9 eV 动能，它不再能克服栅极与阳极之间负值的电压。大多数的自由电子会被栅极吸收。因此，抵达阳极的电流会猛烈地减小。

假设加速电压超过 4.9 eV，自由电子会在从阴极移动至栅极的路途中，遇到一个非弹性碰撞，失去 4.9 eV，然后继续被加速。照着这方式，在电压超过 4.9 eV 之后，电流重新单调递增。当电压在 9.8 eV 时，情况又有改变。每一个自由电子有足够的能量造成两次非弹性碰撞，失去 9.8 eV。自由电子又无法抵达阳极。安培计读到的电流会再度猛烈地减小。电压每增加 4.9 eV，就会发生一次这种状况，电子累积足够能量（4.9 eV 的整数倍）后，将造成更多次的非弹性碰撞。

图 4-27-5 中的 F-H 管是一个充有氩具有双栅结构的柱面形四极管，灯丝 F 的温度可由稳流调节控制。阴极 K 被灯丝 F 烤热而逸出大量电子。第一栅极 G_1 与阴极 K 之间加有正向低电压 U_{G_1K}，使逸出的电子离开阴极，以消除空间电荷堆积对阴极电子发射的影响，并可控制管内电子流的大小。阴极和第二栅极间的电压 U_{G_2K} 加速电子，使电子获得能量 $\frac{1}{2}mv^2 = eU_{G_2K}$，和管内气体发生碰撞。第二栅极和阴极之间的距离较大，以保证有足够高的碰撞几率。

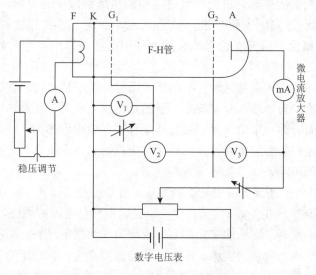

图 4-27-5　F-H 实验仪原理图

实验表明，电子与气体原子之间的碰撞是弹性的，电子损失的能量约为其自身能量的 10^{-5} 倍，几乎没有能量的损失，因而随 U_{G_2K} 的上升板流量 I_p 按真空管伏安特性曲线逐渐升高，当满足下列关系式时：

$$eU_{G_2K}\left(=\frac{1}{2}mv^2\right) = E_2 - E_1 \qquad (4\text{-}27\text{-}2)$$

电子与气体原子间的碰撞是完全非弹性的，从而引起共振吸收，电子把能量全部传给气体原子。吸收了电子能量的气体原子从基态 E_1 向第一激发态 E_2 跃迁。第二栅极 G_2 的位置靠近板极 A，G_2 和 A 之间加一负电压，使得与原子发生非弹性碰撞而损失了能量的电子不能到达板极，板流就陡然下降，I_P-U_{G_2K} 曲线将出现一个极大值。当 U_{G_2K} 继续增加时，发生第一次非弹性碰撞而损失了能量的电子，将在电场中继续加速，从而相继出现第二次、第三次……完全非弹性碰撞，板流 I_P 将出现第二个、第三个……峰值，如图 4-27-6 所示，相邻两个极大值的 U_{G_2K} 之差即为第一激发电位。

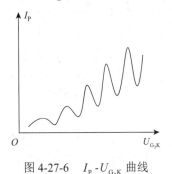

图 4-27-6　I_P - U_{G_2K} 曲线

弗兰克和赫兹最初研究气体放电中低能电子和原子间相互作用时，设计了电子与原子碰撞的实验。他们将莱纳德的单栅、三极管的结构进行了改进，把管内的气体改为汞蒸气。Hg 是单原子分子，能级较为简单，在常温下是液体，容易操作，且饱和蒸气压低，在温度不太高的情况下就能改变饱和蒸气压，因此常温下可以进行实验。

在研究中，从几方面充分体现了弗兰克和赫兹的创新思维和创新精神。首先，以实验装置为切入点，将原来的实验装置进行了改进，由直热式阴极改为旁热式加热，使电子发射更均匀。在靠近阴极处又增加了一个栅极，成为双栅极四级管，使 K 与 G_1 间的距离小于汞蒸气的平均自由程，目的是在此区域只加速不碰撞；在 G_1 与 G_2 两个栅极之间形成等电位区，调出一个电场为零的空间，使电子与 Hg 原子发生有效碰撞，使某一激发电位的非弹性碰撞更明显。改进后的装置把加速与碰撞这两个区域分开，由此电子在加速区获得比较高的能量。其次，从实验方法着手，弗兰克和赫兹变换思维方式，对不易测得的能量，巧妙地通过用加速电压的大小确定电子在加速电场中获得的能量，通过能否克服拒斥电压确定电子经过碰撞所剩余的能量，进而得到碰撞中所传递给原子的能量。再次，在理论方面，善于打破传统的思维方式，大胆思索，敢为人先，创造了"亚稳能级"这一术语，提出原子亚稳态的重要概念，研究亚稳态在碰撞过程中所起的作用，为激光物理提供了发展的土壤。

一百多年前，弗兰克和赫兹这种勇于创新的精神，做了很多前沿性研究和前人从未涉及的课题。他们的理论，为物理实验学树立了新的里程碑。今天重复做这个实验的目的，从观察原子能量这个侧面告诉同学们，我们是怎样"看到"微观世界的。物理学家将微观粒子的微小变化状况通过我们熟悉的伏安特性曲线这种宏观形式表现出来，进而了解微观世界，培养学生在复杂的外部环境条件下整体思考的能力。

在科学研究中，一个新理论或者一个新发现，需要实验来验证。实验是理论坚实的基础，是检验真理的唯一标准。如果没有实验，理论就会成为一种单纯的假设，得不到验证和认同。理论又须指导实验，脱离了理论的实验容易变成现象和数据的堆积，而找不出它们内在的联系和规律，有的甚至成为盲目的实验。F-H 实验的重要意义，就在于它以电子与原子间的碰撞揭示了原子内部能量量子化效应。"后来我们认识到了玻尔理论的指导意义，一切困难才迎刃而解。我们清楚地知道，我们的工作之所以会获得广泛的承认，是由于它与普朗克特别是玻尔的伟大思想和概念有了联系。"大量实践证明，只有通过实验的分析、验证，才能证明理论结果是否正确。可以说科学研究的一般规律是先进行理论分析，经过实验的验证，然后对测量的数据进行归纳、整理、计算、分析，最后才能得出结论。事实证明，理论和实验二者是相辅相成、密不可分的关系。

【实验内容】

1. 手动测试

对照 F-H 实验仪的原理图，明确 F-H 实验仪面板上各个部件的功能、调整和使用方法，按要求完成连线连接，检查连线连接，确认无误后按下电源开关，开启实验仪。

检查开机状态，启动电源稍候约 10 min，待仪器预热性能稳定后再进行实验。

适当选择实验参数，需设定的电压源有灯丝电压、U_{G_1K} 电压、U_{G_2A} 电压。操作方法参见实验仪器第 5 条和第 6 条，设定状态参见实验仪器的第 8 条或随机提供的工作条件。

（1）测试操作和数据记录。

测试操作过程中每改变一次电压源 U_{G_2K} 的电压值，F-H 管的板极电流值随之改变。此时记录下区 3 显示的电流值、区 4 显示的电压值数据，以及环境条件，待实验完成后，进行实验数据分析。

电压源 U_{G_2K} 的电压值的最小变化值是 0.5 V。为了快速改变 U_{G_2K} 的值，可按实验仪器第 7 条叙述的方法先改变调整位的位置，再改变电压值，得到每步大于 0.5 V 的调整速度。

（2）示波器显示输出。

测试电流也可以通过示波器进行显示观测。将区 5 的"信号输出"和"同步输出"分别连接到示波器的信号通道和外同步通道，调节好示波器的同步状态和显示幅度，按前述的测试操作方法操作实验仪，在示波器上就可以看到 F-H 管板极电流的即时变化。

（3）重新启动。

在手动测试过程中，按下区 7 的启动按键，U_{G_2K} 的电压将被设置为零，内部存储的测试数据被消除，示波器上显示的波形被消除，但灯丝电压、U_{G_1K} 电压、U_{G_2A} 电压、电流挡位等的状态不发生变化。这时，可以在该状态下重新进行测试，或者修改状态后再进行测试。

2. 自动测试

实验仪除了可以进行手动测试外，还可以进行自动测试。进行时，仪器将自动产生 U_{G_2K} 扫描电压，完成整个测试过程。将示波器加上，可以在示波器上看见 F-H 管板极电流随 U_{G_2K} 电压变化的波形。

（1）自动测试状态设置。

自动测试时，灯丝电压、U_{G_1K} 电压、U_{G_2A} 电压、电流挡位等状态设置的操作过程和手动方式相同。

建议工作状态和手动测试情况下相同。

（2）U_{G_2K} 扫描终止电压的设定。

自动测试时，实验仪将自动产生 U_{G_2K} 电压，实验仪的 U_{G_2K} 电压的初始值为 0 V，U_{G_2K} 电压大约 0.4 s 递增 0.2 V，直到扫描终止电压。

要进行自动测试，必须设置电压 U_{G_2K} 的扫描终止电压：将区 7 中的"手动/自动"键按下，自动测试指示灯亮；在区 4 按下 U_{G_2K} 电压源选择键，U_{G_2K} 电压源选择指示灯亮；在区 7 用"↑/↓""←/→"键完成 U_{G_2K} 电压值的具体设定。U_{G_2K} 设定终止值建议不超过 85 V。

（3）自动测试启动。

自动测试状态设置完成后，在启动自动测试过程前应检查灯丝电压、U_{G_1K} 电压、U_{G_2A} 电压、U_{G_2K} 电压设定值是否正确，电流量程选择是否合理，自动测试指示灯是否正确指示。

确定所有设置都正确以后，将区 4 的电压源选择为 U_{G_2K}，再按下区 7 的启动键，自动测试开始。

在自动测试过程中，通过面板的电压指示区 4，测试电流指示区 3，观察扫描电压 U_{G_2K} 和 F-H 管板极电流的相关变化情况。

如果连接了示波器，可以通过示波器观察扫描电压 U_{G_2K} 和 F-H 管板极电流的相关变化的输出波形。

在自动测试过程中，为避免面板按键误操作，导致自动测试失败，面板上除"自动/手动"按键外的所有按键都被屏蔽操作。

（4）中断自动测试过程。

在自动测试过程中，按下"手动/自动"键，手动测试指示灯亮，实验仪就中断自动测试过程，恢复开机初始状态，所有按键都被再次开启工作。

本次测试的数据依然被保留在实验仪主机的存储器中，直到下次测试开始时才被消除。所以，示波器还可以看到部分波形。

（5）自动测试过程正常结束。

当扫描电压 U_{G_2K} 电压值大于设定的测试终止电压值时，实验仪将自动结束本次自动测试过程，进入数据查询工作状态。

（6）自动测试后的数据查询。

自动测试过程正常结束后，实验仪进入数据查询工作状态。这时面板按键除区 3 部分禁止外，其他都开启。

区 7 的自动测试指示灯亮，区 3 的电流量程指示灯指示于本次测试的电流量程选择挡位；区 4 的各电压源选择按键可选择各电压源的电压值指示。其中，灯丝电压、U_{G_1K} 电压、U_{G_2A} 电压只能显示原来的设定电压值，不能通过按键改变相应的电压值。

改变 U_{G_2K} 的指示值，就可以查阅本次测试过程中，U_{G_2K} 的扫描电压值为当前显示值时，对应的 F-H 管板极电流值的大小，该数值显示在电流指示表上。

（7）结束查询过程，恢复初始状态。

当需要结束查询过程时，只要按下区 7 的"手动/自动"键，区 7 的手动测试指示灯亮，查询过程结束，面板按键再次全部开启。原设置的电压状态被清除，实验仪存储的测试数据被消除，实验仪恢复到初始状态。

3. 实验仪和计算机联机测试

本节的介绍仅对被升级成为微机型的智能 F-H 实验仪有效。测试过程中，实验仪面板上区 7 的自动测试指示灯亮，通信指示灯亮，所有按键都被屏蔽禁止；在区 3、区 4 的电流电压指示表上可以观察到即时的测试电压值和 F-H 管的板极电流值，电流电压选择指示灯指示了目前的电流挡位和电压源选择状况；如果连接了示波器，在示波器上可以看到测试波形；在计算机的显示屏上也能看到测试波形。

【数据处理】

调整好零点，改变加速电压 U_{G_2K}，逐点记录板电流 I_p，在极大值附近应多记几点，填入表 4-27-1，并画出 I_p-U_{G_2K} 的曲线。

表 4-27-1　电压 U_{G_2K} 与电流 I_P 数据记录

$U_A =$ _____ V　$U_{G_1K} =$ _____ V　$U_{G_2K} =$ _____ V

U_{G_2K}						
I_P						

1. 消除本底电流的影响

I_P-U_{G_2K} 曲线极小值的 I_P 并不为零，存在本底电流，并且本底电流随 U_{G_2K} 的增加而增加。产生本底电流的原因主要是没有完成碰撞过程的电子、二次发射的电子、气体电离而产生的电子。消除本底电流的影响可作一条 I_P-U_{G_2K} 极小值的包络线，如图 4-27-7 所示。对应于每个 U_{G_2K}，由两条曲线的差值逐点将曲线下移，得出消除了本底电流后的曲线，由消除了本底电流后的 I_P-U_{G_2K} 曲线的峰间距，或从各峰半宽度的中点（峰中心）的间距，可求得第一激发电位。

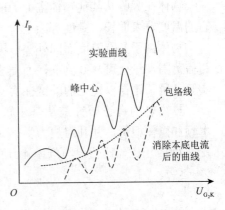

图 4-27-7　消除本底电流

2. 用逐差法处理数据

假设测出 n_0 个峰，则逐差区间的数目可取为

$$n = \begin{cases} \dfrac{n_0}{2}, & n_0 \text{为偶数} \\[2mm] \dfrac{n_0-1}{2}, & n_0 \text{为奇数} \end{cases} \tag{4-27-3}$$

则第一激发电位

$$U_i = \frac{1}{n}(U_{n+i}^{G_2K} - U_i^{G_2K}) \tag{4-27-4}$$

式中：$U_i^{G_2K}$ 为第三个峰值对应的加速电压。对 n 个 U_i 取平均值有

$$U = \frac{1}{n}\sum_{i=1}^{n} U_i \tag{4-27-5}$$

【思考题】

1. U_{G_2K}、U_{G_2A} 以及灯丝电流的大小对 I_P-U_{G_2K} 曲线有何影响？
2. 为什么不能把 I_P-U_{G_2K} 的第一峰位的 U_{G_2K} 当作第一激发电位？

实验二十八　黑体辐射实验

物体在吸收从其他物体辐射的能量的同时，向外辐射能量，且物体吸收或辐射的能量与它的温度、表面积、黑度等因素有关。

物体由于具有温度而向外辐射电磁波的现象称为热辐射，热辐射的光谱是连续谱，波长覆盖范围理论上可从 0 到 ∞，而一般的热辐射主要靠波长较长的可见光和红外线。黑体辐射实验是量子论得以建立的关键性实验之一。

热辐射的真正研究是从基尔霍夫开始的。1859 年他从理论上导入了辐射本领、吸收本领和黑体概念，并利用热力学第二定律证明了，一切物体的热辐射本领 $r(\gamma,T)$ 与吸收本领 $\alpha(\gamma,T)$ 成正比，比值仅与频率 ν 和温度 T 有关，其数学表达式为

$$\frac{r(\nu,T)}{\alpha(\nu,T)} = F(\nu,T) \tag{4-28-1}$$

式中：$F(\nu,T)$ 为一个与物质无关的普适函数。1861 年，基尔霍夫提出了一个黑体模型：在一定温度下用不透光的壁包围起来的空腔中的热辐射等同于黑体的热辐射。1879 年，施特藩（Stefan）从实验中总结出了黑体辐射的辐射本领 R 与物体绝对温度 T 的四次方成正比的结论。1884 年，玻耳兹曼（Boltzman）对上述结论给出了严格的理论证明，其数学表达式为

$$R = \sigma T^4 \tag{4-28-2}$$

即施特藩–玻耳兹曼定律。式中：$\sigma = 5.67 \times 10^{-8} \ \mathrm{W \cdot m^{-2} \cdot K^{-4}}$ 为施特藩–玻耳兹曼常量。

1888 年，韦伯（Weber）提出了波长与绝对温度之积是一定的。1893 年，维恩（Wien）从理论上进行了证明，其数学表达式为

$$\lambda_{\max} T = b \tag{4-28-3}$$

式中：$b = 2.897\,8 \times 10^{-3} \ \mathrm{m \cdot K}$ 为一普适常量。随温度的升高，绝对黑体光谱亮度的最大值的波长向短波方向移动，即维恩位移定律。

图 4-28-1 显示了黑体不同色温的辐射能量随波长的变化曲线，峰值波长 $\lambda_{\max}$ 与它的绝对温度 T 成反比。1896 年，维恩推导出黑体辐射谱的函数形式：

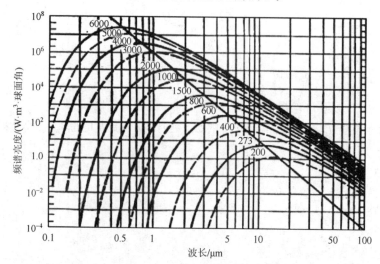

图 4-28-1　辐射能量与波长的关系

$$r_{(\lambda,T)} = \frac{\alpha c^2}{\lambda^5} e^{-\beta c / \lambda T} \tag{4-28-4}$$

式中：α、β 为常数。该公式与实验数据比较，在短波区域符合得很好，但在长波部分出现系统偏差。由于维恩在热辐射研究方面的卓越贡献，1911 年他荣获了诺贝尔物理学奖。

1900 年，英国物理学家瑞利（Rayleigh）从能量按自由度均分定律出发，推出了黑体辐射的能量分布公式：

$$r_{(\lambda,T)} = \frac{2\pi c}{\lambda^4} KT \tag{4-28-5}$$

该公式被称为瑞利-金斯（Jeans）公式，公式在长波部分与实验数据较相符，但在短波部分却出现了无穷值，而实验结果趋于零。这部分严重的背离，称为"紫外灾难"。

1900 年，德国物理学家普朗克在总结前人工作的基础上，采用内插法将适用于短波的维恩公式和适用于长波的瑞利-金斯公式衔接起来，得到了在所有波段都与实验数据符合得很好的黑体辐射公式：

$$r_{(\lambda,T)} = \frac{c_1}{\lambda^5} \cdot \frac{1}{e^{c_2 / \lambda T} - 1} \tag{4-28-6}$$

式中：c_1、c_2 均为常数。但该公式的理论依据尚不清楚。

这一研究结果促使普朗克进一步去探索该公式所蕴含的更深刻的物理本质。他发现，如果要推导出公式（4-28-6），需要作如下"量子"假设：**对一定频率 ν 的电磁辐射，物体只能以 $h\nu$ 为单位吸收或发射它，也就是说，吸收或发射电磁辐射只能以"量子"的方式进行，每个"量子"的能量为 $E = h\nu$，称之为能量子。**式中：h 为一个用实验来确定的比例系数，称为普朗克常量，它的数值为 $6.625\,59 \times 10^{-34}$ J·s。公式（4-28-6）中的 c_1、c_2 可表述为 $c_1 = 2\pi hc^2$，$c_2 = ch / k$，它们均与普朗克常量相关。从红外到紫外线部分，这个能量子通常被称为光子。

【实验目的】

（1）掌握物体的辐射面、辐射体温度对物体辐射能力大小的影响，并能分析原因。

（2）掌握测量改变测试点与辐射体距离时，物体辐射强度 P 与距离 S 和距离的平方 S^2 的关系，并描绘 P-S^2 曲线。

（3）依据维恩位移定律，测绘物体辐射能量与波长的关系图。

（4）测量不同物体的防辐射能力，了解防辐射在实际中的应用（选做）。

（5）了解红外成像原理，根据热辐射原理测量发热物体的形貌（红外成像）。

【注意事项】

（1）实验过程中，当辐射体温度很高时，禁止触摸辐射体，以免烫伤。

（2）测量不同辐射表面对辐射强度影响时，辐射温度不要设置太高，转动辐射体时，应戴手套。

（3）实验过程中，计算机在采集数据时不要触摸测试架，以免对传感器造成干扰。

（4）辐射体的光面 1 光洁度较高，应避免受损。

【实验仪器】

DHRH-1 测试仪、黑体辐射测试架、红外成像测试架、红外热辐射传感器、半自动扫描平台、光学导轨（60 cm）、计算机软件、专用连接线等。

【实验内容】

1. 物体温度以及物体表面对物体辐射能力的影响

（1）先将黑体热辐射测试架、红外传感器安装在光学导轨上，调整红外热辐射传感器的高度，使其正对模拟黑体（辐射体）中心。然后调整黑体辐射测试架和红外热辐射传感器的距离为一较合适的距离，并通过光具座上的紧固螺丝锁紧。

（2）将黑体热辐射测试架上的加热电流输入端口和控温传感器端口分别通过专用连接线和 DHRH-1 测试仪面板上的相应端口相连；用专用连接线将红外传感器和 DHRH-I 面板上的专用接口相连；检查连线是否无误，确认无误后，开通电源，对辐射体进行加热，如图 4-28-2 所示。

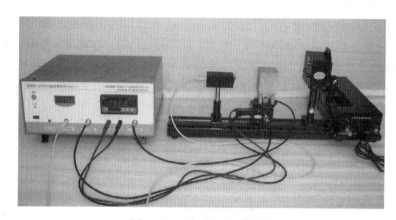

图 4-28-2　实验装置实物图

（3）记录不同温度时的辐射强度，填入表 4-28-1 中，并绘制温度-辐射强度曲线图。

表 4-28-1　黑体温度与辐射强度记录表

温度 $t/℃$	20	25	30	...	80
辐射强度 P/V					

注意：本实验可以动态测量，也可以静态测量。静态测量时要设定不同的控制温度，具体如何设置温度见控温表说明书。静态测量时，由于控温需要时间，用时较长，做此实验时建议采用动态测量。

（4）将红外辐射传感器移开，控温表设置在 60 ℃，待温度控制好后，将红外辐射传感器移至靠近辐射体处，转动辐射体（辐射体较热，请戴上手套进行旋转，以免烫伤）测量不同辐射表面上的辐射强度（实验时，保证热辐射传感器与待测辐射面距离相同，便于分析和比较），记录在表 4-28-2 中。

表 4-28-2 黑体表面与辐射强度记录表

黑体面	黑面	粗糙面	光面 1	光面 2（带孔）
辐射强度/V				

注意：光面 2 上有通光孔，实验时可以分析光照对实验的影响。

（5）黑体温度与辐射强度微机测量。

用计算机动态采集黑体温度与辐射强度之间的关系时，先按照步骤（2）连好线，然后把黑体热辐射测试架上的测温传感器 PT100II 连至测试仪面板上的"PT100 传感器 II"，用 USB 电缆连接电脑与测试仪面板上的 USB 接口，如图 4-28-2 所示。

具体实验界面的操作以及实验案例详见安装软件上的帮助文档。

2. 探究黑体辐射和距离的关系

（1）按照实验内容 1 的步骤（2）把线连接好，连线图同图 4-28-2。

（2）将黑体热辐射测试架紧固在光学导轨左端某处，红外传感器探头紧贴对准辐射体中心，稍微调整辐射体和红外传感器的位置，直至红外辐射传感器底座上的刻线对准光学导轨标尺上的一整刻度，并以此刻度为两者之间距离零点。

（3）将红外传感器移至导轨另一端，并将辐射体的黑面转动到正对红外传感器。

（4）将控温表头设置在 80 ℃，待温度控制稳定后，移动红外传感器的位置，每移动一定的距离后，记录测得的辐射强度，并记录在表 4-28-3 中，绘制辐射强度-距离图以及辐射强度-距离的平方图，即 P-S 和 P-S^2 图。

表 4-28-3 黑体辐射与距离关系记录表

距离 S/mm	400	380	...	0
辐射强度 P/mV				

注意：实验过程中，辐射体温度较高，禁止触摸，以免烫伤。

（5）分析绘制的图形，你能从中得出什么结论，黑体辐射是否具有类似光强与距离的平方成反比的规律？

3. 依据维恩位移定律，测绘物体辐射强度 P 与波长的关系图

（1）按实验内容 1，测量不同温度时，辐射体辐射强度与辐射体温度的关系并记录。

（2）根据公式（4-28-3），求出不同温度时的 λ_{max}。

（3）根据不同温度下的辐射强度和对应的 λ_{max}，描绘 P-λ_{max} 曲线图。

（4）分析所描绘图形，并说明原因。

4. 测量不同物体的防辐射能力（选做）

（1）分别测量在辐射体与红外辐射传感器之间放入物体板之前和之后辐射强度的变化。

（2）放入不同的物体板时，辐射体的辐射强度有何变化？分析原因。你能得出哪种物质的防辐射能力较好？从中你可以得到什么启发？

5. 红外成像实验（使用计算机）

（1）将红外成像测试架放置在导轨左边，半自动扫描平台放置在导轨右边，将红外成像测试架上的加热输入端口和传感器端口分别通过专用连线同测试仪面板上的相应端口相连；

将红外传感器安装在半自动扫描平台上，并用专用连接线将红外辐射传感器和面板上的输入端口相连，用 USB 连接线将测试仪与电脑连接起来，如图 4-28-3 所示。

图 4-28-3　红外成像实验装置

（2）将一红外成像体放置在红外成像测试架上，设定温度控制器控温温度为 60 ℃ 或 70 ℃ 等，检查连线是否无误；确认无误后，开通电源，对红外成像体进行加热。

（3）温度控制稳定后，将红外成像测试架向半自动扫描平台移近，使成像物体尽可能接近热辐射传感器（不能紧贴，防止高温烫坏传感器测试面板），并将热辐射传感器前端面的白色遮挡物旋转到与传感器的中心孔位置一致。

（4）启动扫描电机，开启采集器，采集成像物体横向辐射强度数据；手动调节红外成像测试架的纵向位置（每次向上移动相同坐标距离，调节杆上有刻度），再次开启电机，采集成像物体横向辐射强度数据；电脑上将会显示全部的采集数据点以及成像图，软件具体操作详见软件界面上的帮助文档。

【数据处理】

记录数据，用 Excel 作出各个实验数据二维曲线图。

【思考题】

1. 把一个木炭放置于烈日下面暴晒，木炭不断吸收太阳光，是否会导致木炭自燃？为什么？

2. 结合瑞利-金斯公式，说明历史上曾经很有名的"紫外灾难"。

3. 请课外查阅热力学与统计物理教材，根据普朗克的能量子假设和玻耳兹曼分布公式，推导普朗克的黑体辐射公式，体会能量子假设的重大意义。

4. 体会量子化的含义，请举例说明，宏观世界中类似于量子化的现象。

5. 如果把太阳近似看成黑体，太阳的辐射中心波长为 550 nm，用维恩位移公式计算太阳表面的温度。

6. 把人体看为长 2 m、宽 0.5 m、厚 0.1 m 的六面体，人体正常温度为 37 ℃，如果人体能够近似看成黑体，计算人体辐射的总功率。

第 5 章

设计性与研究性实验

实验二十九　动力学综合设计性实验

绕一个悬点来回摆动的物体，都称为摆，其周期一般与物体的形状、大小、密度分布有关。若把尺寸很小的物体悬于一端固定的长度为 l 且不能伸长的细绳上，把物体拉离平衡位置，使细绳与过悬点铅垂线所成角度小于 5°，放手后物体往复振动，可视为质点的振动，其周期 T 只与绳长 l 和当地的重力加速度 g 有关，而与物体的质量、形状、振幅大小都无关，其运动状态可用简谐振动运动方程表示，称为单摆或数学摆。如果振动的角度大于 5°，则单摆不再做简谐振动，振动的周期将随振幅的增加而变大。复摆是一刚体绕固定的水平轴在重力的作用下做微小摆动的动力运动体系，亦称物理摆。复摆的周期与摆球的尺寸有关。

摆与其性质是由伽利略（Galileo）发现并进行初步研究的。伽利略在意大利比萨大教堂中无意发现了吊灯的摆动规律，这激发了他对摆动的研究兴趣。他发现并提出了单摆的等时性，即小角度振动的单摆的周期与摆动物体的质量、形状、振幅无关，并通过实验求得单摆的周期随摆线长度的二次方根而变动。在此基础上，荷兰数学家、物理学家惠更斯经过长期研究，发现了单摆的周期规律，确定了单摆做简谐运动的周期公式，即单摆做简谐运动时的周期 T 与摆长 l、重力加速度 g 之间的定量关系。

实验 1　研究单摆的运动特性

本实验是用经典的单摆公式测量重力加速度 g，对影响测量精度的因素进行分析，学习如何改进测量方法，以进一步提高测量精度。

1. 实验目的

（1）用单摆测量动力加速度。
（2）学习使用计时仪器（光电计时器）。
（3）学习在直角坐标纸上正确作图及处理数据。
（4）学习用最小二乘法作直线拟合。

2. 实验仪器

单复摆一体仪、卷尺、游标卡尺、光电计时器。

3. 注意事项

（1）要注意小摆角的实验条件，如控制摆角 $\theta < 5°$。
（2）要注意使小球始终在同一个竖直平面内摆动，防止形成"锥摆"。
（3）本仪器提供铁质小球的直径为 20 mm。

（4）挡光针为长 15 mm、直径 2.7 mm 的中空塑料圆柱，实验时将其插在小球的底部孔中。

4. 实验原理

把一个金属小球拴在一根细长的线上，如图 5-29-1 所示。若细线的质量比小球的质量小很多，而球的直径又比细线的长度小很多，则此装置可看成是一根不计质量的细线系住一个质点，这就是单摆。略去空气的阻力和浮力以及线的伸长不计，在摆角很小时，可以认为单摆做简谐振动，其振动周期为

图 5-29-1　摆球示意图

$$T = 2\pi\sqrt{\frac{l}{g}}, \qquad g = 4\pi^2 \frac{l}{T^2} \qquad (5\text{-}29\text{-}1)$$

式中：l 为单摆的摆长，就是从悬点 O 到小球球心的距离；g 为重力加速度。因而，单摆周期 T 只与摆长 l 和重力加速度 g 有关。测量出单摆的 l 和 T，就可以计算出重力加速度 g。

单摆实验仪结构图如图 5-29-2 所示。

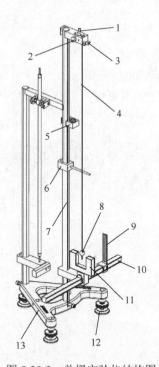

图 5-29-2　单摆实验仪结构图

1. 线盒锁紧螺钉；2. 单摆线盒；3. 摆线固定螺钉；
4. 摆线；5. 水平泡机构（用于指示立杆铅直度）；
6. 挡杆（开展单摆周期叠加探究性实验用）；
7. 立杆；8. 摆球；9. 挡板；10. 水平尺（测量摆角）；
11. 光电门Ⅰ；12. 水平调节机脚；13. 三角底座

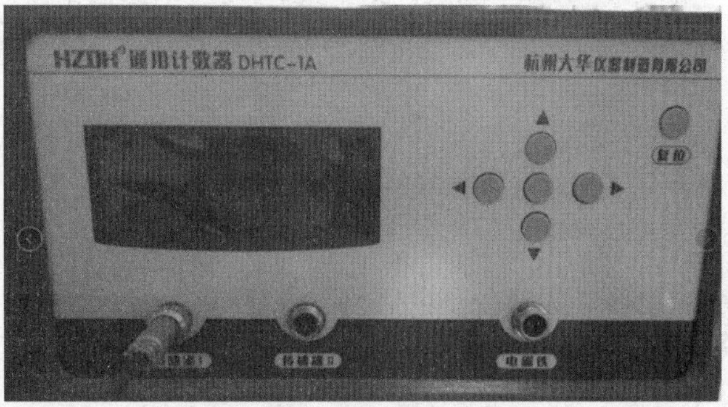

图 5-29-3　通用计数器面板

通用计数器面板如图 5-29-3 所示。通用计数器测量单摆周期的使用方法：将光电门Ⅰ与计时器传感器Ⅰ相连；开机通电后，选择周期测量功能，按"确认"键；通过设置周期数 n：xx，设置测量周期为 xx = 30 个；选择开始测量，按"确认"键准备计时；等小球第一次经

过光电门挡光时，计时开始，小球每遮挡光电门 1 次，计数加 1，1 个周期内共挡光 2 次，所以在第 61 次挡光时停止计时，显示 30 个周期的总时间 t 和单个平均周期 T，可以设定不同周期数 xx 进行测试。（通用计数器 DHTC-1A 的具体操作详见其使用说明书。）

5. 实验要求

（1）根据单摆测重力加速度的原理，利用提供的实验仪器，设计实验方案测量重力加速度。自行设计数据表格记录测量数据。

（2）计算 g 的标准不确定度 δ_g。

（3）改变摆长，测定 g。

使 l 分别为 40、50、60、70，测出不同摆长下的 T。

① 用直角坐标纸作 l-T^2 图，如果是直线说明什么？由直线的斜率求 g。

② 以 l 及相应的 T^2 数据，用最小二乘法作直线拟合，求其斜率，并由此求出 g。

（4）固定摆长，改变摆角 θ，测定周期 T。

使 θ 分别为 10°、20°、30°，用计时器测摆动周期 T，然后进行比较。

① 用周期 T 随摆角 θ 变化的二级近似式

$$T = 2\pi\sqrt{\frac{l}{g}}\left(1 + \frac{1}{4}\sin^2\frac{\theta}{2}\right) \qquad (5\text{-}29\text{-}2)$$

计算出上述相应角度的周期数值，并进行比较（g 取当地标准值）。

② 用式（5-29-1）计算出周期 T 的值，并进行比较（g 取当地标准值）。

从以上比较中体会式（5-29-1）要求摆角 θ 很小这一条件的重要性，并体会摆角 θ 略偏大时用式（5-29-2）进行修正的必要性。

《实验 2　复摆特性的研究》《实验 3　利用复摆测量物体的转动惯量并验证平行轴定理》《实验 4　惯性秤实验》的实验内容参见在线学习小程序。

实验三十　电表的改装

电表是最基本的电学测量工具之一，按工作电流可分为直流电表、交流电表和交直流两用电表；按用途可分为电流表和电压表；按读取方式可分为指针式电表和数字式电表。常用的电流表、电压表、欧姆表等，都可以通过电流计（俗称表头）改装而成。

未经改装的表头灵敏度高，满度电流（电压）很小，一般只允许通过微安或毫安级电流，所以只能用它测量很小的电流或电压。如果要用它测量较大的电流或电压，就必须对它进行改装以扩大测量范围。

【实验目的】

学生完成本实验后将具备以下能力：
（1）利用标准电流表和电阻箱测量表头内阻及满度电流。
（2）将表头改装成较大量程的电流表和电压表。
（3）将表头改装成欧姆表并校准欧姆表。

【实验要求】

（1）测量出表头的内阻及满度电流。
（2）将 1 mA 表头改装成 5 mA 的电流表。
（3）将 1 mA 表头改装成 1.5 V 的电压表。
（4）设计一个 $R_{中}=1500\ \Omega$ 的欧姆表，要求 E 在 1.3～1.6 V 范围内使用能调零。
（5）用电阻器校准欧姆表，画出校准曲线，并根据校准曲线用改装好的欧姆表测量未知电阻。

【实验仪器】

DH4508 型电表改装与校准实验仪面板如图 5-30-1 所示。
（1）指针式被改装表，量程 1 mA，内阻约为 150 Ω，精度为 1.5 级。
（2）电阻箱调节范围 0～11 111.0 Ω，精度为 0.2 级。
（3）标准电流表，0～2 A，0～20 mA 两量程。
（4）标准电压表，0～2 V，0～20 V 两量程。
（5）可调稳压电源，输出范围 0～2 V，0～10 V 两量程。

【注意事项】

（1）线路接好并确保表头不会超过满偏后，才能接通电源。

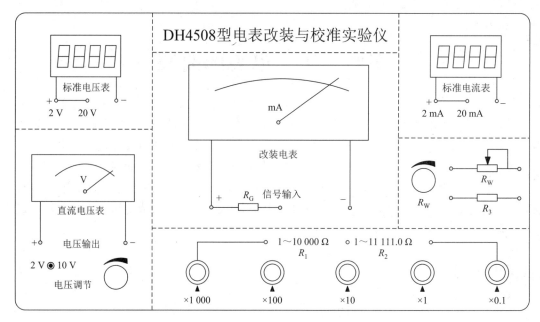

图 5-30-1　DH4508 型电表改装与校准实验仪面板示意图

（2）为确保表头指针不会超过满偏，可先将电源电压调至最小。

（3）拆除线路时，应先将电源关闭。

【实验内容】

1. 测量表头内阻 R_g 的方法

测量表头内阻 R_g 的常用方法有替代法和半电流法。

1）替代法

测量原理如图 5-30-2 所示。选择合适的电压和 R_W 值，先将被测电流表接到电路中，记下标准电流表的读数；然后用电阻箱 R_2 替代被测电流表，在电源电压和 R_W 值保持不变的情况下，改变电阻箱 R_2 的阻值。当标准电流表的读数与前面记下的读数相同时，电阻箱的阻值即为被测电流计的内阻。

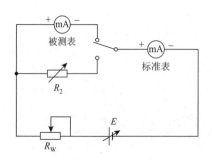

图 5-30-2　替代法测表头内阻原理图

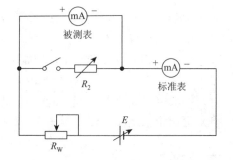

图 5-30-3　半电流法测表头内阻原理图

2）半电流法

半电流法亦称中值法，测量原理如图 5-30-3 所示。先将被测电流表接到电路中，通过调

节电压和 R_W 值，使电流表满偏时，记下标准电流表的读数；然后用电阻箱 R_2 与被测电流表并联作为分流电阻，改变 R_2 的值。当被测电流表的指针指示到中间值，且标准表的读数与前面记下的读数相同（可通过调节电源电压和 R_W 来实现）时，电阻箱的值即为被测电流表的内阻。

2. 改装大量程电流表

在表头两端并联一个分流电阻 R_2，可以扩大电流表的量程，这种由表头和并联电阻组成的整体就是改装后的电流表。若需要将量程扩大到 n 倍，则并联电阻 R_2 的大小为

$$R_2 = \frac{R_g}{n-1} \tag{5-30-1}$$

3. 改装大量程电压表

表头能承受的电压一般都很小，不能用来测量较大的电压。为了测量较大的电压，可以给表头串联一个较大的电阻 R_M，这种由表头和串联电阻组成的整体就是改装后的电压表。若需要将表头改装成量程为 U 的电压表，则串联 R_M 的电阻为

$$R_M = \frac{U}{I_g} - R_g \tag{5-30-2}$$

4. 改装为欧姆表

按调零方式不同，欧姆表可分为串联分压式和并联分流式两种，其原理如图 5-30-4 所示。图中：E 为电源，R_3 为限流电阻，R_W 为调零电位器，R_g 为表头内阻。

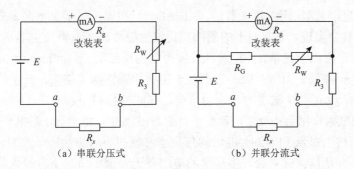

（a）串联分压式　　　　　　　（b）并联分流式

图 5-30-4　欧姆表原理图

图 5-30-4（a）中，当 a、b 端接入被测电阻 R_x 后，电路中电流为

$$I = \frac{E}{R_g + R_W + R_3 + R_x} \tag{5-30-3}$$

式中：R_g、R_W、R_3 为定值。所以在电源电压 E 保持不变时，被测电阻与电流 I 存在一一对应关系。

当 $R_x = 0$ 时，$I = \dfrac{E}{R_g + R_W + R_3} = I_g$，表头指针满偏；

当 $R_x = R_g + R_W + R_3$ 时，$I = \dfrac{E}{R_g + R_W + R_3 + R_x} = \dfrac{1}{2} I_g$，表头指针指在中间位置，对应的阻值称为中值电阻，显然，$R_{中} = R_g + R_W + R_3$；

当 $R_x = \infty$ 时，$I = 0$，表头指针指向机械零位。

实验三十一　巨磁电阻效应及其应用

磁阻（magneto-resistance，MR）效应是当外磁场发生改变时，材料的电阻发生改变的效应。1857 年各向异性磁电阻（anisotropic magneto-resistance，AMR）效应首次被发现，之后的数十年中，不同类型的 MR 效应被相继发现。

1. 正常磁电阻

正常磁电阻效应存在于许多磁性材料中，电阻的增量值近似正比于 B 的平方（B 为磁感应强度）。

2. AMR

AMR 的大小与电流和磁化强度之间的角度有关。当通过材料的电流方向和外加磁场方向垂直（成 90°）时，电阻较小；当电流与外加磁场方向平行（成 0°或 180°）时，电阻较大。利用效应制备的计算机硬盘读头产生的信号要比传统感应线圈式的读头产生的信号大，因而曾经被广泛应用在硬盘读头及磁性传感器中。

3. 巨磁电阻

1988 年，法国科学家阿尔贝·费尔（Alert Fert）和德国科学家彼得·格林贝格尔（Peter Grünberg）各自独立发现，非常弱小的磁性变化就能导致磁性材料发生非常显著的电阻变化，其变化的幅度比通常高十几倍，并把这种效应命名为巨磁阻（giant magneto-resistance，GMR）效应。巨磁阻是一种量子力学效应，它产生于层状的磁性薄膜结构，典型的自旋阀结构是铁磁层/非磁性金属（Cu）/铁磁层的三明治结构。在磁性材料中，若电子自旋与磁化方向反平行，则电子自旋散射作用强；反之，若电子自旋与磁化方向相平行，则电子自旋散射作用弱。这是由铁磁性材料中费米（Fermi）能级的自旋态密度的不对称性所导致的。假设铁磁层与反铁磁层之间的耦合是反铁磁耦合，多层膜的电阻在无外磁场情况下有最大值，材料处于高阻态；随着外磁场的增大，磁矩趋近于沿着外磁场的方向排列，多层膜的磁阻有较小的值，即处于低阻态。

除读出磁头外，GMR 应同样可应用于测量位移、角度等传感器中，可广泛地应用于数控机床、汽车导航、非接触开关、旋转编码器中，与光电等传感器相比，其具有功耗小、可靠性高、体积小、能工作于恶劣的工作条件等优点。我国国内也已具备了巨磁阻基础研究和器件研制的良好基础。中国科学院物理研究所和北京大学等高校在巨磁阻多层膜、巨磁阻颗粒膜及巨磁阻氧化物方面都有深入的研究。中国科学院计算技术研究所在磁膜随机存储器、薄膜磁头、MIG 磁头的研制方面成果显著。北京科技大学在原子和纳米尺度上对低维材料的微结构表征的研究及对大磁矩膜的研究均有较高水平。

【实验目的】

（1）了解 GMR 效应的原理。

（2）测量 GMR 模拟传感器的磁电转换特性曲线。

（3）测量 GMR 的磁阻特性曲线。

（4）测量 GMR 开关（数字）传感器的磁电转换特性曲线。

（5）用 GMR 传感器测量电流。

（6）用 GMR 梯度传感器测量齿轮的角位移，了解 GMR 转速（速度）传感器的原理。

（7）通过实验了解磁记录与读出的原理。

【实验仪器】

ZKY-JCZ 巨磁电阻效应及应用实验仪、基本特性组件、电流测量组件、角位移测量组件、磁读写组件。

1. 实验仪

图 5-31-1 为实验仪前面板。

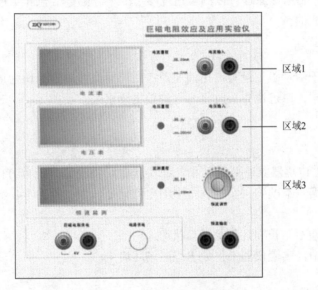

图 5-31-1　实验仪前面板

区域 1 为电流表部分，作为一个独立的电流表使用。

2 mA 挡和 20 mA 挡两个挡位，可通过电流量程切换开关选择合适的电流挡位测量电流。

区域 2 为电压表部分，作为一个独立的电压表使用。

2 V 挡和 200 mV 挡两个挡位，可通过电压量程切换开关选择合适的电压挡位。

区域 3 为恒流源部分。

实验仪还提供 GMR 传感器工作所需的 4 V 电源和运算放大器工作所需的 ±8 V 电源。

2. 基本特性组件

基本特性组件由 GMR 模拟传感器、螺线管线圈及比较电路、输入输出插孔组成，用以对 GMR 的磁电转换特性、磁阻特性进行测量。

GMR 传感器置于螺线管的中央。

螺线管用于在实验过程中产生大小可计算的磁场，由理论分析可知，无限长直螺线管内部轴线上任一点的磁感应强度为

$$B = \mu_0 nI \tag{5-31-1}$$

式中：n 为线圈密度；I 为流经线圈的电流强度；$\mu_0 = 4\pi \times 10^{-7}$ H/m 为真空中的磁导率。

3. 电流测量组件

电流测量组件将导线置于 GMR 模拟传感器近旁，用 GMR 传感器测量导线通过不同大小电流时导线周围的磁场变化，就可确定电流大小。与一般测量电流须将电流表接入电路相比，这种非接触测量不干扰原电路的工作，具有特殊的优点。

1）角位移测量组件

角位移测量组件用 RMR 梯度传感器作为传感元件，铁磁性齿轮转动时，齿牙干扰了梯度传感器上偏置磁场的分布，使梯度传感器输出发生变化，每转过一齿，就输出类似于正弦波一个周期的波形。利用该原理可以测量角位移（转速、速度）。汽车上的转速与速度测量仪就是利用该原理制成的。

2）磁读写组件

磁读写组件用于演示磁记录与读出的原理。磁读写组件用磁卡作为记录介质，磁卡通过写磁头时可写入数据，通过读磁头时将写入的数据读出来。

【注意事项】

（1）由于 RMR 传感器具有磁滞现象，在实验中，恒流源只能单方向调节，不可回调，否则测得的实验数据将不准确。实验表格中的电流只是作为一种参考，实验时以实际显示的数据为准。

（2）测试卡组件不能长期处于"写"状态。

（3）实验过程中，实验仪器不得处于强磁场环境中。

【实验内容】

1. GMR 模拟传感器的磁电转换特性测量

将 GMR 模拟传感器置于螺线管磁场中，功能切换按钮切换为"传感器测量"。实验仪的 4 V 电压源接至基本特性组件"巨磁电阻供电"，恒流源接至"螺线管电流输入"，基本特性组件"模拟信号输出"接至实验仪电压表。

按表 5-31-1 的数据，调节励磁电流，逐渐减小磁场强度，记录相应的输出电压。

表 5-31-1　GMR 模拟传感器磁电转换特性的测量（电桥电压：4 V）

励磁电流/mA	磁感应强度/G	输出电压/mV	
		减小磁场	增大磁场
100			
90			

励磁电流/mA	磁感应强度/G	输出电压/mV	
		减小磁场	增大磁场
80			
70			
60			
50			
40			
30			
20			
10			
5			
0			
−5			
−10			
−20			
−30			
−40			
−50			
−60			
−70			
−80			
−90			
−100			

在表 5-31-1 "减小磁场"列中，由于恒流源本身不能提供负向电流，当电流减至零后，交换恒流输出接线的极性，使电流反向。再次增大电流，此时流经螺线管的电流与磁感应强度的方向为负，从上到下记录相应的输出电压。

电流至−100 mA 后，逐渐减小负向电流，电流增至零时同样需要交换恒流输出接线的极性。从下到上记录数据于"增大磁场"列中。

理论上讲，外磁场为零时，GMR 传感器的输出应为零，但由于半导体工艺的限制，4 个桥臂电阻值不一定完全相同，导致外磁场为零时输出不一定为零，在有的传感器中可以观察到这一现象。

根据螺线管上标明的线圈密度，由式（5-31-1）计算出螺线管内的磁感应强度 B。

以磁感应强度 B 为横坐标，电压表的读数为纵坐标，作出磁电转换特性曲线。

不同外磁场强度时输出电压的变化反映了 GMR 传感器的磁电转换特性，同一外磁场强度下输出电压的差值反映了材料的磁滞特性。

2. GMR 磁阻特性测量

将 GMR 模拟传感器置于螺线管磁场中，功能切换按钮切换为"巨磁阻测量"，实验仪的 4 V 电压源串联电流表后接至基本特性组件"巨磁电阻供电"，恒流源接至"螺线管电流输入"。

按表 5-31-2 数据，调节励磁电流，逐渐减小磁场强度，记录相应的磁阻电流于表格"减小磁场"列中。由于恒流源本身不能提供负向电流，当电流减至零后，交换恒流输出接线的极性，使电流反向。再次增大电流，此时流经螺线管的电流与磁感应强度的方向为负，从上到下记录相应的输出电压。

表 5-31-2　GMR 磁阻特性的测量（磁阻两端电压：4 V）

励磁电流/mA	磁感应强度/G	减小磁场		增大磁场	
		磁阻电流/mA	磁阻/Ω	磁阻电流/mA	磁阻/Ω
100					
90					
80					
70					
60					
50					
40					
30					
20					
10					
5					
0					
−5					
−10					
−20					
−30					
−40					
−50					
−60					
−70					
−80					
−90					
−100					

电流至−100 mA 后，逐渐减小负向电流，电流增至零时同样需要交换恒流输出接线的极性。从下到上记录数据于"增大磁场"列中。

根据螺线管上标明的线圈密度，由式（5-31-1）计算出螺线管内的磁感应强度 B。

由欧姆定律 $R = U/I$ 计算磁阻。

以磁感应强度 B 为横坐标，磁阻为纵坐标，作出磁阻特性曲线。不同外磁场强度时磁阻的变化反映了 GMR 的磁阻特性，同一外磁场强度下磁阻的差值反映了材料的磁滞特性。

3. GMR 开关（数字）传感器的磁电转换特性曲线测量

将 GMR 模拟传感器与比较电路、晶体管放大电路集成在一起，就构成了 GMR 开关（数字）传感器。

比较电路的功能是，当电桥电压低于比较电压时，输出低电平；当电桥电压高于比较电压时，输出高电平。选择适当的 GMR 电桥并结合调节比较电压，可调节开关传感器开关点对应的磁场强度。

将 GMR 模拟传感器置于螺线管磁场中，功能切换按钮切换为"传感器测量"。实验仪的 4 V 电压源接至基本特性组件"巨磁电阻供电"，"电路供电"接口接至基本特性组件对应的"电路供电"输入插孔，恒流源接至"螺线管电流输入"，基本特性组件"开关信号输出"接至实验仪电压表。

从 50 mA 逐渐减小励磁电流，输出电压从高电平（开）转变为低电平（关）时记录相应的励磁电流于表 5-31-3"减小磁场"列中。当电流减至零后，交换恒流输出接线的极性，使电流反向。再次增大电流，此时流经螺线管的电流与磁感应强度的方向为负，输出电压从低电平（关）转变为高电平（开）时记录相应的负值励磁电流于表 5-31-3"减小磁场"列中。将电流调至–50 mA。

表 5-31-3　GMR 开关传感器的磁电转换特性测量

高电平 = _____ V　低电平 = _____ V

减小磁场			增大磁场		
开关动作	励磁电流/mA	磁感应强度/G	开关动作	励磁电流/mA	磁感应强度/G
关			关		
开			开		

根据螺线管上标明的线圈密度，由式（5-31-1）计算出螺线管内的磁感应强度 B。

以磁感应强度 B 为横坐标，电压读数为纵坐标，作出开关传感器的磁电转换特性曲线。

利用 GMR 开关传感器的开关特性已制成各种接近开关，当磁性物体（可在非磁性物体上贴上磁条）接近传感器时就会输出开关信号。它广泛应用在工业生产及汽车、家电等日常生活用品中，控制精度高，恶劣环境（如高低温、振动等）下仍能正常工作。

4. 用 GMR 模拟传感器测量电流

GMR 模拟传感器在一定的范围内输出电压与磁场强度呈线性关系，且灵敏度高，线性范围大，可以方便地将 GMR 制成磁场计，测量磁场强度或其他与磁场相关的物理量。作为应用示例，这里用它来测量电流。

由理论分析可知，通有电流 I 的无限长直导线，与导线距离为 r 的一点的磁感应强度为

$$B = \mu_0 I / 2\pi r = 2I \times 10^{-7} / r \tag{5-31-2}$$

在 r 不变的情况下，磁感应强度与电流成正比。

在实际应用中，为了使 GMR 模拟传感器工作在线性区，提高测量精度，还常常预先给传感器施加一个固定的已知磁场，称为磁偏置，其原理类似于电子电路中的直流偏置。

实验装置：巨磁阻实验仪、电流测量组件。

实验仪的 4 V 电压源接至电流测量组件"巨磁电阻供电"，恒流源接至"待测电流输入"，电流测量组件"信号输出"接至实验仪电压表。

将待测电流调节至零。

将偏置磁铁转到远离 GMR 传感器，调节磁铁与传感器的距离，使输出约为 25 mV。

将电流增大到 300 mA，按表 5-31-4 数据逐渐减小待测电流，从左到右记录相应的输出电压于表格"减小电流"行中。由于恒流源本身不能提供负向电流，当电流减至零后，交换恒流输出接线的极性，使电流反向。再次增大电流，此时电流方向为负，记录相应的输出电压。

表 5-31-4   用 GMR 模拟传感器测量电流

数据		待测电流/mA						
		300	200	100	0	−100	−200	−300
输出电压/mV	低磁偏置（约 25 mV） 减小电流							
	低磁偏置（约 25 mV） 增加电流							
	适当磁偏置（约 150 mV） 减小电流							
	适当磁偏置（约 150 mV） 增加电流							

逐渐减小负向待测电流，从右到左记录相应的输出电压于表格"增加电流"行中。当电流减至零后，交换恒流输出接线的极性，使电流反向。再次增大电流，此时电流方向为正，记录相应的输出电压。

将待测电流调节至零。

将偏置磁铁转到接近 GMR 传感器，调节磁铁与传感器的距离，使输出约为 150 mV。

用低磁偏置时同样的实验方法，测量适当磁偏置时待测电流与输出电压的关系。

以电流读数为横坐标，电压表的读数为纵坐标作图，分别画出 4 条曲线。

由测量数据及所作图形可以看出，适当磁偏置时线性度较好，斜率（灵敏度）较高。由于待测电流产生的磁场远小于偏置磁场，磁滞对测量的影响也较小，根据输出电压的大小就可确定待测电流的大小。

用 GMR 传感器测量电流不用将测量仪器接入电路，不会对电路工作产生干扰，既可测量直流，也可测量交流，它具有广阔的应用前景。

5. GMR 梯度传感器的特性及应用

实验装置：巨磁阻实验仪、角位移测量组件。

将实验仪 4 V 电压源接角位移测量组件"巨磁电阻供电"，角位移测量组件"信号输出"接实验仪电压表。

逆时针慢慢转动齿轮，当输出电压为零时记录起始角度，以后每转 3° 记录一次角度及电压表的读数。转动 48° 齿轮转过 2 齿，输出电压变化 2 个周期（表 5-31-5）。

表 5-31-5   齿轮角位移的测量

转动角度/(°)													
输出电压/mV													

以齿轮实际转过的度数为横坐标，电压表的读数为纵向坐标作图。

6. 磁记录与读出

磁记录是当今数码产品记录与储存信息的最主要方式，由于 GMR 的出现，存储密度有了成百上千倍的提高。

在当今的磁记录领域，为了提高记录密度，读写磁头是分离的。写磁头是绕线的磁芯，线圈中通过电流时产生磁场，在磁性记录材料上记录信息。GMR 读磁头是利用磁记录材料上不同磁场时电阻的变化读出信息。

读者可自行设计一个二进制码，按二进制码写入数据，然后将读出的结果记录下来。

实验装置：巨磁阻实验仪、磁读写组件、磁卡。

实验仪的 4 V 电压源接磁读写组件"巨磁电阻供电"，"电路供电"接口接至基本特性组件对应的"电路供电"输入插孔，磁读写组件"读出数据"接至实验仪电压表。同时按下"0/1 转换"和"写确认"按键约 2 s 将读写组件初始化，初始化后才可以进行写和读。

将需要写入与读出的二进制数据记入表 5-31-6 第 2 行。

表 5-31-6　二进制数字的写入与读出

十进制数字								
二进制数字								
磁卡区域号	1	2	3	4	5	6	7	8
读出电平								

注意：由于测试卡区域的两端数据记录可能不准确，因此实验中只记录中间的 1～8 号区域的数据。

将磁卡有刻度区域的一面朝前，沿着箭头标识的方向插入划槽，按需要切换写"0"或写"1"（按"0/1 转换"键，当状态指示灯显示为红色表示当前为"写 1"状态，绿色表示当前为"写 0"状态）。按住"写确认"键不放，缓慢移动磁卡，根据磁卡上的刻度区域线，确认写"0"或写"1"的起点及终点。

注意：为了便于后面读出数据更准确，写数据时应以磁卡上各区域两边的边界线开始和结束，即在每个标定的区域内，磁卡的写入状态应完全相同。

完成写数据后，松开"写确认"按键，此时组件就处于读状态了，将磁卡移动到读磁头处，根据刻度区域在电压表上读出电压，记录于表 5-31-6 中。此实验演示了磁记录与磁读出的原理与过程。

实验三十二　太阳能电池特性的研究

太阳能是一种干净的可再生的新能源，太阳能发电技术的无污染以及几乎"无穷无尽"的能量来源使得太阳能发电成为未来新能源发展的趋势。太阳能发电技术主要分为平板式和聚光式两大类。前者是基于传统的晶硅电池和薄膜电池进行光电转换，后者是利用光学元件将太阳光汇聚后再进行利用发电的聚光太阳能技术，被认为是太阳能发电未来发展趋势的第三代技术。本实验主要研究太阳能电池输出功率和光电转换效率的特性，以及聚光式光伏发电技术和原理及其相对于传统平板式的优势。

【实验目的】

学生完成本实验后将具有以下能力：
（1）阐述聚光式光伏发电技术的基本原理。
（2）使用至少一种方法测量太阳能电池能量转化率。
（3）描述太阳能电池输出功率和负载电阻之间的关系特性相关规律。
情感目标：学生完成本实验后环保意识应获得提升。

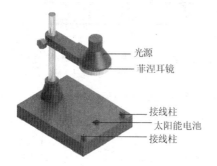

图 5-32-1　聚光光伏效应实验仪
3D 效果图

【实验仪器】

聚光光伏效应实验仪、光功率计、万用表、电阻箱、遮光罩、遮光板、开关。

如图 5-32-1 所示，聚光光伏效应实验仪主要由光源、菲涅耳镜、太阳能电池几个主要部分组成。菲涅耳镜用于将光源的光会聚到太阳能电池板上，如无菲涅耳镜也可以用透镜代替。光照到太阳能电池板上就会被转化为电能，通过两个接线柱可以接入负载外部等电路，另外可以搭配遮光罩遮挡环境杂光影响。

【注意事项】

请勿用手直接触摸菲涅耳镜和太阳能电池的表面。如需清洁其表面，请联系指导老师提供专门清洁剂和相关设备。

【实验要求】

（1）设计一种实验方法测量太阳能电池的输出功率及其随负载电阻变化的特性关系。
（2）设计一种实验方法测量太阳能电池最大输出功率和光电转换效率。
（3）设计一个实验展示采用聚光相对于不采用聚光的优势。

【实验内容】

1. 光伏效应和聚光光伏技术

所有光伏效应最基本的原理都是光电效应，通过光照在光电池上产生电。聚光光伏技术中的"聚光"通常可以用菲涅耳透镜来实现。其工作原理十分简单（图 5-32-2）。假设一个透镜的折射能量仅仅发生在光学表面（如透镜表面），拿掉尽可能多的光学材料，而保留表面的弯曲度。另外一种理解就是，透镜连续表面部分"坍陷"到一个平面上。从剖面看，其表面由一系列锯齿型凹槽组成，中心部分是椭圆形弧线。每个凹槽都与相邻凹槽之间角度不同，但都将光线集中一处，形成中心焦点，也就是透镜的焦点。每个凹槽都可以看成一个独立的小透镜，把光线调整成平行光或会聚光。光线被菲涅耳透镜会聚后照射到光电池上，从而实现光电转换。聚光技术将较大范围的光会聚到较小面积的光电池上，这样实现了用较小面积的光电池获得较大功率的输出，既可以提高光的利用率，又节省了光电池材料以及电池板占用的空间。

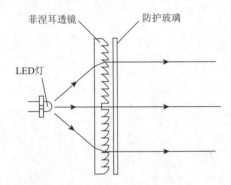

图 5-32-2 菲涅耳透镜的聚光原理图

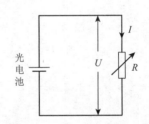

图 5-32-3 光电池和负载连接电路图

2. 光电池输出功率与负载的匹配

一般来说，光电池实际输出功率会受到外接负载阻值的影响。如图 5-32-3 所示，如果改变连接的负载电阻值 R，输出电流 I 和负载上的电压 U 都会发生变化。相应的输出电功率 $P_电 = IU$ 也会发生变化。在某个电阻值 R^* 输出电功率 $P_电$ 会达到最大值 $P_{电max}$。通常在该电阻值 R^* 附近区域内，输出功率 $P_电$ 变化较为平坦。实际应用中，要使得负载电阻值在该范围内，才能更有效地利用能量。这就是光电池和负载的匹配。

3. 暗电流

所有光电池即使在仅有环境光照甚至没有光照的情况下，只要接入外部回路也会有输出电流。该电流通常称为暗电流 I_0，会一直存在，对输出电流的测量来说是一个系统误差，需要扣除。

4. 光电转换效率

一般来说，照到光电池上的光能并不能全部转化为电能。通常将最大输出电功率 $P_{电max}$ 与输入光功率 $P_光$ 的比值称为光电转换效率 e，即 $e = P_{电max} / P_光$。

5. 其他有用的小提示

（1）可以先用较大范围内电阻值进行粗测，以确定最大功率对应的电阻值大致的范围，然后进一步选择合适的电阻值测量，以免选择测量范围不合适以至于最大值没有出现在范围中。为了展示输出功率随负载电阻的变化特性，最终测量范围要足够大，不能只集中在最大值附近，也不能不包含最大值区域。

（2）通过使用遮光罩可以减小杂光影响，但是暗电流的影响仍然需要专门测量扣除。

【数据处理】

自行设计表格记录并处理数据。

【思考题】

负载大小变化时，光电池输出功率是否变化？电流随电压的变化是否线性变化？这对实际应用有什么指导意义？

实验三十三 数字称量器的设计制作

随着技术的进步，由称重传感器制作的电子衡器已广泛地应用到各行各业，实现了对物料的快速、准确的称量，特别是随着工业生产过程自动化程度的不断提高，称重传感器已成为过程控制中一种必需的装置，从大型罐、料斗等重量计测以及吊车秤、汽车秤等计测控制，到混合分配多种原料的配料系统、生产工艺中的自动检测和粉粒体进料量控制等，都应用了称重传感器。目前，称重传感器几乎运用到了所有的称重领域。

本设计的称重传感器就是利用应变片阻值的变化量来确定弹性元件的微小应变，从而利用力、受力面积与应变之间的关系来确定力的大小，进而求得产生作用力的物体的质量。应变片阻值的变化可以通过后续的处理电路求得。该实验仪基于非平衡电桥原理，采用放大电路和数显模块设计数字称量器，可初步掌握传感器技术数字化的原理和方法。

传感器的设计主要包括弹性元件的设计与处理电路的设计。由于传感器输出的信号是微弱信号，需要对其进行放大处理；由于传感器输出的信号里混有干扰信号，需要对其进行检波滤波；由于传感器输出的信号通常都伴随着很大的共模电压（包括干扰电压），需要设计共模抑制电路。除此之外，还要设计调零电路。

【实验目的】

（1）了解非平衡电桥在传感技术中的应用。
（2）掌握压力传感器压力-电压变换特性。
（3）设计、组装、调试一台数字称量器。
（4）设计制作一台数字称量器。
（5）确定最小分辨重量。
（6）测量压力传感器的灵敏度。

【注意事项】

（1）称重盘上的重物不要超量程。
（2）传感器的激励电源不要超过 10 V。
（3）通电前应该检查电源接线和信号接线是否正确。

【实验仪器】

PEC-DIY 型 DIY 数字称量器由压力传感器、放大模块、显示模块、砝码、九孔插件板、数字万用表、电源适配器组成。数字称量器实验组件如图 5-33-1 所示。关键的模块如图 5-33-2 所示：压力传感器上的电源正、负分别连接 5 V 电源的正、负极，信号的正极连接仪表放大模块的 IN＋，负极连接仪表放大模块的 IN−；仪表放大模块中，R_{W3} 电位器调节放大倍数用于数字称量器满量程的调节，R_{W4} 电位器调节偏置电压用于数字称量器零点的调节，A 与 B

两个插线孔用于连接万用表测量电阻；显示模块中的电位器 R_{W5} 调节显示模块的参考电压，改变模块输入与显示的关系。

图 5-33-1　数字称量器实验组件

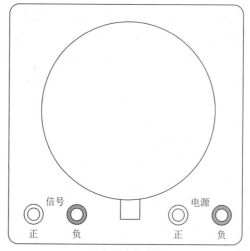

（a）压力传感器

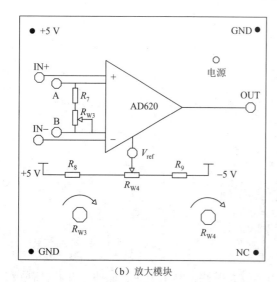

（b）放大模块　　　　　　　　　　（c）显示模块

图 5-33-2　关键功能模块

【实验原理】

1. 压力传感器的结构及工作原理

1）电阻应变片

电阻应变片是由金属电阻敏感栅、基底、黏合剂、引线、盖片等组成的电阻元件，如图 5-33-3 所示。其电阻值随着它所受机械变形的大小而发生变化，因为电阻元件的阻值与其材料的电阻率和几何尺寸有关。应变片在承受机械变形的过程中，其电阻率、长度、截面都要发生变化，从而导致其电阻发生变化。因此，如果把电阻应变片紧密地粘贴在某一机械装置设定的表面上，就能将机械构件上应力的变化转换为电阻的变化。

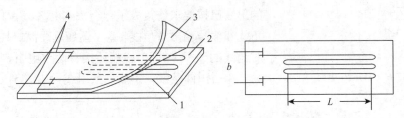

图 5-33-3　电阻丝应变结构示意图
1. 电阻丝；2. 基片；3. 覆盖层；4. 引出线

图 5-33-3 中 L 称为应变片的标距或工作基长，b 称为应变片的工作宽度。$b \times L$ 称应变片的使用面积。应变片的规格一般以使用面积和电阻值来表示，如 3×10 mm^2、350 Ω。

敏感栅由直径约 0.01～0.05 mm 高电阻系数的细丝弯曲成栅状，是电阻应变片感受构件应变的敏感部分。敏感栅用黏合剂将其固定在基片上。基底应保证将构件上的应变准确地传递到敏感栅上去，因此基底必须做得很薄，一般为 0.03～0.06 mm，使它能与测试件即敏感栅牢固地黏结在一起。另外，它还应有良好的绝缘性、抗潮性、耐热性。基底材料有纸、角胶膜、玻璃纤维布等。引出线的作用是将敏感栅电阻原件与测量电路相连接，一般由 0.1～0.2 mm 低阻镀锡铜丝制成，并与敏感栅两输出端相焊接，盖片起保护作用。

2）压力传感器的机械结构

本实验所用的压力传感器的机械结构如图 5-33-4 所示，它将四片电阻应变片分别粘贴在悬臂梁 A 的上、下表面适当的位置，悬臂梁的一端固定，另一端处于自由状态，以便加载外力 F。悬臂梁受力 F 作用而弯曲，悬臂梁的上表面受拉，电阻片 R_1、R_3 亦受拉伸作用，电阻值增大；悬臂梁的下表面受压，R_2、R_4 电阻值减小。

3）压力传感器的电路结构

压力传感器的压力-电压变换电路如图 5-33-5 所示，粘贴在悬臂梁同一表面的应变电阻元件在电路上应放置在电桥的相对臂位置。加载时 R_1、R_3 电阻增大，R_2、R_4 电阻减小，从而导致电桥输出对角线点 A 的电位升高，点 B 的电位下降。所以，电桥输出对角线点 A 应接到差分放大器的同相输入端，而电桥输出对角线点 B 应接到放大器的反相输入端。

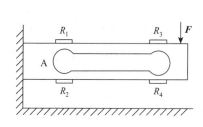

图 5-33-4 压力传感器的机械结构

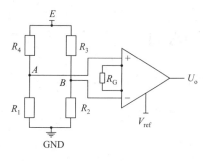

图 5-33-5 压力传感器的电路设计

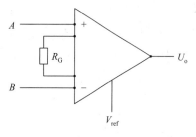

图 5-33-6 AD620 电路

AD620 电路如图 5-33-6 所示。

本实验所采用的压力传感器的机械装置如图 5-33-7 所示。其中主要元件是贴有电阻应变片的悬臂梁。四个应变片的出线已按要求连接成了一个桥式电路，并且规定了电源对角线和信号输出对角线。为了适应远距离测控需要，在电源对角线的"+""–"出线端还接有两个电阻，这两个电阻的另一端引出两条线，形成六条引线，如图 5-33-8（a）所示。

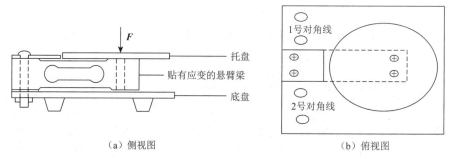

（a）侧视图

（b）俯视图

图 5-33-7 压力传感器机械装置示意图

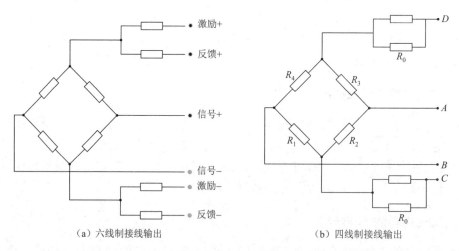

（a）六线制接线输出

（b）四线制接线输出

图 5-33-8 压力传感器桥式电路的结构与出线的接线方式

一般情况下，压力测量系统的电测装置离传感器的机械装置距离较近，无需解决反馈与补偿问题。这种情况下，把引线"激励+""激励–"分别与引线"反馈+""反馈–"连在一起，就形成了如图 5-33-8（b）所示的压力传感器机械装置输出线的四线制连接。

在本实验中，把图 5-33-8（b）所示的 A、B 对角线作为电源对角线接至激励电压源；把 C、D 对角线作为信号输出线接至后续的放大电路。由于放大电路的输入阻抗可以近似成无穷大，在进行理论计算时可以将其忽略。

2. 压力传感器压力–电压变换特性

图 5-33-5 所示的变换电路，由于四个桥臂都采用的是敏感元器件，称全桥变换电路。如果桥式电路只有一个电阻元件是粘贴在悬臂梁表面的电阻应变片，其余三个桥臂电阻元件均为普通电阻，这种变换电路称为单臂变换电路；如果桥式电路有两个处于相邻臂位置的电阻元件是粘贴在悬臂梁上、下表面的电阻应变片，其余两个电阻元件均为普通电阻，这种变换电路称为半桥变换电路。单臂变换电路，不仅电阻–电压变换灵敏度低，变换的线性度也不好。半桥变换电路，变换的线性度有所改善，但灵敏度仍然不高。全桥变换电路如图 5-33-5 所示，在变换灵敏度和变换线性度两个方面均得到了提高。电路模型如图 5-33-8 所示，采用 5 V 电源适配器供电，通过一个外部电阻 R_G 的节可以实现增益倍数 G 从 1 至 10 000 的变化。通过调节 5 脚的偏置电压 V_{ref} 可以改变输出偏置电压，其计算公式为

$$V_{\text{o}} = (V_A - V_B) \times G + V_{\text{ref}} \tag{5-33-1}$$
$$G = (49.4\ \text{k}\Omega + R_G) / R_G \tag{5-33-2}$$

假设未加载时 R_1、R_2、R_3、R_4 的阻值均为 R。加载时，悬臂梁受力 F 作用而弯曲，悬臂梁的上表面受拉，电阻应变片 R_1、R_3 电阻增大，悬臂梁的下表面受压，电阻应变片 R_2、R_4 电阻减小。加载后：

$$R_1 = R + \Delta R_1, \quad R_2 = R - \Delta R_2, \quad R_3 = R + \Delta R_3, \quad R_4 = R + \Delta R_4 \tag{5-33-3}$$

因为应变片 R_1 和 R_2 离悬臂梁受力点的横向距离与应变片 R_3 和 R_4 离悬臂梁受力点的横向距离不一样，加载时它们所处位置的悬臂梁表面的应力状态也不完全一样，所以各桥臂电阻的变化量稍有不同。假设

$$\Delta R_3 = \Delta R_4 = \Delta R', \quad \Delta R_1 = \Delta R_2 = \Delta R \tag{5-33-4}$$

加载前、后电桥的电路参数分别如图 5-33-9 和图 5-33-10 所示。图 5-33-9 中，电桥处于平衡状态，差分放大电路的电路参数也是对称的，所以差分放大器的输出电压为零。图 5-33-9 中，电桥处于非平衡状态，差分放大器输出电压不为零，其值与 ΔR 和 $\Delta R'$ 有关。而 ΔR 和 $\Delta R'$ 的大小又与悬臂梁受力 F 值有关。所以，放大器的输出电压最终是与悬臂梁的受力 F 值有关。

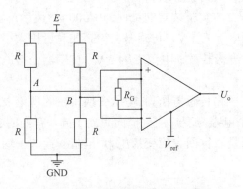

图 5-33-9　未加载时的电路参数

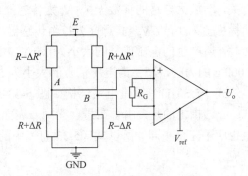

图 5-33-10　加载后的电路参数

由于运放的输入阻抗近似成无穷大，根据戴维南（Thévenin）电路等效变换定理，图 5-33-11 左侧所示的原有电路可变换成右侧的等效电路。

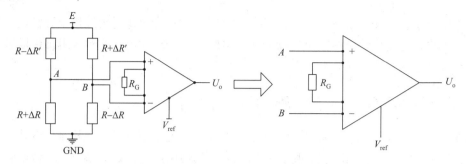

图 5-33-11　电路结构的等效变换

图 5-33-11 中：

$$U_A = \frac{R - \Delta R}{2R + \Delta R - \Delta R'} \cdot E = \frac{(R + \Delta R)E}{2R} \qquad (5\text{-}33\text{-}5)$$

$$U_B = \frac{R - \Delta R}{2R + \Delta R' - \Delta R} \cdot E = \frac{(R - \Delta R)E}{2R} \qquad (5\text{-}33\text{-}6)$$

根据线性电路理论中的叠加原理，差分放大器输电压 V_o 可表示为

$$V_o = (V_A - V_B + V_{初}) \times G + V_{ref} \qquad (5\text{-}33\text{-}7)$$

式中：$V_{初}$ 为初始状态下传感器本身结构或桥臂四个电阻误差产生的输出误差；G 为 AD620 的增益倍数，且

$$G = \frac{49.4\ \text{k}\Omega + R_G}{R_G} \qquad (5\text{-}33\text{-}8)$$

根据式（5-33-5）～（5-33-8）可知

$$V_o = \left(\frac{E\Delta R}{R} + V_{初} \right) \times G + V_{ref} \qquad (5\text{-}33\text{-}9)$$

在悬臂梁的弹性形变范围内，$\dfrac{\Delta R}{R}$ 与托盘内物体质量 M 成正比，即

$$\frac{\Delta R}{R} = \frac{K_R}{L} \times M \qquad (5\text{-}33\text{-}10)$$

$$V_o = G\left(\frac{K_R}{L} \cdot ME + V_{初} \right) + V_{ref} \qquad (5\text{-}33\text{-}11)$$

式中：K_R 为压力传感器的灵敏度（mV/V），其值只与悬臂梁的材料和电阻应变片本身的性能有关，与放大电路的参数无关；L 为传感器的量程，本实验装置的量程为 1 000 g；灵敏度 K_R 的标称值为 1 mV/V，其意义为：当传感器的激励电源为 1 V，传感器上被施加满量程大小的力时，所产生的电压信号的大小为 1 mV。由于本传感器激励电源 E 为 5 V，传感器上被施加 1 000 g 的力时，产生的电压信号的大小为 5 mV。

式（5-33-11）就是电路结构如图 5-33-5 示的压力传感器压力-电压变换特性的理论表达式。应该指出的是，由于在悬臂梁同一表面的两个电阻应变片所处横向距离不同，它们的 K_R 值也应不完全相同。所以式（5-33-11）中的 K_R 只是表征四个应变片压力-电阻变换的平均值效应。

3. 压力-电阻变换灵敏度 K_R 的实验测定

压力传感器电阻应变片的阻值 R 与其机械装置的压力-电阻变换灵敏度 K_R 是两个表征压力传感器性能的重要参数，是设计后续电路的基础。但 K_R 值很小，用普通的仪器很难直接测定。利用图 5-33-5 所示的电路结构，在电路参数已知情况下，测出差分放大电路输出电压 V_o 随质量 M 的线性变化关系后，利用式（5-33-11）便可间接地算出 K_R 值。

【实验内容】

1. 显示模块的校准

（1）用电源适配器给显示模块供电，+5 V 电源和 GND 分别相对应连接；
（2）将电源适配器的正电源连接到显示模块的输入端；
（3）用万用表测量显示模块的输入电压；
（4）调节显示模块的基准电压，直到显示的值与万用表的读数一致，并将相应的小数点点亮；
（5）记录输入电压，基准电压；
（6）分析显示数据、输入电压和基准电压的关系。
说明：显示模块校准成功后，方可做数字式称量器。

2. 数字式称量器的设计

（1）电路结构如图 5-33-12 所示。

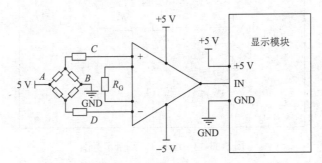

图 5-33-12 称重衡器的电路结构图

（2）设计要求。称重范围 0～1 000 g，分辨率 10 g。
（3）连接电路。按图 5-33-2 连接压力传感器的机械结构、放大器模块、显示模块。
（4）零点调节及量程校准。
当 $M = 0$ g 时，调节图 5-33-2（b）所示的输出偏置调节电位器 R_{W4}，使显示模块读数为零；当 $M = 1 000$ g 时，调节图 5-33-2（b）所示的电位器放大倍数调节电位器 R_{W3}，使显示模块的读数为 1.00 V。
（5）重复步骤（4）直至传感器上没有砝码时显示模块读数为 0.00 V，同时在传感器上有 1 000 g 砝码时，显示模块读数为 1.00 V 为止。
（6）从 0 g 开始，每增加 100 g，记录一次显示模块电压 V_o，并把结果记录在表 5-33-1 内。

表 5-33-1 压力传感器压力-电压变化特性的测定

M/g	0	100	200	300	400	500	600	700	800	900	1 000
V_o/mV											

（7）最小分辨质量的确定。调整好零点和满量程后，从 $M = 10\ g$ 起逐渐加载，并观察数显电路状况，当显示模块显示数值为 0.01 时，加载质量即是最小分辨质量。

（8）称量器的使用。将尺度合适、质量为 $0\sim1\ 000\ g$ 的任一物体放在称重衡器的托盘上，观察和记录数显结果；取下重物，用砝码加载，在同样数显状态下统计砝码质量是否与数显结果一致。

3. 灵敏度 K_R 的测定

（1）放大模块放大倍数测量。

放大倍数通过固定电阻和滑动变阻器 R_{W3} 进行设置，用万用表测量图 5-33-13 中 A、B 两端的电阻值 R_G，代入公式 $G = (49.4\ k\Omega + R_G)\ /\ R_G$ 计算。

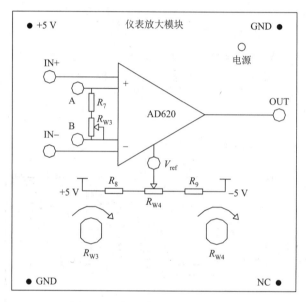

图 5-33-13　G 和 V_{ref} 测量示意图

（2）放大模块偏置电压 V_{ref} 测量。

如图 5-33-13 所示，用万用表测量 V_{ref} 端得到偏置电压。

（3）根据公式（5-33-11），$V_o = G\left(\dfrac{K_R}{L}EM + V_{初}\right) + V_{ref}$，求解 K_R。

实验三十四　温度报警器的设计制作

电桥的基本原理是通过桥式电路来测量电阻，从而得到引起电阻变化的其他物理量，如温度、压力、形变等，桥式电路在传感器检测技术中应用非常广泛。根据电桥工作时是否平衡来区分，可将电桥分为平衡电桥与非平衡电桥两种。平衡电桥一般用于测量具有相对稳定状态的物理量，非平衡电桥往往与一些传感器元件配合使用。某些传感器元件受外界环境（压力、温度、光强等）变化引起内阻的变化，通过非平衡电桥可将阻值转化为电压输出，从而达到观察、测量与控制环境变化的目的。热敏电阻的基本特性是其阻值随温度的变化有极为显著的变化，将温度量转换成易于测量的电压量。该实验仪基于非平衡电桥原理设计温度报警器，让学生掌握非平衡电桥的应用、比较器的工作原理和热敏电阻材料常数的测量方法。

【实验目的】

（1）测定负温度系数热敏电阻的电阻-温度特性，利用直线拟合数据处理方法，求其材料常数。

（2）学习惠斯通电桥的工作原理及非平衡电桥的应用。

（3）设计温度报警器，掌握温度报警值设置方法。

【实验仪器】

DIY 温度报警器如图 5-34-1 所示，包括九孔方板、温度传感器、比较器、电阻模块、电位器、蜂鸣器、5 V 电源适配器、磁力搅拌加热器、烧杯、水银温度计、数字万用表、磁珠。

温度报警器实验仪器
视频介绍

（a）温度报警组件　　　　　　（b）磁力搅拌加热器

图 5-34-1　DIY 温度报警器装置

【注意事项】

（1）电源电压不要超过 6 V。

（2）通电前应该检查电源接线和信号接线是否正确。

【实验原理】

1. 热敏电阻工作原理

具有负温度系数的热敏电阻广泛地应用于温度测量和温度控制技术中。这类热敏电阻大多数是由一些过渡金属氧化物（主要有 Mn、Co、Ni、Fe 等氧化物）在一定的烧结条件下形成的半导体金属氧化物作为基本材料制作而成，它们具有 P 型半导体的特性。对于一般半导体材料，电阻率随温度变化主要依赖于载流子浓度，而迁移率随温度的变化相对来说可以忽略。但对上述过渡金属氧化物则有所不同，在室温范围内基本上已全部电离，即载流子浓度基本与温度无关，此时主要考虑迁移率与温度的关系，随着温度升高，迁移率增加，这类金属氧化物半导体的电阻率下降，其电阻-温度特性的数学表达式通常可以表示为

$$R_t = R_{25} \cdot \exp\left[B_n \left(\frac{1}{T} - \frac{1}{298} \right) \right] \tag{5-34-1}$$

式中：R_{25} 和 R_t 分别表示环境温度为 25 ℃和 t ℃时热敏电阻的阻值；$T = 273 + t$；B_n 为材料常数，其大小随制作热敏电阻时选用的材料和配方而异，对于某一确定的热敏电阻元件，它是一个常数并可由实验测得的电阻-温度曲线求得。

2. 报警器电路工作原理

报警器原理如图 5-34-2 所示，由含 R_t 温度传感器的惠斯通电桥、比较器、蜂鸣器、电源组成。R_1、R_2、R_3 阻值相等，构成电桥的三个桥臂，电桥的另一个桥臂由温度传感器 R_t 和电位器 W_t 组成。比较器的输入电压：

$$U_A = \frac{R_1}{R_1 + R_2} E, \qquad U_B = \frac{R_t + W_t}{R_3 + R_2 + W_t} E \tag{5-34-2}$$

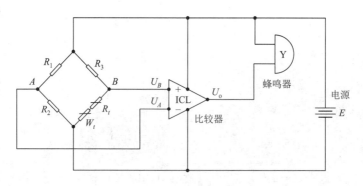

图 5-34-2　报警器原理图

由式（5-34-2）可知，U_A 是固定不变的电压值，U_B 随温度的变化而变化，温度越高，电压值小。W_t 电位器的作用是设置报警点。当 $U_B > U_A$ 时，比较器输出 U_o 接近电源电压，蜂鸣器两端的电压差不足以使蜂鸣器工作；当 $U_B < U_A$ 时，比较器输出 U_o 接近 0 V，蜂鸣器两端的电压差足够大，蜂鸣器正常工作。

【实验内容】

1. 热敏电阻温度特性的测定

把温度计及热敏元件放入盛有水的烧杯中，并用磁力搅拌电加热器加热。从室温开始，每隔 10 ℃用数字万用表测量热敏电阻的阻值，直到 80 ℃止。为了使测量结果更为准确，升温过程要缓慢并不断搅拌水。数据填入表 5-34-1 中。该项测定完成后，采用直线拟合方法处理实验数据，求出式（5-34-1）所表示的热敏电阻电阻–温度特性中的材料常数 B_n 的实验值。把 B_n 的实验值代入式（5-34-1），并根据该式计算出室温至 80 ℃范围内不同温度下（从室温开始，每隔 5 ℃选一个计算点）热敏电阻的阻值，填写到表 5-34-2 中。

表 5-34-1　实验测得的不同温度下热敏电阻阻值

温度/℃							
电阻/kΩ							

表 5-34-2　B_n 的实验值及热敏电阻阻值计算表

B_n 的实验值									
温度/℃	40	45	50	55	60	65	70	75	80
电阻/kΩ									

2. 报警器设计

用电阻箱代替温度传感器，按图 5-34-2 连接电路。测量步骤如下。

（1）用万用表测量 U_A 记录到表格 5-34-3 中。

表 5-34-3　温度报警参数测定表

数据	温度/℃								
	40	45	50	55	60	65	70	75	80
W_t/kΩ									
U_A/V									
U_B/V									

（2）根据表 5-34-2，调节电阻箱的阻值使其与 40 ℃下的温度传感器阻值一致，微调电位器 W_t 使电路刚好报警，记录 U_B 和 W_t。

（3）重复步骤（1）和（2），每隔 5 ℃，记录一组实验数据填写到表 5-34-3 中。

（4）设计温度报警刻度盘。

（5）温度报警验证。将变阻箱换成温度传感器，温度传感器放在置烧杯中，电位器 W_t 调至 60 ℃对应的阻值。缓慢加热，记录实际的报警温度值。

说明：（1）U_A 和 U_B 的电压采用万用表测量得到。

（2）采用变阻箱模拟温度传感器在不同温度环境下的电阻值，进行实验。

【思考题】

1. 电源波动是否对报警温度值产生影响？

2. 实验中选用的 R_1、R_2、R_3、W_t 参数，在 0 ℃时是否还适用？

3. 如何根据电阻的温度阻值表设计温度报警刻度盘？

实验三十五　电机转速的测量

霍尔器件通过检测磁场变化，转变为电信号输出，可用于监视与测量位置、位移、角度、角速度、转速等，并可将这些变量进行二次变换；还可测量压力、质量、液位、流速、流量等。霍尔器件输出量直接与电控单元接口，可实现自动检测。迄今为止，已在汽车上广泛应用的霍尔器件有在分电器上的信号传感器、ABS 系统中的速度传感器、汽车速度表和里程表、液体物理量检测器、各种用电负载的电流检测及工作状态诊断、发动机转速及曲轴角度传感器、各种开关等。本实验仪基于电源模块、电机霍尔转盘、恒流源模块、电压测量模块实现电机转速的测量和磁感应强度的测量，让学生掌握霍尔器件的工作原理及其应用。

【实验目的】

（1）掌握霍尔效应原理和应用，动态法测量霍尔器件的工作电流与霍尔电压的关系曲线。

（2）组建霍尔转速仪，利用霍尔传感器测量转速以及磁感应强度。

（3）进一步学习示波器的使用。

【实验仪器】

霍尔效应应用设计实验装置如图 5-35-1 所示，包括电源模块、I_S 模块、

霍尔效应应用实验
仪器视频介绍

图 5-35-1　霍尔效应应用设计实验装置

霍尔元件模块、U_H 测量模块。使用时按照适当位置将各部位模块安插在九孔板上，并利用专用跳线按照对应接口进行连接从而完成实验仪器的系统搭接。

1. 霍尔元件模块

该模块如图 5-35-2 所示，包括圆形转盘、霍尔探头、电机电源接口、I_S 输入接口、U_H 输出接口。转盘上安装有极性相反的两块磁铁。转盘转动过程中波形如图 5-35-3 所示，当 S 极经过霍尔器件正下方时产生 A 峰，N 极磁铁在霍尔器件正下方经过时产生 B 峰，转盘转动一周的时间为 T。

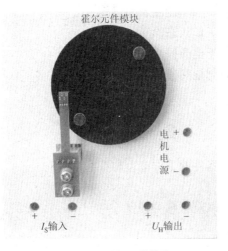

图 5-35-2　霍尔元件模块

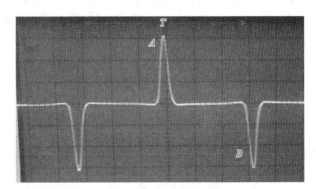

图 5-35-3　转盘转动过程中的波形

2. 电源模块

电源模块如图 5-35-4 所示，包括电源输入端口、U_H 测量模块电源接口、I_S 模块电源接口、

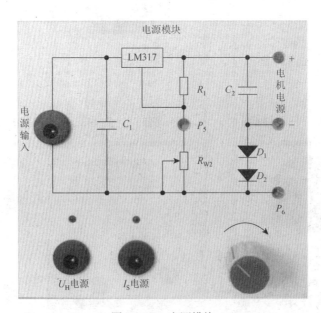

图 5-35-4　电源模块

电机电源接口，通过调节 R_{W2} 电阻的阻值实现输出电压值的调节。通过调节加到电机上的电压大小实现转盘转速的控制。

3. I_S 模块

I_S 模块如图 5-35-5 所示，采用恒流源设计，以保证输出的电流恒定，通过调节 R_{W3} 电阻的阻值改变输出的电流值。

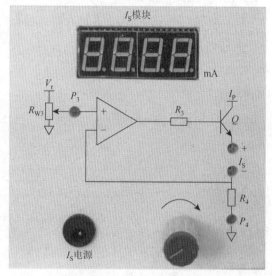

图 5-35-5　I_S 模块　　　　　　　　图 5-35-6　U_H 测量模块

4. U_H 测量模块

U_H 测量模块如图 5-35-6 所示，包括四位数码管，设有参考电压、独立模拟开关、逻辑控制、显示驱动、自动调零功能等。

【注意事项】

（1）采用仪器自带的 18 V 电源适配器。
（2）转盘在转动过程中，不能有遮挡。
（3）通电前应该检查电源接线和信号接线是否正确。

【实验原理】

霍尔元件是一种基于霍尔效应的磁传感器，用它们可以检测磁场及其变化，可在各种与磁场有关的场合中使用。霍尔元件具有许多优点，它们的结构牢固，体积小，质量小，寿命长，安装方便，功耗小，频率高（可达 1 MHz），耐震动，不怕灰尘、油污、水汽及盐雾等的污染或腐蚀。

对于图 5-35-7 所示的半导体材料，若在 x 方向通以电流 I_H，在 y 方向加以磁场 B，则在 z 方向（即 3、4 两侧）开始积聚异号电荷，从而产生相应的附加电场。该电场阻止载流子继续向侧面偏移，当载流子所受的电场力 F_e 与洛伦兹力 F_m 相等时，半导体两侧电荷的聚集就达到平衡，此时有

$$qvB = qE_H \tag{5-35-1}$$

式中：q 为电荷电量；E_H 为霍尔电场强度；v 为载流子在电流方向上的漂移速度；B 为外加磁场的磁感应强度。

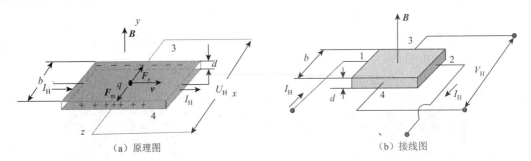

（a）原理图　　　　　　　　　　　（b）接线图

图 5-35-7　霍尔效应原理图

设霍尔材料的宽度为 b，厚度为 d，载流子浓度为 n，平均速度为 $\overline{v}$，则

$$I_H = qn\overline{v}bd \tag{5-35-2}$$

由式（5-35-1）和（5-35-2）可得

$$U_H = E_H b = \frac{1}{nq} \cdot \frac{I_H B}{d} = R_H \frac{I_H B}{d} \tag{5-35-3}$$

即霍尔电压 U_H 与 I_H 和 B 的乘积成正比，与霍尔材料的厚度 d 成反比。式中：$R_H = \dfrac{1}{nq}$ 称为霍尔系数，它是反应材料产生霍尔效应能力的重要参数。

成型的霍尔器件，R_H 和 d 是已知的，因此在实际应用中将式（5-35-3）改写成

$$U_H = K_H I_H B \tag{5-35-4}$$

式中：K_H 称为霍尔器件的灵敏度，它表示器件在单位工作电流和单位工作磁感应强度下输出的霍尔电压。本仪器采用的霍尔器件灵敏度为 $K_H = 165 \ \text{V} \cdot \text{A}^{-1} \cdot \text{T}^{-1}$。

【实验内容】

（1）采用提供的模块搭建电路，测量电机的最大转速。

① 利用示波器本身的标准信号校准示波器（模拟示波器需要校准）。

② 从屏幕上读出一个周期的时间。

③ 计算电机的转速。

（2）测量磁感应强度。

① 保持电机的最大转速，并调节示波器得到清晰稳定的输出霍尔电压脉冲信号。

② 根据表 5-35-1 改变霍尔电流 I_S，从示波器上读取霍尔电压峰值，记录到表 5-35-1 中。

表 5-35-1　不同霍尔电流对应的霍尔电压峰值数据

数据	霍尔电流 I_H/mA								
	1.00	2.00	3.00	4.00	5.00	6.00	7.00	8.00	9.00
霍尔电压格数 mV/格									
霍尔电压 U_H/mA									

③ 用作图法求最大磁感应强度。

实验三十六　微小长度测量综合实验

本实验将常用的微小长度测量实验有机地组合在一起，以利于学生较全面地了解微小长度的诸多测量方法；通过对多种不同实验方法的比较，探求最适合于被测对象的实验方案，启发学生在遇到新问题、新课题时，学会多思考，并从不同的角度考虑分析问题，从而总结出解决问题的最佳方法。

【注意事项】

（1）使用千分尺时，在测微螺杆快靠近被测物体时应停止使用粗调旋钮，而改用微调旋钮，当棘轮发出声音时，停止调节，既可使测量结果精确，又能保护螺旋测微器。

（2）劈尖为玻璃器件，轻拿轻放；注意构成劈尖的两平板玻璃方向。

（3）不能眼睛直视半导体激光器。

（4）肌张力传感器最大受力不能超过 100 g。

（5）请仔细使用测量显微镜。

【实验仪器】

DHTM-1 光学特性综合应用实验装置主要由半导体激光器、双光栅微弱振动系统、肌张力测试系统、霍尔测试系统、光杠杆系统、千分尺调节机构、振动力学信号源、测试仪等组成。

1. 振动力学信号源 DH0803 使用说明

振动力学信号源面板如图 5-36-1 所示。

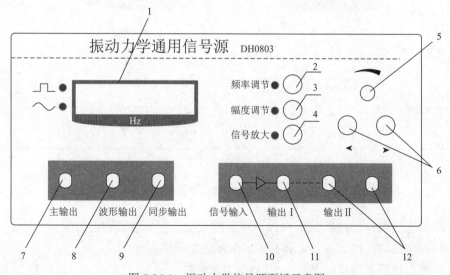

图 5-36-1　振动力学信号源面板示意图

（1）频率显示窗口。

（2）频率调节：按键按下后，对应指示灯亮，表示可以用编码开关调节输出频率，编码开关下面的按键用于切换频率调节位。

（3）幅度调节：按键按下后，对应指示灯亮，表示可以用编码开关调节输出信号幅度，可在 0～100 挡间调节，输出幅度不超过 $V_{p-p} = 20$ V。

（4）信号放大：按键按下后，对应指示灯亮，表示可以用编码开关调节信号放大倍数，可在 0～100 挡间调节，实际放大倍数不超过 55 倍。

（5）编码开关：可以单击或者旋转，单击旋钮可用来切换正弦波和方波输出；旋转旋钮可用于调节输出信号频率、幅度以及信号放大倍数。正弦波输出频率范围是 20～100 000 Hz，方波的输出频率是 20～1 000 Hz。

（6）按键开关：用于切换频率调节位，仅用于信号频率调节。

（7）主输出：接音叉驱动器，驱动音叉振动。

（8）波形输出：可接示波器观察主输出的波形。

（9）同步输出：为输出频率同步输出，且与主输出相位差固定的正弦波信号，作为观察拍频波的触发信号。

（10）信号输入：连接光电传感器，对光电信号进行放大。

（11）输出 I：接示波器通道 1，光电传感器信号放大输出，用于观察拍频波。

（12）输出 II：光电传感器信号放大输出，可接耳机。

2. 光学特性综合应用实验装置测试仪 DHTM-1 使用说明

光学特性综合应用实验装置测试仪面板如图 5-36-2 所示。

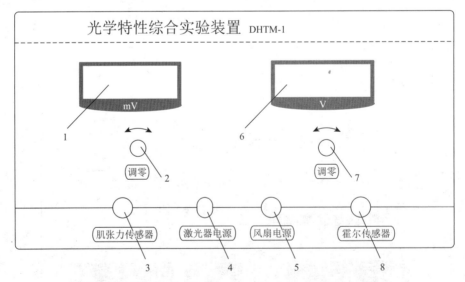

图 5-36-2　光学特性综合应用实验装置测试仪面板示意图

（1）毫伏电压表：三位半 200.0 mV，用于测量肌张力传感器输出电压。

（2）调零电位器：对肌张力传感器输出信号进行调零。

（3）肌张力传感器接口：用于连接肌张力传感器。

（4）激光电源输出接口：DC 5 V 输出，用于连接半导体激光器。

（5）风扇电源输出接口：DC 12 V 输出，用于连接测试架上的激光散斑消除风扇。

（6）电压表：四位半 2.000 0 V 数字电压表，用于测量霍尔传感器输出电压。

（7）调零电位器：对霍尔传感器输出电压调零。

（8）霍尔传感器接口：用于连接霍尔传感器。

3. 光学特性综合应用实验装置测试架使用说明

光学特性综合应用实验装置测试架如图 5-36-3 所示。

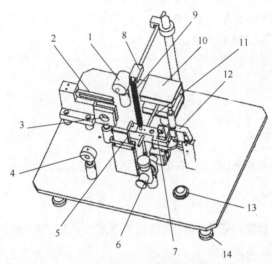

图 5-36-3　光学特性综合应用实验装置测试架

（1）光电传感器：探测接收到的激光光强信号，与 DH0803 的"信号输入"端口相连，对接收信号进行放大输出。

（2）音叉系统：音叉的末端有音叉驱动器线圈，与 DH0803 信号源的"主输出"相连；音叉的前端固定有一个光栅片，随音叉一起振动，称为"动光栅"。

（3）静光栅二维调节架：架子上固定有一个光栅片，通过二维调节使与动光栅片正交；调整完毕后，一般固定不动，故称为"静光栅"。

（4）半导体激光器：工作电源为 + 5 V，与 DHTM-1 测试仪上的"激光器电源"相连。

（5）光杠杆机构：与望远镜配合使用，构成光杠杆测量系统。

（6）测量显微镜：用于测量移动平台位移。

（7）移动平台：通过千分尺上下调节平台位置。

（8）肌张力传感器：用于测量弹簧伸长量，与 DHTM-1 测试仪上的"肌张力传感器"相连。

（9）弹簧：一端与肌张力传感器相连，另一端与移动平台相连。

（10）磁铁：提供均匀梯度磁场。

（11）霍尔传感器：与 DHTM-1 测试仪上的"霍尔传感器"相连。

（12）千分尺：带数显，最小读数分辨率 0.001 mm。

实验仪器视频介绍

（13）水泡：指示实验平台水平状态。

（14）可调机脚：调节实验台水平。

实验 1　微小长度的多途径测量

【实验目的】

（1）掌握数显千分尺的使用方法。

（2）用千分尺测量微小长度。

（3）用霍尔位置传感器测量微小长度。

（4）用肌张力传感器测量弹簧的微小长度。

（5）学会用测量显微镜测量微小长度。

【实验原理】

1. 霍尔位置传感器工作原理

霍尔元件置于磁感应强度为 B 的磁场中，在垂直于磁场方向通以电流 I，则与这二者垂直的方向上将产生霍尔电势差

$$U_{\text{H}} = K \cdot I \cdot B \tag{5-36-1}$$

式中：K 为元件的霍尔灵敏度。若保持霍尔元件的电流 I 不变，而使其在一个均匀梯度的磁场中移动，则输出的霍尔电势差变化量

$$\Delta U_{\text{H}} = K \cdot I \cdot \frac{\text{d}B}{\text{d}Z} \cdot \Delta Z \tag{5-36-2}$$

式中：ΔZ 为位移量。此式说明，若 $\dfrac{\text{d}B}{\text{d}Z}$ 为常数，则 ΔU_{H} 与 ΔZ 成正比。

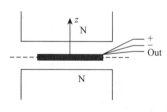

图 5-36-4　磁极示意图

为实现均匀梯度的磁场，可以如图 5-36-4 所示两块相同的磁铁（磁铁截面积及表面磁感应强度相同）相对位置，即 N 极与 N 极相对，两磁铁之间留一等间距间隙，霍尔元件平行于磁铁放在该间隙的中轴上。间隙大小要根据测量范围和测量灵敏度要求而定，间隙越小，磁场梯度就越大，灵敏度就越高。磁铁截面要远大于霍尔元件，以尽可能地减小边缘效应的影响，提高测量精确度。

若磁铁间隙内中心截面处的磁感应强度为零，霍尔元件处于该处时，输出的霍尔电势差应该为零。当霍尔元件偏离中心沿 z 轴发生位移时，由于磁感应强度不再为零，霍尔元件也就产生相应的电势差输出，其大小可以用数字电压表测量。由此可以将霍尔电势差为零时元件所处的位置作为位移参考零点。

霍尔电势差与位移量之间存在一一对应关系，当位移量较小（小于 2 mm）时，这一一对应关系具有良好的线性。

2. 肌张力传感器

硅压阻式肌张力传感器由弹性梁和贴在梁上的传感器芯片组成，其中芯片由四个硅扩散

电阻集成一个非平衡电桥，当外界压力作用于金属梁时，在压力作用下，电桥失去平衡，此时将有电压信号输出，输出电压大小与所加外力成正比，即

$$\Delta U = KF \qquad (5\text{-}36\text{-}3)$$

式中：F 为外力的大小；K 为硅压阻式力敏传感器的灵敏度；ΔU 为传感器输出电压的大小。

3. 弹簧劲度系数

弹簧在外力作用下会产生形变。由胡克定律可知，在弹性变形范围内，外力 F 和弹簧的形变量 Δy 成正比，即

$$F = K\Delta y \qquad (5\text{-}36\text{-}4)$$

式中：K 为弹簧的劲度系数，它与弹簧的形状、材料有关。通过测量 F 和相应的 Δy，就可推算出弹簧的劲度系数 K。

【实验要求】

（1）设计实验方案，利用千分尺、测量显微镜测量同一个微小长度变化。

（2）设计实验方案，利用肌张力传感器、霍尔传感器将电压变化转化为长度变化量，计算灵敏度并定标。

（3）设计表格记录测量结果，并分析各种方法测量微小长度的优缺点和误差来源。

实验 2 双光栅测量微弱振动位移量

精密测量在自动化控制的领域里一直扮演着重要的角色，其中光电测量因为有较好的精密性和准确性，加上轻巧、无噪音等优点，在测量中常被采用。作为一种把机械位移信号转化为光电信号的手段，光栅式位移测量技术在长度和角度的数字化测量、运动比较测量、数控机床、应力分析等领域得到了广泛的应用。

多普勒频移物理特性的应用也非常广泛，如医学上的超声诊断仪、测量海水各层深度的海流速度和方向、卫星导航定位系统、音乐中乐器的调音等。

双光栅微弱振动实验仪在力学实验项目中用来进行音叉振动分析、微振幅（位移）、测量、光拍研究等。

【实验目的】

（1）了解利用光的多普勒频移形成光拍的原理并用于测量光拍拍频。

（2）学会使用精确测量微弱振动位移的一种方法。

（3）应用双光栅微弱振动实验仪测量音叉振动的微振幅。

【实验仪器】

（1）半导体激光器：$\lambda = 650$ nm，功率 2～5 mW。

（2）音叉谐振频率：500 Hz 左右。

（3）信号发生器：DDS 信号发生器，能产生方波和正弦波，频率 20.000～100 000 Hz 连

续可调；编码开关和数字按键联合进行频率调节，最小步进值 0.001 Hz，六位数码管显示；信号输出幅度 0～20 V_{p-p} 可调，编码开关调节幅度大小；带主输出、波形输出和同步输出接口。

（4）信号放大器：放大倍数通过编码开关调节，输出接口有 Q9 示波器接口和 52 插座两种，前者用于示波器观测，后者用于驱动耳机或外部负载。

（5）位移量分辨率：10 μm。

（6）耳机 1 只。

（7）静光栅带精密二维光学调节架。

【实验原理】

1. 位移光栅的多普勒频移

多普勒效应是指光源、接收器、传播介质或中间反射器之间的相对运动所引起的接收器接收到的光波频率与光源频率发生的变化，由此产生的频率变化称为多普勒频移。

由于介质对光传播时有不同的相位延迟作用，对于两束相同的单色光，若初始时刻相位相同，经过相同的几何路径，但在不同折射率的介质中传播，出射时两光的相位则不同，对于相位光栅，当激光平面波垂直入射时，由于相位光栅上不同的光密和光疏媒质部分对光波的相位延迟作用，使入射的平面波变成出射时的折曲波阵面，如图 5-36-5 所示。

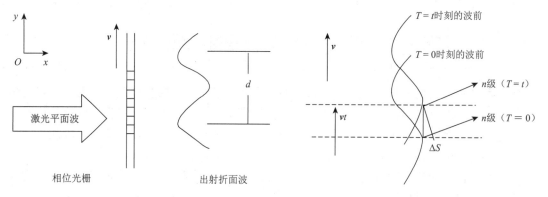

图 5-36-5　出射的折曲波阵面　　　　图 5-36-6　衍射光线在 y 方向上的位移量

激光平面波垂直入射到光栅，由于光栅上每缝自身的衍射作用和每缝之间的干涉，通过光栅后光的强度出现周期性的变化。在远场，用大家熟知的光栅衍射方程来表示主极大位置：

$$d \sin \theta = \pm k\lambda \quad (k = 0, 1, 2, \cdots) \tag{5-36-5}$$

式中：整数 k 为主极大级数；d 为光栅常数；θ 为衍射角；λ 为光波波长。

若光栅在 y 方向以速度 v 移动，则从光栅出射的光的波阵面也以速度 v 在 y 方向移动。因此，在不同时刻，对应于同一级的衍射光，它从光栅出射时，在 y 方向也有一个 vt 的位移量，如图 5-36-6 所示。

这个位移量对应于出射光波相位的变化量

$$\Delta \varphi(t) = \frac{2\pi}{\lambda} \Delta s = \frac{2\pi}{\lambda} vt \sin \theta \tag{5-36-6}$$

把式（5-36-5）代入式（5-36-6）得

$$\Delta \varphi(t) = \frac{2\pi}{\lambda} vt \frac{k\lambda}{d} = k2\pi \frac{v}{d} t = k\omega_d t \tag{5-36-7}$$

式中：$\omega_d = 2\pi \dfrac{v}{d}$。

当激光从一静止的光栅出射时，光波电矢量方程为

$$E = E_0 \cos \omega_0 t \tag{5-36-8}$$

而当激光从相应移动光栅出射时，光波电矢量方程为

$$E = E_0 \cos[(\omega_0 t + \Delta \varphi(t)] = E_0 \cos[(\omega_0 + k\omega_d)t] \tag{5-36-9}$$

显然可见，移动的相位光栅 k 级衍射光波，相对于静止的相位光栅有一个 $\omega_a = \omega_0 + k\omega_d$ 的多普勒频移，如图 5-36-7 所示。

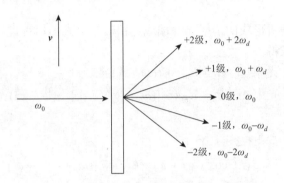

图 5-36-7　移动光栅的多普勒频率

2. 光拍的获得与检测

光频率很高，为了在光频 ω_0 中检测出多普勒频移量，必须采用"拍"的方法，即要把已频移的与未频移的光束互相平行叠加，以形成光拍。由于拍频较低，容易测得，通过拍频即可检测出多普勒频移量。

本实验形成光拍的方法是采用两片完全相同的光栅平行紧贴，一片 B 静止，另一片 A 相对移动。激光通过双光栅后所形成的衍射光，即为两种以上光束的平行叠加。其形成的第 k 级衍射光波的多普勒频移如图 5-36-8 所示。

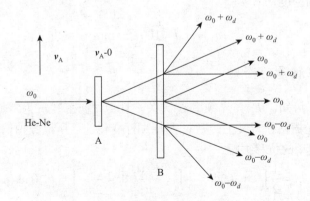

图 5-36-8　k 级衍射光波的多普勒频移

光栅 A 按速度 v_A 移动，起频移作用，而光栅 B 静止不动，只起衍射作用，故通过双光栅后射出的衍射光包含两种以上不同频率成分而又平行的光束。由于双光栅紧贴，激光束具有一定宽度，该光束能平行叠加，这样直接而又简单地形成了光拍，如图 5-36-9 所示。

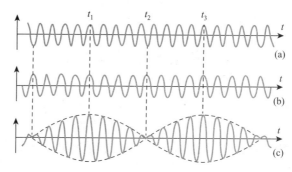

图 5-36-9　频差较小的两列光波叠加形成"拍"

当激光经过双光栅所形成的衍射光叠加成光拍信号，光拍信号进入光电检测器后，其输出电流可由下述关系求得

光束 1：$E_1 = E_{10} \cos(\omega_0 t + \phi_1)$　　　　　　　　　　　　　（5-36-10）

光束 2：$E_2 = E_{20} \cos[(\omega_0 + \omega_d)t + \phi_2]$　（取$k = i$）　　（5-36-11）

光电流

$$
\begin{aligned}
I &= \xi(E_1 + E_2)^2 \\
&= \xi\{E_{10}^2 \cos^2(\omega_0 t + \phi_1) + E_{20}^2 \cos^2[(\omega_0 + \omega_d)t + \phi_2] \\
&\quad + E_{10}E_{20} \cos[(\omega_0 + \omega_d - \omega_0)t + (\phi_2 - \phi_1)] \\
&\quad + E_{10}E_{20} \cos[(\omega_0 + \omega_d + \omega_0)t + (\phi_2 + \phi_1)]\}
\end{aligned}
$$

（5-36-12）

式中：ξ 为光电转换常数。

因光波频率 ω_0 甚高，在式（5-36-12）第一、二、四项中，光电检测器无法反应，式（5-36-12）第三项即为拍频信号，因为频率较低，光电检测器能做出相应的响应。其光电流

$$i_S = \xi\{E_{10}E_{20} \cos[(\omega_0 + \omega_d - \omega_0)t + (\phi_2 - \phi_1)]\} = \xi\{E_{10}E_{20} \cos[\omega_d t + (\phi_2 - \phi_1)]\}$$

拍频

$$F_{拍} = \frac{\omega_d}{2\pi} = \frac{v_A}{d} = v_A n_\theta \tag{5-36-13}$$

式中：$n_\theta = \dfrac{1}{d}$ 为光栅密度，本实验

$$n_\theta = 1/d = 100 \text{ 条 / mm} \tag{5-36-14}$$

3. 微弱振动位移量的检测

从式（5-36-13）可知，$F_{拍}$ 与光频率 ω_0 无关，且当光栅密度 n_θ 为常数时，只正比于光栅移动速度 v_A，若把光栅粘在音叉上，则 v_A 是周期性变化的。所以光拍信号频率 $F_{拍}$ 也是随时间而变化的，微弱振动的位移振幅

$$A = \frac{1}{2}\int_0^{T/2} v_A(t)\mathrm{d}t = \frac{1}{2}\int_0^{T/2} \frac{F_{拍}(t)}{n_\theta}\mathrm{d}t = \frac{1}{2n\theta}\int_0^{T/2} F_{拍}(t)\mathrm{d}t \tag{5-36-15}$$

式中：T 为音叉振动周期，$\int_0^{T/2} F_{拍}(t)\mathrm{d}t$ 为 $T/2$ 时间内的拍频波的个数。所以，只要测得拍频波的波数，就可得到较弱振动的位移振幅。

如图 5-36-10 所示，波形数由完整波形数、波的首数、波的尾数三部分组成。根据示波器上显示计算，波形的分数部分为不是一个完整波形的首数及尾数，需在波群的两端，可按

反正弦函数折算为波形的分数部分,即波形数 = 整数波形数 + 波的首数和尾数中满 1/2 或 1/4 或 3/4 个波形分数部分

$$+\frac{\arcsin a}{5-360°}+\frac{\arcsin b}{5-360°} \qquad (5\text{-}36\text{-}16)$$

式中 a、b 为波群的首、尾幅度和该处完整波形的振幅之比。波群指 $T/2$ 内的波形,分数波形数若满 1/2 个波形为 0.5,满 1/4 个波形为 0.25,满 3/4 个波形为 0.75。

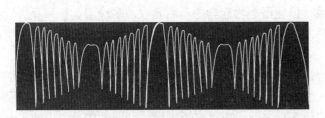

图 5-36-10　示波器显示拍频波形

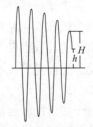

图 5-36-11　计算波形数

例 5-36-1　如图 5-36-11 所示,在 $T/2$ 内,整数波形数为 4,尾数分数部分已满 1/4 波形,$b = (H-h)/H = (1-0.6)/1 = 0.4$。所以

$$波形数 = 4 + 0.25 + \frac{\arcsin 0.4}{5-360°} = 4.25 + \frac{23.6°}{5-360°} = 4.25 + 0.07 = 4.32$$

【实验仪器】

实验装置由振动力学通用信号源、DHTM-1 光学特性综合应用实验平台、耳机、示波器(自备)等组成。

【实验要求】

根据实验原理和提供的仪器,设计一个实验方案达到以下目的。
(1)求出音叉谐振时光拍信号的平均频率。
(2)求出音叉在谐振点微弱振动的位移振幅。
(3)在坐标纸上画出音叉的频率–振幅曲线。
(4)作出音叉不同有效质量时的谐波曲线,定性讨论其变化趋势。

《实验 3　光杠杆法测量微小长度》的实验内容参见在线学习小程序。

实验三十七　显微镜和望远镜的设计与组装

透镜的两个最主要的应用就是望远镜和显微镜。众所周知，望远镜和显微镜在天文学、电子学、生物学、医学等领域中都起着十分重要的作用。过去人们只能用肉眼对星空进行观察，观测范围和数据精度都非常局限。但凭借着物理学的不断发展，多种望远镜和显微镜被制造出来，实验仪器和数据越来越精密，从而推动着天文学和物理学不断向前发展，人类的视野也变得更深更广。

常见望远镜可简单分为伽利略望远镜、开普勒望远镜和牛顿式望远镜。伽利略发明的望远镜由一个凹透镜（目镜）和一个凸透镜（物镜）构成。其优点是结构简单，能直接成正像。但自从开普勒望远镜发明后此种结构已不被专业级望远镜所采用。开普勒望远镜由两个凸透镜构成。由于两者之间有一个实像，可方便安装分划板，并且各种性能优良，目前军用望远镜、小型天文望远镜等专业级的望远镜都采用此种结构。但这种结构成像是倒立的，需要在透镜中间增加正像系统。牛顿式望远镜则由大型的凹面反射镜（物镜）、平面反射镜、凸透镜（目镜）等构成，常用于大型天文望远镜，优点是无色差、视野宽广。

光学显微镜也是由两个凸透镜构成的，但由于成像要求，相比开普勒望远镜，显微镜对透镜的焦距及组合结构都有不同要求。现代光学显微镜可将物体放大 1 500 倍以上。

望远镜和显微镜是最常用的助视仪器，常被组合在其他的仪器中使用。因此，了解并掌握它们的结构原理和调节方法，了解并掌握其放大率的概念和测量方法，不仅有助于加深理解透镜成像规律，也有助于正确使用其他光学仪器。

【实验目的】

学生在完成本实验后将具备以下能力：
（1）描述望远镜和显微镜的构造原理。
（2）动手构造望远镜、显微镜。
（3）用自组望远镜测量透镜焦距。
情感目标：提升学生的联想与创新的科学思维。

【实验仪器】

光具座、透镜组、分划板、物屏等，如图 5-37-1 所示。

【实验原理】

1. 光学仪器的角放大率

放大率是某些光学仪器的主要特征参数。人眼瞳孔半径约为 1 mm，人眼一般能分辨明视距离（$D = 25$ cm）处 $0.05\sim0.07$ mm 的两点，此时人眼的张角为 $1'$，为最小分辨率。望远镜和显微镜主要增大远处的物体或近处微小的物体对眼睛的张角（视角大，物体在视网膜上成

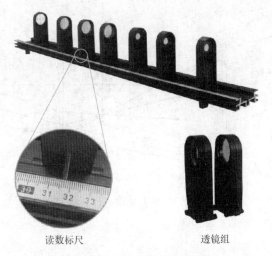

读数标尺   透镜组

图 5-37-1 实验仪器装置图

像就大），可用角放大率 M 表示它们的放大本领。通常规定以像距为标准明视距离 $D = 25\ \text{cm}$ 处的放大率为仪器放大率，如图 5-37-2 所示。

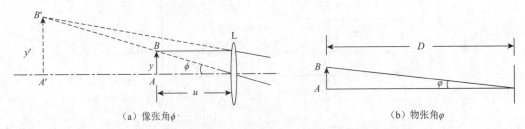

（a）像张角 ϕ 　　　　　　　　　　（b）物张角 φ

图 5-37-2 放大率示意图（需调整像到人眼的距离 u 为明视距离 D）

用显微镜和望远镜观察物体时，一般视角甚小，因此视角之比可用其正切之比代替，于是光学仪器的放大率可近似写成

$$M = \frac{\tan \theta}{\tan \varphi} \tag{5-37-1}$$

式中：θ 为通过光学仪器观测物体时，虚像在明视距离处对眼睛的张角；φ 为不用光学仪器时物体位于明视距离处对眼睛的张角。

2. 望远镜

望远镜用来观察远处的物体，由长焦距的物镜和短焦距的目镜组成。两透镜的光学间隔近乎为零，即物镜的像方焦点与目镜的物方焦点近乎重合。望远镜分为两类，若物镜和目镜都为会聚透镜，则为开普勒望远镜；若物镜为会聚透镜，目镜为发散透镜，则为伽利略望远镜。图 5-37-3 所示为开普勒望远镜光路图。无限远处的物点 A 经透镜 L_o 在物镜的像方焦平面上形成倒立缩小的实像 A'，近乎位于目镜的物方焦平面上。故经目镜 L_e 放大后所成的虚像也在无穷远。

其中长焦距的凸透镜作为物镜，物镜的作用是将远处物体发出的光经会聚后在目镜物方焦平面上生成倒立的实像，而目镜起放大镜作用，把物方焦平面上倒立的实像再放大成一虚像，供人眼观察。用望远镜观察不同位置的物体时，只需调节物镜和目镜的相对位置，使物镜成的实像落在目镜物方焦平面上，这就是望远镜的"调焦"。可证明望远镜的放大率等于物镜的焦距 f_o 除以目镜的焦距 f_e。

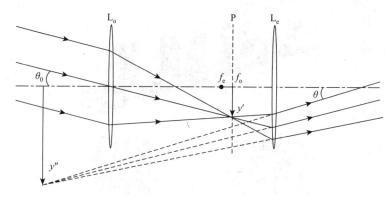

图 5-37-3 开普勒望远镜光路图

3. 显微镜

显微镜用来观察近而细微的物体，它由两个凸透镜构成。其中，物镜的焦距很短，目镜的焦距较长。光路图如图 5-37-4 所示。

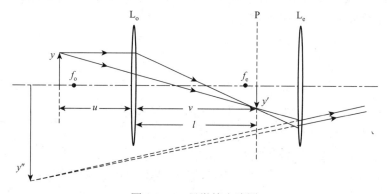

图 5-37-4 显微镜光路图

可证明，显微镜的放大率等于物镜放大率与目镜放大率的乘积。

【实验内容】

作为设计性实验，实验内容由学生自主设计并完成。以下是可选实验方向。

1. 自组一台聚焦于无穷远处的开普勒望远镜

作为望远镜，观测的物体很远，因此可将物体发射的光视为平行光，此时望远镜可视为聚焦于无穷远处的望远镜。在图 5-37-5 所示光路图中，若调节物镜位置，使其与分划板之间的距离 v 为物镜焦距，可直接通过理论，组装一台聚焦于无穷远处的开普勒望远镜。

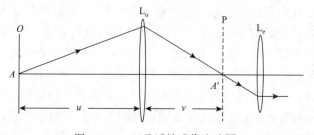

图 5-37-5 双凸透镜成像光路图

提示：分划板 P 可用来帮助确定物镜的成像位置。看清物体 A 的像 A′
后，眼睛上下移动，再轻轻移动物镜，直至 A′ 与分划板上的分划线无相对
移动为止，用以消除视差，提高精确度。

2. 用自组的聚焦于无穷远处的开普勒望远镜测量另一透镜的
　　焦距

合理使用分划板 P 确定成像位置，构造数据表格完成多次焦距测量。

3. 自组一台聚焦于无穷远处的伽利略望远镜

选一凸透镜作为物镜，一凹透镜作为目镜。

4. 自组一台显微镜

选一焦距最短的凸透镜作为物镜，另一短焦距凸透镜作为目镜。

5. 望远镜与显微镜放大率的检测

用上述自组望远镜与显微镜装置观测远处与近处物体，验证其性能与
实用性，调整并观测其放大率。构造数据表格完成测量。

提示：在小角度下，可将透镜角放大率与透镜成像的物距像距联系在
一起。

望远镜与显微镜
实验示意图

【数据处理】

自行设计实验表格，完成数据处理，做好记录与成果展示。

【思考题】

1. 望远镜和显微镜在结构上有哪些不同？应如何使用？
2. 显微镜的放大率与哪些量有关？要提高显微镜的放大率有哪些可
能的途径？
3. 如何通过现有实验仪器提升望远镜的清晰度与实用性？

实验三十八　计算机实测物理实验

　　当今，科学技术的发展已进入计算机和信息时代，计算机已广泛深入到各领域，并起着越来越巨大的作用。它运算速度快、体积小、可靠性高、通用性与灵活性强，以及很高的性能价格比等特点，把人们带入了一个离不开计算机的新时代。计算机在科技研究领域的应用，将传统的实验方法和测试手段与计算机相结合，使实验技术产生了巨大的变革，大大提高了实验的水平，给科学研究带来了新的突破。

　　在物理实验中，利用计算机对各种物理量进行监视、测量、记录、分析，可准确地获取实验的动态信息，因而有利于提高实验精度，有利于研究瞬态过程，更可以降低工作人员的劳动强度和工作量，使过去在规定的时间内不能完成的物理实验能很好地完成。学习本计算机实测物理实验，可以为今后在各种物理实验和科学研究工作中，熟悉并正确采用计算机技术打下基础。

　　本实验装置提供了完整的硬件接口和几套典型的应用软件，将一些重要的物理实验中的基本物理量输入计算机，并进行记录、分析和处理。此计算机实测物理实验仪器能完成声波和拍、冷却规律、弹簧振子、单摆、点光源的光照度与距离的关系五个实验。

【实验仪器】

计算机实测物理实验
仪器视频介绍

　　FD-CTP-A 计算机实测物理实验仪由实验仪主机箱（带正弦波发生器和各种直流电源）、单摆和弹簧振子实验装置、点光源实验装置（包括暗箱）、冷却规律传感装置、音叉实验装置、计算机实测物理实验仪接口、实验电路模块等组成。

　　（1）点光源的光照度与距离的关系实验装置简图如图 5-38-1 所示。

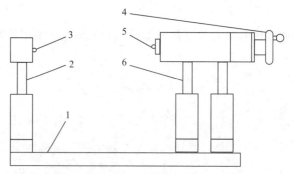

图 5-38-1　点光源的光照度与距离的关系实验装置简图
1. 底座; 2. 支柱; 3. 小电珠; 4. 手柄; 5. 光探测器; 6. 支柱

　　（2）暗箱结构简图如图 5-38-2 所示。

　　（3）单摆和弹簧振子实验装置结构简图如图 5-38-3 所示。

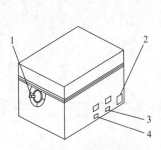

图 5-38-2　暗箱结构简图

1. 转动手柄；2. 小电珠电源开关；
3. 小电珠电源输入端口；4. 光探测器信号输出

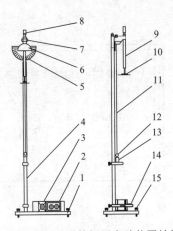

图 5-38-3　单摆和弹簧振子实验装置结构简图

1. 底座；2. 扬声器；3. 拾音器；4. 立柱；5. 量角器；
6. 拉力传感器装置；7. 摆线调节螺母；8. 拉力信号输出接口；
9. 弹簧；10. 托盘；11. 摆线；12. 摆球；13. 霍耳开关；
14. 超声波头；15. 调节螺丝

（4）计算机实测物理实验仪主机箱面板图如图 5-38-4 所示。

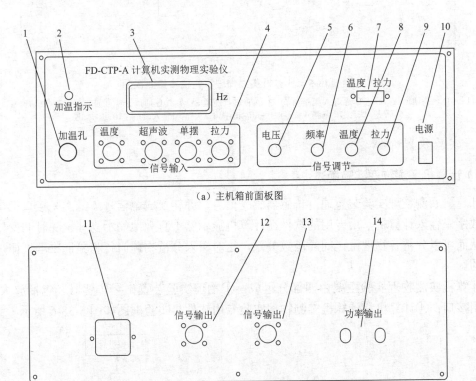

（a）主机箱前面板图

（b）主机箱后面板图

图 5-38-4　计算机实测物理实验仪主机箱面板图

1. 加热孔；2. 加热指示；3. 正弦波频率显示；4. 信号输入端；5. 正弦波幅度调节；6. 正弦波频率调节；
7. 温度和拉力测量选择开关；8. 温度调零旋钮；9. 拉力校准；10. 电源开关；11. 电源输入端；
12. 信号输出端口 1；13. 信号输出端口 2；14. 功率信号输出（正弦波信号）

计算机实测物理实验仪接口面板图如图 5-38-5 所示。

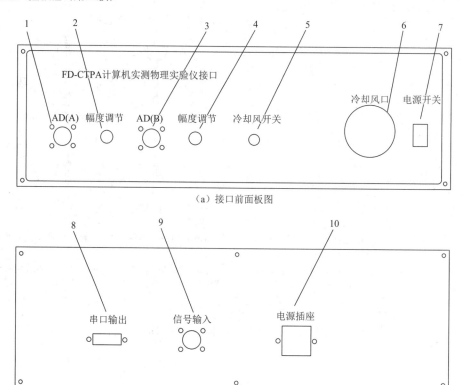

（a）接口前面板图

（b）接口后面板图

图 5-38-5　计算机实测物理实验仪接口面板图

1. A/D 转换通道 A；2. A/D 通道 A 幅度调节；3. A/D 转换通道 B；4. A/D 通道 B 幅度调节；5. 冷却风开关；
6. 冷却风口；7. 电源开关；8. 串口输出端口；9. 信号输入端口；10 电源插座

1．实验仪器介绍

1）计算机实测物理实验简述

计算机实测物理实验装置通过传感器感受信号，并转换成电信号，经实验接口把电量转换成数字量输入计算机，用专用的软件在计算机显示器上直观地显示物理量随时间变化的规律，从而可以分析各物理量之间的函数关系，这对深入分析物理问题和验证物理规律是十分有利的。

计算机实测物理实验主要由四部分组成：①物理实验装置；②传感器（包括放大器）；③通用接口；④计算机和计算机实测物理实验专用软件。实验框图如图 5-38-6 所示。

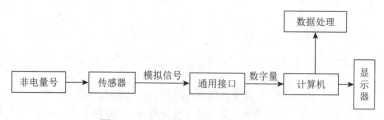

图 5-38-6　计算机实测物理实验框图

2）传感器

在计算机实测物理实验中，首先必须由传感器把待测物理量转换成计算机可接受的物理量（一般为电量）。传感器的精度、灵敏度、可靠性将决定实验结果的优劣。

传感器一般由敏感器件和转换元件组成。敏感元件指传感器中能直接感受或响应被测物理量的部分；转换元件是指传感器中能将敏感元件感受或响应的被测物理量转换成适于传输和（或）测量的电信号的部分。

传感器分类方法有两种：

（1）按被测物理量来分，有温度传感器、压力传感器、位移传感器、速度传感器、加速度传感器、湿度传感器等。

（2）按传感器工作原理分，有应变式、电容式、电感式、压电式、热电式、磁敏、光敏等传感器。

由于传感器的输出信号一般比较微弱，常在传感器后连接一个放大器，将弱信号放大。放大器应具有高输入阻抗、高响应速度、高抗干扰能力、低漂移、低噪音和低输出阻抗的性能。

3）通用实验仪接口板

FD-CTP-A 计算机实测物理实验仪的接口，具有把传感器经放大后的输出模拟信号经 A/D 转换为数字量，并经过单片机数字处理，最后接入计算机的部件，其系统框图如图 5-38-7 所示。整个接口分为四部分：①传感器输入端口；②12 位 A/D 转换器；③单片机控制系统；④电源。

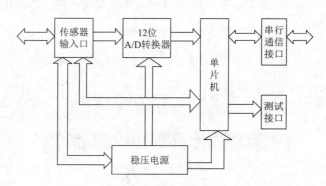

图 5-38-7 通用实验室接口系统框图

A/D 转换器即为模/数转换器，它的功能是将模拟信号转换为与其相应的数字信号。它是数据采集的核心部件，能将某一确定范围内连续变化的模拟信号转换为分立的有限的一组二进制数。A/D 转换器输出的二进制数通过单片机的串口输入计算机。

2. 计算机实测物理实验接口软件

计算机实测物理实验软件以其灵活、生动、形象、鲜明的文字、图形、动画等丰富多彩的表现形式，使物理实验教学内容化难为易，化静为动，化抽象为具体，有助于学生掌握重点，突破难点，启迪思维，引发兴趣，进而巩固知识，发展能力和提高素质。它为学生提供了一个界面友好、操作简单的实验平台，这些实验技能，有助于学习和理解计算机在科研中的应用，掌握计算机实测的能力。同时，在实验中深入理解一些重要的物理原理和规律。

计算机实测物理实验软件主界面如图 5-38-8 所示。

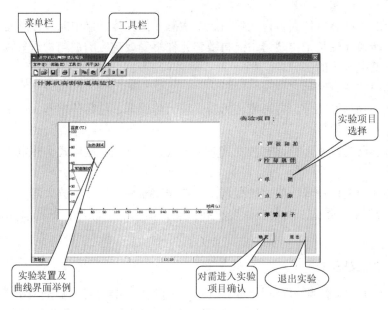

图 5-38-8　软件主界面

　　实验界面左半部分是实验装置及曲线显示区，形象地显示各个实验的内容；右半部分实验项目选择，点击"确定"按钮，即可进入相应的实验界面，点击"退出"按钮，便可退出计算机实测物理实验。

　　软件窗口介绍如下。

1）菜单栏

有 5 项菜单，如图 5-38-9 所示，每个下拉菜单中包含许多不同的功能。

文件(F)　实验(E)　工具(T)　关于(A)　帮助

图 5-38-9　菜单栏

（1）"文件"项，如图 5-38-10 所示。

① 新建：新建一个记事本文件；

② 打开：打开记事本文件；

③ 保存：保存模拟演示区的图片；

④ 打印：控制打印机，将结果打印处理；

⑤ 退出：退出计算机实测物理实验仪。

（2）"实验"项，如图 5-38-11 所示，可单击或快捷键选择实验。

（3）"工具"项，如图 5-38-12 所示。

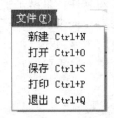

图 5-38-10　"文件"项　　　　图 5-38-11　"实验"项　　　　图 5-38-12　"工具"项

① 计算器：运行系统自带的计算器辅助工具。

② 记事本：运行系统自带的记事本辅助工具。

（4）"关于"项，如图 5-38-13 所示，对各个实验项目进行简单的叙述。

（5）"帮助"项，如图 5-38-14 所示，简单介绍本实验软件。

图 5-38-13　"关于"项　　　　　　　　　　　图 5-38-14　"帮助"项

2）工具栏

如图 5-38-15 所示，工具栏依次为新建、打开、保存、打印、剪切、复制、粘贴、倾斜、下划线、加粗。

图 5-38-15　工具栏

【注意事项】

（1）做声波和拍实验时，调节信号发生器的输出幅度，使喇叭所产生声波接近于同一位置音叉所产生声波幅度的平均值，并在安静的环境下做声波和拍实验。

（2）做冷却规律实验，环境温度应稳定，发热体远离其他热源，且在主机加热孔内的加热时间不能太长。

（3）做点光源的光照度与距离的关系实验，应盖紧暗箱上盖，防止其他光源干扰。

（4）做弹簧振子实验，为测到比较理想的波形图，在弹簧振动过程中，应保持托盘振动稳定，以减少超声波测距误差。

（5）对单摆实验，注意调节好小球离霍尔传感器的导通和截至最佳距离，以免漏计数。

（6）用 A/D 卡采集输入信号时，应调节好放大器的放大倍数，信号幅度须不超过 2.5 V。

【思考题】

1. 计算机实测物理实验与传统物理实验有何异同？它的优点是什么？缺点是什么？

2. 在你做过的物理实验中，你认为哪些物理实验可以采样计算机实测技术？并提出该实验实施计算机实时测量，要解决的主要问题和可能形成的优点。

实验 1　用计算机实测技术研究冷却规律

1. 实验目的

（1）了解计算机实时测量的基本方法。

（2）加深对冷却规律的认识。

2. 实验仪器

实验装置由加热器、风扇、AD590 温度传感器、电流-电压变换器、通用接口、计算机组成，如图 5-38-16 所示。

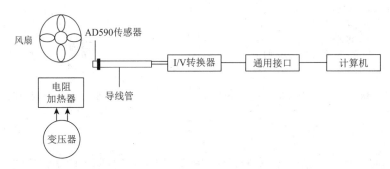

图 5-38-16　冷却规律实验装置图

AD590 是一种电流型集成温度传感器，在 –50～150℃温度范围内，其输出电流与温度呈线性关系，其灵敏度为 1 μA/℃。

3. 注意事项

（1）实验时，应远离其他热源。
（2）环境温度测量精确与否，对实验结果影响很大；实验时，要合理地设置环境温度值。
（3）强迫冷却时，传感器离冷却风口的距离应适当，可通过多次实验来决定其距离。

4. 实验原理

发热体传递热量通常有三种方式，即辐射、传导和对流。当发热体处于流体中时，才能以对流的方式传递热量，此时在发热体表面邻近的流体层首先受热，而通过流体的流动将热量带走。

通常，对流可分为两种，即自然对流和强迫对流。前者是由于发热体周围的流体因温度升高而密度变化，从而形成的对流；后者是由外界的强迫作用来维持发热体周围流体的流动。

在稳态时，发热体因对流而散失的热量可表示为

$$\frac{\Delta Q}{\Delta t} = E(\theta - \theta_0)^m \qquad （5-38-1）$$

式中：$\frac{\Delta Q}{\Delta t}$ 为在单位时间内发热体因对流而散失的热量；θ 为发热流体表面的温度；θ_0 为周围流体的温度（一般为室温）；E 与流体的比热容、密度、黏度、导热系数、流体速度的大小和方向等有关。当流体是气体时，m 与对流条件有关：在自然对流条件下，$m = 5/4$；在强迫对流时，若流体的流动速度足够快，而使发热体周围流体的温度始终保持为 θ_0 不变，则 $m = 1$。

由量热学可知，对一定的物体，单位时间损失的热量与单位时间温度的下降值成正比，即

$$\frac{\Delta Q}{\Delta t} = m_{物} c \frac{\Delta \theta}{\Delta t} \qquad （5-38-2）$$

式中：$m_{物}$ 为物体的质量；c 为物体材料的比热容。将式（5-38-2）代入式（5-38-1），可得

$$\frac{\Delta\theta}{\Delta t} = \frac{E}{m_{物}c}(\theta - \theta_0)^m \tag{5-38-3}$$

令 $k = \dfrac{E}{m_{物}c}$，则式（5-38-3）可写成

$$\frac{\Delta\theta}{\Delta t} = K(\theta - \theta_0)^m \tag{5-38-4}$$

若以微分形式表示，则有

$$\frac{\mathrm{d}\theta}{\mathrm{d}t} = K(\theta - \theta_0)^m \tag{5-38-5}$$

数据处理方式：系统的数据采集速率是 2 点/s，而数据处理时系统是每 4 个数据取出一个数据来进行数据处理。若对式（5-38-5）两边取对数，即

$$\log\left(-\frac{\mathrm{d}\theta}{\mathrm{d}t}\right) = m\log(\theta - \theta_0) + \log(-k) \tag{5-38-6}$$

将曲线方程转换成直线方程 $Y = KX + B$ 的形式，其中 $Y = \log\left(-\dfrac{\mathrm{d}\theta}{\mathrm{d}t}\right)$，$X = \log(\theta - \theta_0)$。系统软件先对每个数据都求出 $\log\left(-\dfrac{\mathrm{d}\theta}{\mathrm{d}t}\right)$ 和 $\log(\theta - \theta_0)$，然后把相应的数据都在直角坐标系中描点处理，并对数据点进行直线拟合，求出相应的 K 和 B，从而得到所需的实验数据 m（直线拟合得到的斜率等于 m）。

5. 实验内容

（1）用七芯航空插头电缆线将主机箱后面板上的信号输出端口 2 和计算机实测物理实验仪接口后面板上的信号输入端口连接。

（2）进入冷却规律实验界面，并按下主机箱前面板上的温度测量开关。

（3）将温度传感器平稳放置在空气中，选择常温测量，并点击"开始采集"按钮，进行温度测量，得到室温曲线，室温测试曲线如图 5-38-17 所示，根据环境的实际情况选择不同采样时间，一般采样 60 s 左右，点击"停止采集"按钮，结束温度采集，并把常温 θ_0 设置成所采集的室内温度的平均值。

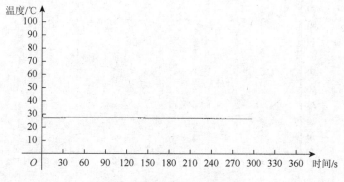

图 5-38-17　室温测试曲线

（4）将温度传感器头部放置于加热器中，点击"开始采集"按钮，进行温度测量，并点击"开始加热"按钮，对传感器进行加热，当温度达到 95 ℃时，把温度传感器从加热器中

取出，平稳地放置在空气中，然后进入下一步冷却规律实验，取出传感器后一定要点击"停止加热"按钮，取消加热（如果温度传感器加热到 95 ℃，系统会自动取消对温度传感器加热）。

（5）选择"冷却测量"进入冷却测量过程，把温度传感器从加热器中取出后，点击"开始采集"按钮，进行温度测量，采样 360 s 后，温度接近室温时，点击"停止采集"，结束温度采集。采样后的曲线如图 5-38-18 所示。点击"取对数法"按钮，进行数据处理，点击"直线拟合"后求出 m_1，点击"返回"按钮，返回冷却规律实验主界面。

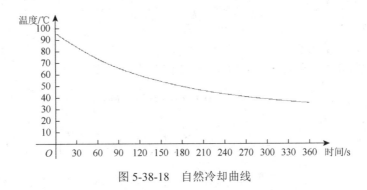

图 5-38-18　自然冷却曲线

（6）用风扇将温度传感器吹到室温温度，在风扇吹风的情况下再次测量室温，其目的是保证传感器在强迫冷却时的流体温度和测量的室温一致。记录室温平均值。

（7）强迫冷却。重复实验内容（3）后面的步骤，强迫冷却规律时，温度传感器须在风扇下进行冷却，并且完全冷却到常温时，停止采集，求得 m_2。实验过程中，温度传感器常常冷却不到常温或常温以下，出现这种情况的主要原因是环境温度（即流体温度）发生变化，这时应正确设置好室温值，再进行数据处理。强迫冷却规律的波形如图 5-38-19 所示。从曲线中可以看出，温度最终冷却到一个稳定不变的温度值 t_0，如果测量的常温值与 t_0 不相符，说明常温已有漂移，此时应将常温值设置为 t_0，然后进行强迫冷却规律数据处理。即温度传感器冷却到其温度值几乎没有下降趋势，再把最后稳定的温度值设置成常温值，最后进行数据处理。如果实验误差比较大，应排除其他热源的干扰，进行多次实验。

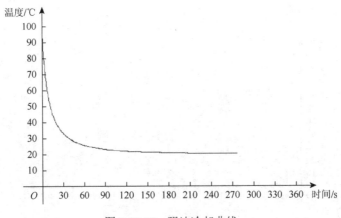

图 5-38-19　强迫冷却曲线

（8）若需保存相应的数据或图片，点击"保存数据"或"保存图片"按钮，系统会把相应的数据保存在计算机 C 盘。

6. 数据处理

注意：表 5-38-1 数据不作为仪器验收标准，仅供实验时参考。

式（5-38-5）两边取对数，将曲线方程转换成直线方程 $Y = KX + B$ 的形式。

表 5-38-1　冷却曲线测量

实验记录		自然冷却	强迫冷却	自然冷却	强迫冷却
		第一次	第二次	第一次	第二次
测量室温	采样长度/S				
	室温/℃				
冷却规律	采样长度/S				
	m				
	B				
	相关系数				

7. 思考题

（1）实验中是否对温度传感器定标？为什么？

（2）请分析冷却规律的指数 m 与理论值偏离的主要原因。

《实验 2　用计算机实测技术研究声波和拍》《实验 3　用计算机实测技术研究弹簧振子的振动》《实验 4　用计算机实测技术研究单摆》《实验 5　用计算机实测技术研究点光源的光照度与距离的关系》的具体学习内容请进入在线学习小程序获取。

参 考 文 献

贾玉润，王公治，凌佩玲，1985. 大学物理实验. 上海：复旦大学出版社：108-120.

沈元华，陆申龙，2003. 基础物理实验. 北京：高等教育出版社：306-326.